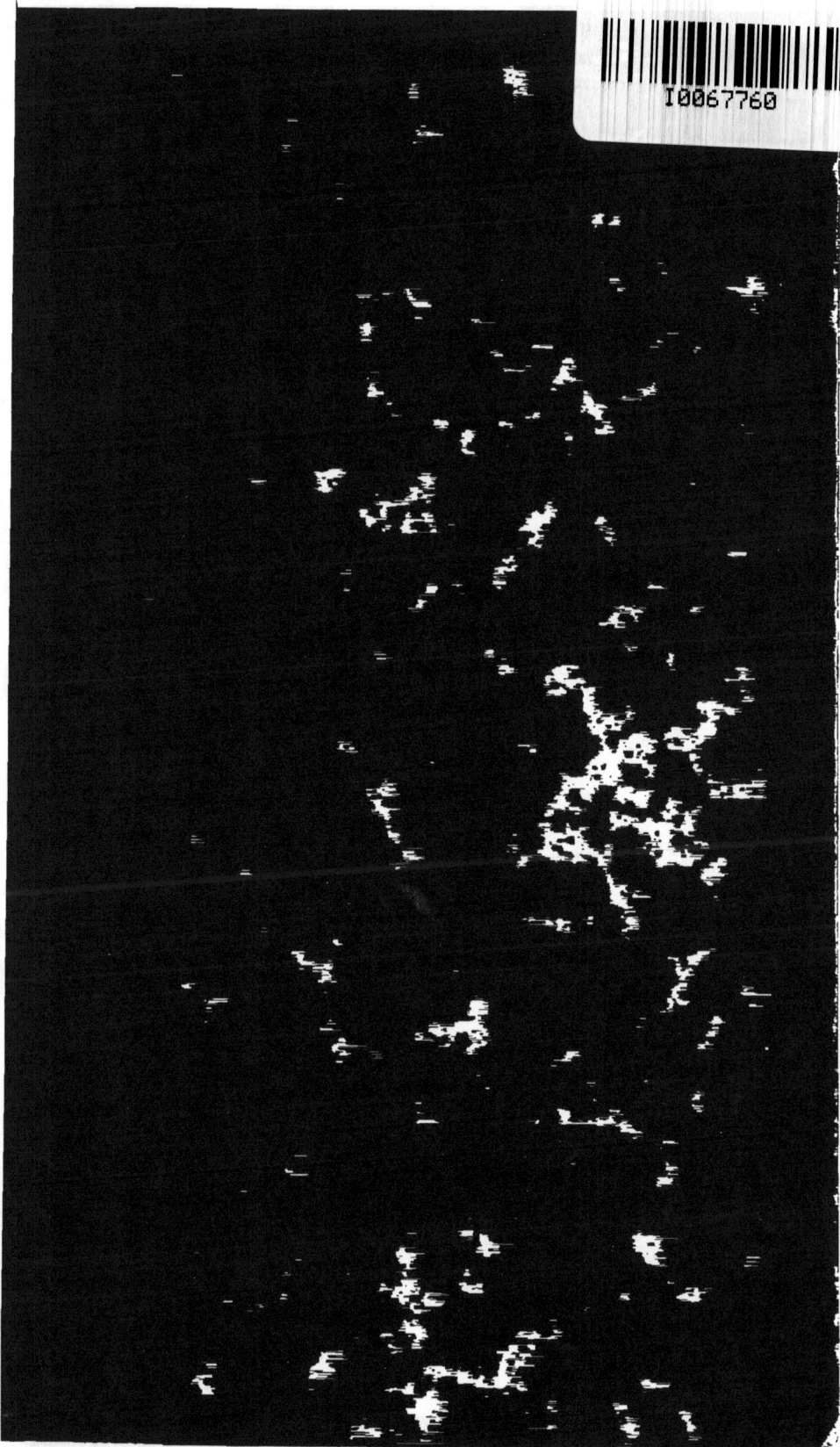

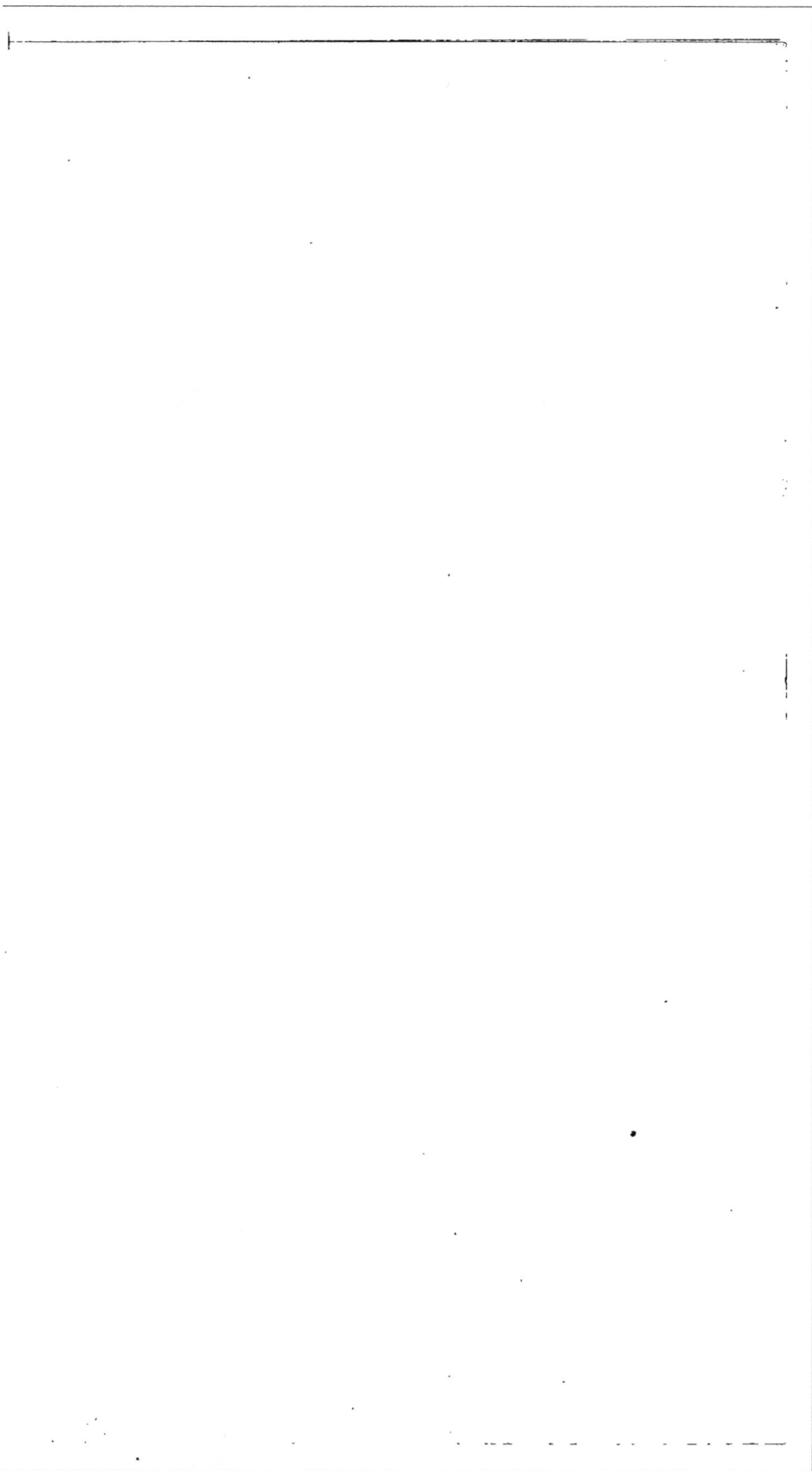

27369

SYNOPSIS

DE LA

FLORE DU JURA SEPTENTRIONAL

ET DU SUNDGAU.

C.

SYNOPSIS

DE LA

FLORE DU JURA SEPTENTRIONAL ET DU SUNDGAU

CONTENANT

un résumé analytique et raisonné des végétaux phanérogames croissant sur les différentes chaînes du Jura
septentrional,

PAR

FEU FRICHE-JOSET PÈRE,

horticulteur-pépiniériste, directeur du jardin botanique de Porrentruy.

Et des végétaux vasculaires du Sundgau, classés d'après
une méthode analytique nouvelle, avec l'indication de toutes
les localités où ces plantes ont été trouvées à l'état spontané,

PRÉCÉDÉS

d'un tableau analytique et de l'explication de la méthode adoptée,
accompagnés d'une planche explicative

ET SUIVIS

d'un vocabulaire renfermant la définition des mots techniques em-
ployés dans cet ouvrage.

PAR

F. J. MONTANDON,

médecin-botaniste, auteur de plusieurs publications scientifiques, membre correspon-
dant de la Société jurassienne d'émulation, collaborateur de la Flore d'Alsace,
par F. Kirschleger, etc.

MULHOUSE.

IMPRIMERIE DE J. P. RISLER.

1856.

AVANT-PROPOS.

D'excellentes flores locales ont été publiées dans ces derniers temps sur le Jura et l'Alsace ; il nous suffit de citer celles du professeur *Hagenbach*, sur le Jura bâlois ; de *Babey*, sur le Jura central; de *Godet*, sur le Jura méridional; la *Phythostatique*, de *Thurmann*, et l'*Énumération des plantes vasculaires de Montbéliard*, par *Contejean*. Ces différents ouvrages comprennent dans leur ensemble le résumé général des travaux entrepris sur la flore du Jura et de ses différentes ramifications.

On pourrait donc croire que toutes les parties de ces diverses contrées ont été complètement explorées ; cependant les investigations auxquelles je me suis livré dans les parties limitrophes, adjacentes à ces deux champs d'études, m'ont convaincu qu'il y avait encore quelques pages à ajouter à l'histoire botanique de ces riches localités. Pour combler une lacune qu'il aurait été regrettable de voir subsister, j'ai cru bien faire en livrant à la publicité ce *Synopsis*, qui renferme outre le résumé fidèle de la flore septentrionale du Jura, travail dû à un savant modeste, feu *Friche-Joset* père, trop tôt enlevé à sa famille, à la science et à ses nombreux amis, le fruit de mes propres explorations dans la partie méridionale de l'Alsace, connue sous la dénomination de Sundgau.

Outre le but scientifique qui m'a engagé à cette publication, je me suis encore proposé, en employant une méthode d'analyse nouvelle et qui m'est personnelle, de faire de ce *Synopsis*, tant pour les élèves en botanique que pour les amateurs, un guide au moyen duquel ils pourront, en suivant attentivement la marche indiquée dans l'exposé analytique ci-après, arriver d'une manière facile et assurée à connaître la famille, le genre et l'espèce à laquelle appartient la plante, dont on voudrait savoir le nom, etc.

Sans entrer dans des détails géologico-topographiques proprement dits, j'ai indiqué toutes les localités et les expositions où croissent naturellement les plantes énumérées dans cet ouvrage, en précisant l'espèce de terrain pour celles que l'on ne trouve pas partout indifféremment. J'ose espérer que cette amélioration tournera au profit des personnes qui voudront bien se servir de mon œuvre dans leurs excursions botaniques. En ce qui concerne la distribution suivie pour les matières du corps de l'ouvrage, le tableau synoptique ci-après mettra d'un simple coup-d'œil le lecteur au courant de ses principales divisions, à la tête de chacune desquelles j'ai eu soin de placer une clef analytique des familles qu'elle renferme. La famille de la plante étant trouvée, on passe à la recherche de son genre, puis à celle de son espèce, à l'aide de phrases caractéristiques, intercallées dans le texte, en tête des genres et des espèces. Des signes variant pour chaque corps d'analyse sont ajoutés à chacun d'eux, afin de faciliter la définition du caractère affirmatif ou négatif afférent au genre ou à l'espèce soumise à l'analyse. Quant aux signes ††, † ajoutés au-devant de la dénomination de l'espèce, ils signifient : le premier, qu'elle est très rare, le second qu'elle est plus ou moins rare ou disséminée.

J'ai suivi d'ordinaire la nomenclature Linnéenne, pour le cas contraire j'ai eu recours au *Synopsis Dc.* édit. 1806, au *Taschenbuch Koch*, édit. 1848, pour plus de détails je renvoie aux flores générales de Decandolle, Gaud, Koch, Grenier, Godron, ou aux flores spéciales citées plus haut, de même qu'à celles de Cosson et Germain, Kirschleger, etc.

Les citations concernant chaque plante sont contresignées et suivies de l'indication de l'année de la découverte, afin de pouvoir établir facilement à qui en appartient la priorité.

MONTANDON.

MULHOUSE, Juin 1856.

MANIÈRE

de se servir de la méthode analytique.

———————

Quoique la méthode dichotomique pour la recherche des noms des plantes soit assez généralement suivie par les personnes qui s'occupent de botanique, j'ai cru néanmoins bien faire, dans l'intérêt des commençants surtout, d'indiquer, d'une manière précise, la marche à suivre dans l'emploi de ce nouveau procédé.

Ces détails m'ont paru d'autant plus nécessaires que j'y ai apporté d'importantes modifications, dans l'intention de faciliter aux amateurs de flore la recherche des noms, en ne choisissant que des caractères distinctifs faciles à saisir, pour les conduire sûrement et sans peine à la connaissance des principales divisions, classes, familles, genres et espèces, auxquelles chaque plante appartient.

Voici le problème à résoudre : Une plante encore inconnue étant trouvée, en déterminer la famille, le genre et l'espèce. Supposons, pour fixer les idées, que la plante à déterminer soit un coquelicot, la marche à suivre serait la suivante : On lit d'abord les phrases caractéristiques renfermées dans les accolades du tableau analytique, en commençant par la suivante :

Végétaux ou plantes à organes reproducteurs (étamines
et pistils), ou stigmates en l'absence du style, ou tout
au moins l'ovaire ou fruit sensible à l'œil nu ou à la
loupe 1.

Végétaux ou plantes à organes reproducteurs etc. à
peine sensibles, d'une existence toute problématique
et douteuse.

En examinant la plante on apercevra facilement une espèce de houpe soyeuse, composée d'un très grand nombre
de petits corps libres entourant l'ovaire ou la capsule vers
sa base (*étamines*, voy. fig. *a* de la planche).

Une espèce de petit disque marqué de stries rayonnantes
et couronnant la partie supérieure de l'ovaire ou de la capsule (*stigmates tenant lieu de pistils à défaut de styles,*
voy. fig. *b* de la pl.).

A défaut des organes fructificateurs (étamines et pistils), il suffit de faire une coupe transversale de la capsule (fig. *c* de la pl.) pour constater la présence des
ovules (graines).

Ces caractères sont suffisants pour indiquer que la plante
en question appartient au premier embranchement, page
1 : Végétaux *phanérogames* ou *Cotylédones*, c'est-à-dire
plantes donnant naissance par la germination à des
feuilles séminales ou *cotylédons*.

Le coquelicot est donc une plante phanérogame.

On passe ensuite à l'accolade suivante du tableau :

I
Tige ou hampe pleine ou fistuleuse, pourvue de moëlle en
son centre ou d'un canal central médullaire.

Tige ou hampe etc. dépourvue etc.

Il suffit de faire une coupe transversale ou oblique sur
la tige de la plante pour reconnaître l'existence d'un canal

central médullaire (voy. fig. *d* de la pl.) ; elle correspond donc à la première des deux phrases renfermées dans l'accolade I.

La deuxième accolade renferme les deux phrases suivantes :

II $\Big\{$ Feuilles à nervures ramifiées, s'anastomosant entre elles.
Feuilles à nervures simples et parallèles.

Si l'on examine les dispositions des nervures d'une des feuilles de la tige ou d'une de celles qui naissent du collet de la racine, on voit facilement qu'elles sont ramifiées (voy. fig. *e* de la pl.).

On en conclut que la plante citée fait partie du premier sous-embranchement page 1, savoir des plantes *dicotylédones* ou donnant naissance par la germination à *deux* ou *plusieurs feuilles séminales* ou *cotylédons*.

On lit ensuite :

III $\Big\{$ Deux enveloppes florales (*calice* et *corolle*).
Une seule enveloppe florale.
Enveloppe florale tout-à-fait nulle.

La fleur présentant une enveloppe externe herbacée (calice, fig. *f*) et une enveloppe interne (corolle), ce caractère de la plante répond donc à la première phrase de la 3e accolade.

Passant au n° IV :

IV $\Big\{$ Enveloppe florale interne (*corolle*) de plusieurs pièces.
Enveloppe florale interne (*corolle*) d'une seule pièce.

L'enveloppe florale interne se compose de plusieurs pièces distinctes (fig. *g* de la pl.) ; la plante ayant une corolle polypétale, elle correspond à la première des deux phrases du n° IV.

On passe au n° v :

$\left\{\begin{array}{l}\text{Pièces de la corolle } (pétales) \text{ et organes mâles } (étamines) \\ \text{reposant sur l'axe de la fleur ou le réceptacle.} \\ \text{Pièces de la corolle etc. reposant sur le tube calicinal.}\end{array}\right.$

v

En examinant la plante en question, on trouvera que l'enveloppe florale interne et les organes mâles (*étamines*) sont placés entre le support de la fleur (*pédoncule*) et le fruit, par conséquent sur l'axe florale ou le réceptacle (fig. *h* de la pl.), on en conclura, que la plante correspond à la première phrase et fait partie des *Thalamopétalées*.

Les principales divisions desquelles la plante citée fait partie une fois reconnues, il sera facile d'arriver à la connaissance de la famille à laquelle elle appartient.

A cet effet on passera à l'analyse dichotomique qui se trouve placée en tête des familles de la première classe, page 1, et on lira :

$\left\{\begin{array}{l}\text{Étamines en nombre défini.} \\ \text{Étamines en nombre indéfini . . . . 25}\end{array}\right.$

Examen fait de la fleur, on trouvera qu'elle a le caractère de la seconde phrase, laquelle renvoie à l'accolade 25, où l'on lira :

$25\left\{\begin{array}{l}\text{Filets staminaux tout-à-fait libres . . . . 26} \\ \text{Filets staminaux réunis etc.}\end{array}\right.$

Les filets staminaux sont parfaitement libres ou isolés les uns des autres. Conformément au chiffre de renvoi 26, indiqué à la suite de cette phrase, on passe à l'accolade suivante :

$26\left\{\begin{array}{l}\text{Plantes de consistance herbacée . . . . 27} \\ \text{Plantes de consistance ligneuse etc.}\end{array}\right.$

On reconnaît que la plante est herbacée. — On passe à l'accolade 27 :

27 { Corolle à pièces régulières 28
{ Corolle à pièces inégales , etc.

La corolle est régulière , puisque toutes ses parties sont de même forme et grandeur. — On passe à l'accolade 28 :

28 { Fruit capsulaire, etc. 29
{ Fruit carpellaire, etc.

Le fruit dont l'ovaire est de consistance herbacée à l'état vert, sec et coriace à l'état de parfaite maturité, présente la forme capsulaire. — On passe donc au n° 29, puis au n° 50 :

50 { Calice de deux à quatre pièces 51
{ Calice de cinq pièces, etc.

Les pièces de l'enveloppe florale externe (calice) sont au nombre de deux. — On passe au n° 51 :

51 { Deux pièces au calice, fruit capsulaire (PAPAVÉRACÉES).
{ Quatre pièces etc.

Le calice de la plante présente le caractère énoncé dans la première de ces deux phrases caractéristiques : elle appartient donc à la famille des *Papavéracées*.

Il reste à rechercher le genre auquel la plante appartient et à déterminer son espèce.

A cet effet on lira les caractères distinctifs placés en tête de la famille des Papavéracées (page 18) :

I. Fruit globuleux oblong ou en massue
   en opposition avec
II. Fruit simulant une silique (page 19).

Comme le fruit répond à la première des deux phrases,

on en conclut que la plante appartient au genre *pavot*, et on passe aux subdivisions :

a. Capsule hispide allongée.
b. Capsule hispide très courte.
c. Capsule lisse et glabre.

La capsule est en œuf renversé, lisse et glabre : elle a par conséquent le caractère de la subdivision *c*.

* Fleurs d'un beau rouge (coquelicot).
** Fleurs d'un écarlate pâle.

La corolle est d'un beau rouge pourpre, la plante est donc un coquelicot (*papaver rhœas*).

En résumé l'analyse nous a fait voir que la plante trouvée appartient au premier embranchement par la présence des *étamines* et des *pistils*.

Au premier sous-embranchement par la présence du canal *central médullaire* de la tige et de la *ramification des nervures* des feuilles.

A la première division, à cause de la *corolle polypétale*.

A la première classe, parce que les étamines et les pétales sont *insérés sur l'axe florale* ou le réceptacle.

A la famille des Papavéracées, à cause du *calice à deux pièces*, de la *corolle régulière*, du *fruit capsulaire* et de la *tige herbacée*.

Au genre *pavot*, à cause de la *forme globuleuse* du fruit.

Et à l'espèce *coquelicot*, à cause de l'état *lisse* et *glabre* de la *capsule* et de la couleur *rouge ponceau* de la fleur.

En suivant une marche analogue pour toute autre plante mentionnée dans l'ouvrage, on trouvera sans difficulté la famille, le genre et l'espèce auxquels elle peut appartenir.

MONTANDON.

Lith. Engelmann père et fils à Mulhouse.

Tableau dichotomique et analytique des principales divisions, sous-divisions, classes et sous-classes renfermées dans ce Synopsis.

I.	II.	III.	IV.	V.	

Plantes à organes reproducteurs (étamines et pistils) ou fructification très-sensiblement distincte, visible et apparente soit à l'œil nu, à la loupe ou au microscope. **Cotylédonées ou Phanérogames.**

Tige ou hampe pleine ou fistuleuse, munie de moelle en son centre, ou pourvue d'un canal central médullaire.

Feuilles à nervures ramifiées s'anastomosant entre elles, parfois à nervures simples, très-rarement à nervures tout-à-fait nulles, plus rarement encore à ramifications peu sensibles, et encore moins fréquemment les feuilles remplacées par des écailles sèches ou de consistance coriacée et membraneuse. **Dicotylédonées.**

Deux enveloppes florales, l'une externe (calice) l'autre interne (corolle) très rarement l'une ou l'autre de ces enveloppes isolées ou tout-à-fait nulles par avortement.

Enveloppe florale interne (corolle) de plusieurs pièces ou à pétales tout-à-fait libres entre eux. **Polypétalées.**

- *Pétales et organes mâles ou étamines reposant sur l'axe de la fleur, ou le réceptacle ovaire ou fruit tout-à-fait libre ou supère.* — **Thalamopétalées, p. 1.**
- *Pétales et organes mâles, (étamines) reposant sur le tube calicinal, lui-même ou sur un disque placé au-dessus du calice ou du tube calicinal.* **Caliciflorales.**
  - *Ovaire ou fruit nullement adhérent avec l'enveloppe florale externe, ovaire libre.* — **Calicipétalées, Eleuthérogynes, p. 74.**
  - *Ovaire ou fruit plus ou moins soudé à la base ou avec la totalité de l'enveloppe florale externe, ovaire infère.* — **Calicipétalées, Symphysogynes, p. 114.**

Enveloppe florale interne (corolle) d'une seule pièce, ou à pétales soudés entre eux. **Monopétalées.**

- *Enveloppe florale interne (corolle) reposant sur le sommet du fruit, ovaire adhérent ou infère.* — **Calicanthées, p. 141.**
- *Enveloppe florale interne (corolle) reposant sur l'axe de la fleur ou le réceptacle, ovaire libre.* — **Thalamanthées, p. 204.**

Une seule enveloppe florale colorée (périgone), herbacée (périanthe), parfois enveloppe florale tout-à-fait nulle (fleurs nues). **Apétalées.**

- *Ovaire ou fruit n'offrant aucune adhérence avec la totalité de l'enveloppe florale (périgone ou périanthe).* — **Apétales éleuthérogynes, p. 259.**
- *Ovaire ou fruit ayant une adhérence plus ou moins complète avec l'enveloppe florale (périgone ou périanthe).* — **Apétales symphysogynes, p. 285.**

Tige ou hampe pleine ou fistuleuse n'ayant pas de moelle en son centre, ou dépourvue de canal central médullaire.

Feuilles à nervures le plus souvent simples ou parallèles entre elles, très-rarement nulles ou à ramifications peu sensibles, plus rarement les feuilles remplacées par des écailles sèches ou tout-à-fait membranacées. **Monocotylédonées.**

- *Enveloppe florale tout-à-fait nulle.* . . . . — **Achlamidées, p. 288.**
- *Ovaire ou fruit plus ou moins soudé vers sa base, ou totalement adhérent avec l'enveloppe florale (soit périgone, périanthe, écailles ou soies).* — **Monocotylédones symphysogynes, p. 298.**
- *Ovaire ou fruit reposant sur l'axe de la fleur ou le réceptacle et n'ayant aucune adhérence avec l'enveloppe florale (soit périgone, périanthe, écailles ou soies).* — **Monocotylédones éleuthérogynes, p. 302.**

Plantes à organes reproducteurs (étamines et pistils) ou fructification à peine sensible ou d'une existence tout-à-fait problématique et douteuse. **Acotylédonées ou Cryptogames.**

Organes reproducteurs simulant des étamines et des pistils, ou d'une existence douteuse et tout-à-fait problématique. — **Monocotylédones, Cryptogames, p. 373.**

Organes reproducteurs renfermés dans la substance même de la plante, ou méconnaissables de leur nature. — **Cryptogames, Cellulaires, p. 383.**

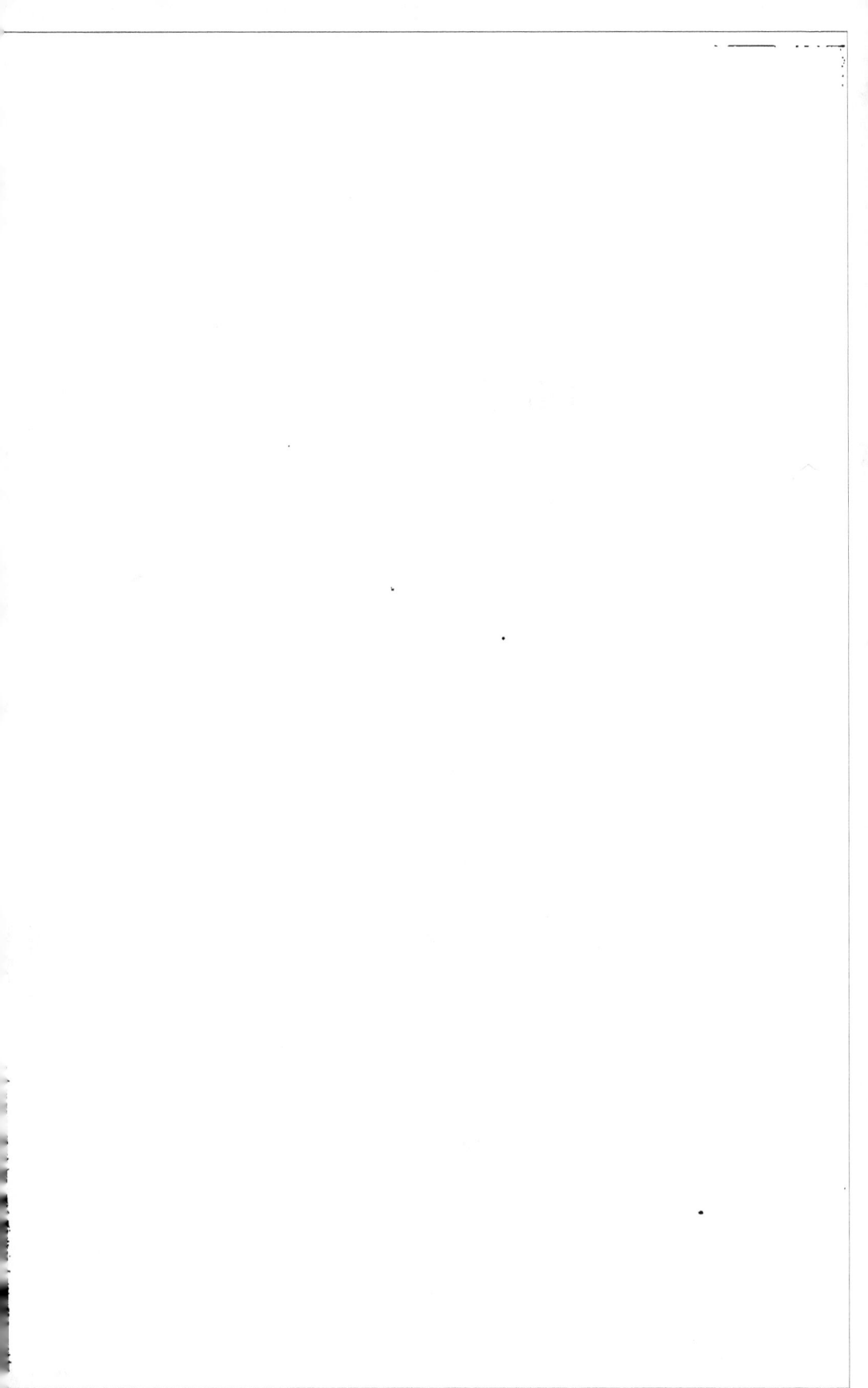

SYNOPSIS

DE LA

FLORE DU JURA SEPTENTRIONAL ET DU SUNDGAU.

————————

Iᵉʳ EMBRANCHEMENT.
Végétaux phanérogames ou cotylédones.

Iᵉʳ SOUS-EMBRANCHEMENT.
DICOTYLÉDONES.

Iʳᵉ DIVISION.
DICOTYLÉDONES POLYPÉTALES.

Iʳᵉ CLASSE, Thalamopétalées.

————

ANALYSE PRATIQUE DES FAMILLES.

Étamines en nombre défini	1
Étamines en nombre indéfini	25
1.	*Organes* mâles à filets libres entre eux . .	2
	Organes mâles à filets plus ou moins réunis vers la base, ou soudés jusque vers leur partie moyenne ou vers leur sommet, simulant une colonne	15
2.	*Corolle* de forme régulière	5
	Corolle de forme tout-à-fait irrégulière ou tout au moins à pièces inégales entre elles . .	12
5.	*Étamines* à filets égaux entre eux	4
	Étamines à filets inégaux entre eux, deux plus courts, quatre plus longs. CRUCIFÈRES, p. 21

1. Fam. **RENONCULACÉES**, Juss.

A. *Feuilles toutes opposées, ailées.*

Trib. 1. CLÉMATIDÉES, Dc.

1. Gen. **Clématis**, L. *Clématite.*

1. Esp. CL. VITALBA, L., Dc. Synp. 415.
Clématite des haies, Liane, Herbe aux gueux.
Vivace, Juin, Octobre.
Se rencontre disséminée dans les haies, les buissons, les forêts de la plaine et les vallées du Jura et du Sundgau (*Joset, Montandon*).

B. *Feuilles alternes ou radicales, les caulinaires parfois ternées. Carpelles sèches et nombreuses, anthères extrorses.*

Trib. 2. ANÉMONÉES, Dc.

A. *Deux enveloppes florales (calyce, corolle).*
aa. *Réceptacle nullement allongé filiforme.*

* Pièces de la corolle dépourvues de glandes nectarifères.

2. Gen. **Adonis**, L. *Adonide.*

A. Bec des carpelles de même couleur.

1. Esp. AD. ÆSTIVALIS, LIN. *Ad. ambigua*, GAUD.
Annuelle, Juin, Juillet.
Se rencontre parmi les moissons du Jura bernois, du Sundgau, Bâle, Delémont, Porrentruy (*Joset*); Delle, Belfort, Montbéliard (*Montandon*).

VAR. forme *citrina*, HOFF.; Mulhouse, Delle, Grentzingen (*Montandon*).

B. Bec des carpelles discolor ou noirâtre.

·† 2. Esp. AD. FLAMMEA, JACQ.; *Ad. œstivalis*, GAUD.
Annuelle, Juin, Août.
Se rencontre dans les moissons du Jura bâlois, près de Reinach (*Joset*); Mulhouse (*Montandon*).

** Pièces de la corolle munies d'une glande nectarifère.

3. Gen. **Ranunculus**, L. *Renoncule.*

A. Fleurs d'un jaune plus ou moins foncé.

a. *Feuilles orbiculaires en cœur.*

1. Sect. **Ficaria**, DILL.

1. Esp. R. FICARIA, L.; *Ficaria ranunculoides*, Dc.
Synp. 415.
Ficaire, petite éclaire.
Vivace, Mars, Avril.
Répandue dans les endroits couverts et humides du
Jura et du Sundgau. (*Joset, Montandon*).

b. *Feuilles linéaires simples ou oblongues.*

2. Sect. **Flammula**, Dc.

A. Style à bec étroit et caduc.

2. Esp. R. FLAMMULA, L., Dc. 418.
Petite douve.
Vivace, Mai, Septembre.
Se rencontre dans les marais vaseux, les fossés et prés
spongieux du Jura et du Sundgau (*Joset, Montandon*).

B. Style à bec persistant, court, large, uniforme.

† 3. Esp. R. LINGUA, Dc. 418.
Grande douve.
Vivace, Mai, Juillet.
Rare et disséminée; se rencontre dans les fossés aqua-
tiques, les étangs du Jura et du Sundgau. Bonfol, Belfort,
Michelfelden (*Joset, Montandon*).

c. *Feuilles entières, lobées, palmatilobées ou découpées.*

3. Sect. **Euranunculus**, Dc.

I. Feuilles entières, crénelées ou lobées.

4. Esp. R. THORA, L., Dc. 418.
Vivace, Juin, Juillet.
Se rencontre sur les crêtes rocailleuses du Jura, le
Colombier, Thoiry, la Dôle (*Joset, Montandon*).

II. Feuilles lobées ou découpées, carpelles lisses.

    a. Pédoncules cylindriques non sillonnés.

    * Corolle à pièces souvent avortées.

5. Esp. R. **AURICOMUS**, L., Dc. Syn. 417.
Vivace, Mars, Avril.
Disséminée dans les haies, les bois ombragés, sur les collines boisées du Jura et du Sundgau (*Joset, Montand.*).

VAR. forme *fallax*, WILD. Mulhouse (*Montandon*).

    ** Corolle à pièces parfaitement développées.

    aa. Plante glabrescente ou à peine poilue.

6. Esp. R. **ACRIS**, L. ; *Bassinet*, Dc. 417.
Vivace, Mai, Juillet.
Abondamment répandue dans les lieux secs et les prairies du Jura et du Sundgau (*Joset, Montandon*).

NB. Les pédoncules sont cilindriques fistuleux, presque glabres ou à quelques poils glabres et appliqués (*Montd.*).

VAR. forme *montanus*, WILD.
Se rencontre sur les sommets élevés du Jura bernois : au Chasseral, Hasenmatt, Creux-du-Van, la Dôle, le Thoiry (*Joset, Montandon*).

NB. Les carpelles sont terminées en un bec très-court à peine recourbé ; les feuilles presque glabres, luisantes, à lobes beaucoup plus étroites que dans l'*acris* (*Montandon*).

VAR. forme *sylvaticus*, FRIESS. Ne diffère que par d'abondans poils fauves et roussâtres, qui couvrent la tige, les pétioles et les nervures principales de la face inférieure des feuilles. Collines calcaires du Sundgau. *Juin, Juillet.* Ferrette (*Montandon*).

    bb. Plantes très velues.

7. Esp. R. **LANUGINOSUS**, L., Dc. 417.
Vivace, Juillet, Août.
Se rencontre dans les bois ombragés du Jura et du Sundgau : au Raimeux, Chasseral, la Dôle, Creux-du-Van (*Joset*); Delémont, Porrentruy, collines de Landskron, Florimont, au Blochmont, près de Lucelle (*Montandon*).

NB. Pédoncules cylindriques, très-fistuleux, tiges recouvertes de poils dirigés vers le bas de la plante, feuilles molles, soyeuses et comme jaunâtres (*Montandon*).

b. Pédoncules sillonnés ou tétragones.
  * Rameaux inférieurs rampans.

8. Esp. R. REPENS, L., Dc. 417.
Vivace, Mai, Juillet.
Fréquente dans les vignes, les cultures, les prés humides du Jura et du Sundgau. (*Joset, Montandon*).

  * Rameaux inférieurs nuls, jamais rampans.
      A. Racine fibreuse.

† **9. Esp. R. NEMOROSUS**, Dc.; *R. polyanthemos*, L.
Vivace, Mai, Juillet.
Se rencontre, mais assez rarement, disséminée sur les collines calcaires et élevées du Jura et du Sundgau. Chasseral (*Joset*); collines de Lucelle (*Montandon*).
VAR. forme *aureus*, WD. Pâturages élevés du Jura. Chasseral (*Joset, Montandon*). ·
NB. Les pédoncules sont sillonnés, les tiges garnies de poils étales, non appliqués, les carpelles se terminent par un style persistant et courbé en crochet (*Montandon*).

      B. Racine bulbiforme.

10. Esp. R. BULBOSUS, L., Dc. 418.
Vivace, Mai, Juin.
Répandue sur les collines calcaires du Jura et du Sundgau. (*Joset, Montandon*).

III. Feuilles composées ou à lobes profonds, carpelles tuberculeuses, à faces ruguleuses, aiguillonnées ou muriquées.
  A. Carpelles à faces tuberculeuses ou ruguleuses.
      * Tiges velues ou hérissées.

† **11. Esp. R. PHILONOTIS**, ERH., Dc. Syn. 418.
Vivace, Mai, Août.
Se rencontre assez rarement dans les mares et les lieux humides du Jura et du Sundgau. Genève, Pontarlier, marais de la Saône, près de Besançon (*Joset*); Belfort, Delle (*Montandon*).
      ** Tiges glabres ou puberulentes.

† **12. Esp. R. SCELERATUS**, L., Dc. 418.
Annuelle, Juin, Juillet.

Se rencontre dans les mares, les fossés humides du Jura et du Sundgau. Lac de Bienne, la Thièle, val de Ruz (*Joset*); Hegenheim, Bonfol, Montbéliard (*Montandon*).

B. Carpelles à faces reticulées épineuses.

15. Esp. R. ARVENSIS, L., Dc. 418.
Annuelle, Juin, Juillet.
Disséminée dans les champs du Jura et du Sundgau (*Joset, Montandon*).

B. Fleurs à pétales blancs, parfois à onglet jaune.

a. Carpelles non ridées en travers.

4. Sect. **Hecatonia**, Dc.

A. Tige très-élevée multiflore.

14. Esp. R. ACONITIFOLIUS, L. Dc. 416.
Vivace, Mai, Juin.
Se rencontre dans les endroits escarpés, le long des torrens, des ruisseaux, jusque dans les vallées du Jura et du Sundgau. Chasseral (*Joset*); près de Lucelle (*Montd.*).

VAR. forme *platanifolius*, L. Dans les mêmes localités, mais plus rare, au Chasseral (*Montandon*).

NB. Diffère du précédent par une tige plus élevée, dure, droite, roide, sommet glauque, à feuilles, jamais découpées jusqu'au pétiole, à pétales droits et divergents, à anthères pointues, à fleurs plus grandes, à ovaire et style plus longs, plus recourbés, à floraison plus tardive et durant plus longtemps que dans l'*aconitifolius* (*Montandon*).

B. Tige peu élevée pauciflore.

15. Esp. R. ALPESTRIS, L., Dc. Syn. 416.
Vivace, Mai, Juillet.
Se rencontre sur les pâturages humides du haut Jura. Chasseral, au Hassenmatten, au Creux-du-Van, au Suchet (*Joset, Montandon*).

b. Carpelles ridées transversalement.

5. Sect. **Batrachium**, Dc.

A. Feuilles toutes à limbe réniforme, à lobes peu profonds.
† 16. Esp. R. HEDERACEUS, L., Dc. Syn. 417.

Vivace, Juillet.

Se rencontre dans les eaux fraîches du Jura et du Sundgau. Ferrette, Bonfol, Cernay (*Montandon*).

B. Feuilles immergées à divisions courtes et capillaires.

17. Esp. R. AQUATILIS, L., Dc. 417. *Grenouillette.*
Vivace, Mai, Août.

Cette espèce très-polymorphe se rencontre, avec ses nombreuses variétés, dans toutes les eaux stagnantes, les fossés aquatiques du Jura et du Sundgau (*Joset, Montd*).

VAR. forme *stagnatilis*, WALR.

Se rencontre moins fréquemment dans les mares, les petits étangs, fossés aquatiques du Sundgau. Etang de Moos, Grosne, Delle, Belfort, Bonfol (*Montandon*).

VAR. forme *cœspitosus*, THUIL.

Fossés et mares du Jura et du Sundgau. Delémont (*Joset*); Bonfol, Grosne, Mulhouse, St.-Louis, Belfort (*Montd.*).

NB. Cette plante se rencontre sous des formes si variées, que l'on pourrait passer encore facilement à plusieurs formes intermédiaires. Tantot les feuilles surnageantes affectent la forme d'un cœur à cinq lobes un peu arrondis, tantôt nullement en cœur, mais à base tronquée, tantôt à cinq lobes non crenelées, parfois les feuilles surnageantes sont divisées en trois parties, parfois tout-à-fait nulles, lorsque la plante croît dans les endroits desséchés, elle présente une tige ascendante, fortement feuillée; toutes les feuilles sont alors très-divisées, comme aussi parfois elles sont extrêmement petites, de même que les fleurs à carpelles fortement rugueuses (*Montandon*).

C. Feuilles à divisions allongées, linéaires et parallèles.

18. Esp. R. PEUCEDANIFOLIUS, AIT.; *R. fluitans*, LK.
Vivace, Mai, Juillet.

Se rencontre dans les eaux courantes, les rivières du Jura et du Sundgau : le Doubs, St.-Ursanne, la Wiese, à Bâle (*Joset, Montd.*); Mulhouse, Montreux-Château, St.-Louis, Ferrette, Belfort (*Montandon*).

bb. *Réceptacle allongé filiforme.*

4. Gen. **Myosurus**, L., *Ratoncule.*

1. Esp. M. MINIMUS, L., Dc. 418. *Queue de souris.*

Annuelle, Mai, Juillet.

Se rencontre dans les champs humides, les endroits inondés pendant l'hiver dans le Jura et le Sundgau. Au Bruderholz, près de Bâle *(Joset, Montandon)*; Mulhouse, Bollwiller, Montbéliard, Delle, Ferrette *(Montandon)*.

NB. J'ai toujours rencontré cette plante de préférence dans les terrains siliceux *(Montandon)*.

B. *Une seule enveloppe florale ou périgone.*

A. Un involucre foliacé sous la fleur.

5. Gen. **Anemone**, L. *Anémone*, Dc.

I. Involucre à folioles plus ou moins éloigné de la fleur.

A. Carpelles terminées en longues arêtes plumeuses.

a. Involucre à folioles sessiles.

* Fleurs inclinées, violacées.

1. Esp. A. **PULSATILLA**, L., Dc. 414. *Pulsatille.*
Vivace, Mars, Avril.

Se rencontre dans les pâturages et prairies sèches, les endroits arides, les collines calcaires des montagnes granitiques et euritiques du Jura et du Sundgau : Grentzach, Dietisberg, St.-Loup, Romainmoutier, Besançon *(Joset)*; Michelfelden, Mulhouse, la Harth, Rixheim, Didenheim, Brunnstatt *(Montandon)*.

** Fleurs droites, pourpre clair.

2. Esp. A. **MONTANA**, Hoppe; *A. pratensis,* Dc. 414.
Vivace, Mars, Avril, Mai.

Se rencontre sur les collines et pâturages élevés, les crêtes rocailleuses du Jura : Schaffhouse, Neuchâtel, Vaux-Seyon *(Joset, Montandon)*.

b. Involucre à folioles pétiolées.

5. Esp. A. **ALPINA**, L., Dc. Syn. 414.
Vivace, Juin, Juillet.

Se rencontre sur les pâturages élevés, les crêtes du Jura : au Suchet, au Creux-du-Van, au Mont-d'or, au Mont-tendre, la Dôle, le Colombier, Thoiry *(Joset)*; au Chasseral *(Montandon)*.

B. Carpelles laineuses ou pubescentes terminées en pointe.

a. Carpelles laineuses.

† 4. Esp. A. SYLVESTRIS, L., Dc. 415.
Vivace, Mai, Juin.
Se rencontre sur les collines arides, les coteaux gramineux et boisés du Jura et du Sundgau. Bâle, Grentzach (*Joset*); Mulhouse, Rixheim, Pfastatt, la Harh, au Kastelwald (*Montandon*).

b. Carpelles pubescentes, fleurs blanches.

5. Esp. A. NEMOROSA, L., Dc. 415. *Sylvie.*
Vivace, Mars, Mai.
Fréquentes dans les forêts ombragées, les buissons et les lieux couverts du Jura et du Sundgau (*Joset, Montd.*).
VAR. forme *monstruosa*, WD. La Harth (*Montandon*).

c. Carpelles pubescentes, fleurs jaunes.

6. Esp. A. RANUNCULOIDES, L., Dc. 415.
Vivace, Mars, Mai.
Se rencontre disséminée dans les lieux frais et ombragés du Jura et du Sundgau. A Gundeldingen, St.-Jacques, Delémont (*Joset*); Porrentruy, Milandre, Pont d'Able, Courtavon, Belfort, Montbéliard, Creuxgenaz (*Montd.*).

C. Carpelles très-glabres à pointe peu sensible.

7. Esp. A. NARCISSIFLORA, L., Dc. 415.
Vivace, Juin, Juillet.
Se rencontre disséminée sur les crêtes rocailleuses du haut Jura : au Chasseral, Suchet, Creux-du-Van, Mont d'or, Mont tendre, le Colombier, le Reculet, Thoiry, Moutier, à la Roche, St.-Jean (*Joset, Montandon*).

II. Involucre simulant un calyce rapproché de la fleur.

† 8. Esp. A. HEPATICA, L.; *Hepatica triloba*, Dc. 415.
Herbe à la trinité. Hépatique.
Vivace, Mars, Avril.
Se rencontre dans les broussailles, les endroits couverts, sur la lisière des forêts du Jura et du Sundgau. Liestall, la Burg, Holdenberg, Langenbruck, Bienne, Neuchâtel, Prangin (*Joset*); Ferrette, au Blochmont (*Montandon*).

B. Aucun involucre sous la fleur.

6. Gen. **Thalietrum**, L. *Pigamon.*

I. Carpelles un peu pédicellées à angles ailés.

† 1. Esp. TH. AQUILEGIFOLIUM, L., Dc. 414.
Vivace, Mai, Juin.

Se rencontre rarement, dans les haies, les buissons, sur les coteaux boisés et montueux, le long des rivières du Jura et du Sundgau. Montbéliard, Michelfelden, le Doubs (*Montd.*); Arlesheim, Soleure, l'Emme, Chasseral, Creux-du-Van, le Suchet, la Dôle, le Mont-tendre, le Reculet (*Joset*); Bremoncourt, Audincourt, Kembs (*Montandon*).

II. Carpelles ovales, allongées, sessiles et striées.

A. Fleurs penchées.

* Fleurs formant une panicule ample.

2. Esp. TH. COMMUNE, KITT.; *T. minus*, Dc. 414.
Vivace, Juin, Juillet.

Se rencontre sur les collines graveleuses et calcaires, les rochers arides du Jura et du Sundgau : Muttenz, Lauffen, rocher de Vorbourg, de Moutier, de Court, Hasenmatt, Weissenstein, à la Reuchenette, au Clos du Doubs, au Chasseral, Creux-du-Van, au Suchet, le Mont d'or, la Dôle, le Colombier, la Faucille (*Joset*); Waldenheim, Delle, Montbéliard, Florimont, Oberlarg, Lucelle, les Verrières, Val, St.-Dizier, Zillisheim, Ferrette (*Montandon*).

NB. Plante très-polymorphe par son port plus ou moins élevé, ses folioles plus ou moins larges, le plus souvent trilobées, à lobes obtus, parfois très-étroits et aigus ; d'autrefois à folioles plus ou moins profondément dentées, tantôt sessiles ou pétiolées, d'une couleur glauque ou pruineuses, panicules parfois allongées et droites, racine rampante, d'où ont été créés les différentes formes. *Saxatile*, Dc.; *pubescens*, SCHL.; *elatum*, GAUD.; *majus*, JACQ.; *nutans*, GAUD.

** Fleurs à panicule peu développée.

† 5. Esp. TH. SIMPLEX, L. Dc. 414.
Vivace, Juillet, Août.

Se rencontre dans les prés humides du Jura et du Sundgau : Nidau, au-dessus des forges d'Audincourt (*Joset, Montandon*).

B. Fleurs droites en panicule serrée.

a. Inflorescence générale en panicule corymboide.

4. Esp. TH. FLAVUM, L., Dc. 414. *Rue des prés.*
Vivace, Juillet, Août.

Se rencontre disséminée sur le bord des fossés, dans les endroits humides du Jura et du Sundgau : à Michelfelden, à Soleure, Bienne, Nidau, Neuchâtel, Audincourt, St.-Ursanne, Ocour, Vauffrey (*Joset, Montandon*).

VAR. forme *depauperatum*, WD. Au Clieben, près de St.-Louis (*Montandon*).

b. Inflorescence générale en panicule contractée.

5. Esp. TH. AUGUSTIFOLIUM, L., Dc. 414.
Vivace, Juin, Juillet.

Se rencontre sur le bord des bois, dans les prés humides du Jura et du Sundgau : Lauffenbourg, bois de Labatie (*Joset*); Audincourt (*Montandon*).

VAR. forme *galioides*, NESTL. Prés gramineux du Jura et du Sundgau : Kaiseraugst, Michelfelden, Audincourt, Besançon (*Joset, Montandon*), rare.

C. *Feuilles alternes, carpelles définies, folliculaires à la maturité ou bacciformes.*

Trib. 3. HELLÉBORÉES, Dc.

I. Deux enveloppes florales (calyce et corolle).

A. Capsules ou carpelles libres.

a. Capsules sessiles.

aa. Fleurs dépourvues d'éperons ou d'appendices.

b. Pièces du calyce égales entre elles.

bb. Pièces du calyce caduques

* Limbe à base tout-à-fait plane.

7. Gen. **Trollius**, L. *Trolle.*

1. Esp. TR. EUROPEUS, L., Dc. 419.

Vivace, Mai, Juin.

Se rencontre dans les prés humides du Jura, parfois dans la plaine : Doubs, St.-Ursanne, les Chaignons, Enson-le-mont (*Joset, Montandon*).

**   Limbe à base roulée en cornet.

8. Gen. **Isopyrum**, L., Dc.

† 1. Esp. IS. THALICTROIDES, L.; *Helleb. id.*, Dc. 419.
Vivace, Mars, Mai.

Se rencontre dans les endroits ombragés du Jura. Besançon, entre Courtefontaine et Byan (*Joset, Montandon*).

cc. Pièces du calyce persistantes.

9. Gen. **Helleborus**, L. *Hellebore.*

* Pièces du calyce bordées de pourpre.

1. Esp. H. FOETIDUS, L., Dc. 419. *Pied de griffon.*
Vivace, Février, Mars.

Se rencontre sur les collines calcaires du Jura et du Sundgau. Porrentruy, Ferrette, Delle, Bâle, Audincourt, Altkirch, Illfurth (*Joset, Montandon*).

** Pièces du calyce non bordées de pourpre.

2. Esp. H. VIRIDIS, L., Dc. 419.
Vivace, Mars, Avril.

Se rencontre près de St.-Blaise, Jura bâlois, Soleure, près de Laar (*Joset*); Oberdorf (*Montandon*).

c. Pièces du calyce inégales entre elles (casque).

10. Gen. **Aconitum**, L. *Aconit.*

a. Fleurs d'un vert jaunâtre.

* Racines tuberculeuses, feuilles divisées, linéaires.

1. Esp. A. ANTHORA, L., Dc. 421.
Vivace, Août, Septembre.

Se rencontre disséminée sur les crêtes rocailleuses du haut Jura : la Dôle, Thoiry, Colombier (*Joset, Montd.*).

** Racines rameuses, feuilles palmées.

2. Esp. A. LYCOCTONUM, L., Dc. 420. *Tue-loup.*
Vivace, Juillet, Août.

Se rencontre dans les lieux ombragés et montueux du

Jura et du Sundgau. Au Pont d'Able, près de Porrentruy, au Pichoux, Ruz-des-Seigne, Ferrette, Delle (*Joset, Montd.*).

b. Fleurs d'un bleu azur, racine en fuseau.

5. Esp. A. NAPELLUS, L., Dc. 421. *Napel.*
Vivace, Juillet, Août.
Se rencontre dans les pâturages du haut Jura, parfois dans les vallées profondes : au Vogelberg, au Hasenmatt, Creux-du-Van, la Dôle, au Pichoux, Chasseral, Thoiry, Val-de-Joux, Mœnchenstein, Arlesheim, Délémont, Saint-Ursanne, Ocourt, Vauffrey (*Joset, Montandon*).

bb. Fleurs pourvues d'éperons vers leur base.

* Un seul éperon.

11. Gen. Delphinium, L. *Dauphinelle.*

1. Esp. D. CONSOLIDA, L., Dc. 420. *Pied d'alouette.*
Annuelle, Mai, Juillet.
Parmi les céréales du Jura et du Sundgau. Bâle, Delémont, Porrentruy, Soleure, Bonfol, Montbéliard, Bressoncourt, la Bouloie. (*Joset, Montandon*).
VAR. forme *pubescens*, WILD.
Champs de Corcelles, à Peseux (*Joset*).

** Cinq éperons ou nectaires.

12. Gen. Aquilegia, L. *Ancolie.*

1. Esp. AQ. VULGARIS, L., Dc. 420. *Clochette.*
Vivace, Juin, Juillet.
Se rencontre sur les collines boisées, dans les haies, les vallées du Jura et du Sundgau (*Joset, Montandon*).
VAR. forme *atrata*, KOCH. Fleurs d'un bleu noirâtre.
La Dôle, la Faucille, le Reculet (*Joset*).

b. Capsules portées sur de longs pédicelles.

13. Gen. Eranthis, SALISB.

† **1. Esp. E. HIEMALIS**, SAL., HELL., LIN., Dc. 419.
Vivace, Février, Mars.
Se rencontre dans les prairies humides du Jura et du Sundgau. Soleure, près de l'hermitage, Delémont, Bienne, Montbéliard, Belfort (*Joset, Montandon*).

B. Capsules réunies, feuilles à segmens étroits.

14. Gen. **Nigella**, L. *Nigelle.*

1. Esp. N. ARVENSIS, L., Dc. 419.
Annuelle, Mai, Août.
Se rencontre parmi les moissons du Jura et du Sundgau.
Liestal, Muttenz, Delémont, Porrentruy, Bassecourt,
Montbéliard, Illfurth, Delle (*Joset, Montandon*).

II. Une seule enveloppe florale jaune ou blanche.

a. Carpelles capsulaires.

15. Gen. **Caltha**, L., Dc. *Populage.*

1. Esp. C. PALUSTRIS, Dc. 421. *Souci d'eau.*
Vivace, Mars, Octobre.
Fréquent dans les prés humides, le long des ruisseaux
du Jura et du Sundgau (*Joset, Montandon*).

b. Carpelles solitaires simulant une baie à la maturité.

16. Gen. **Actæa**, L. *Actée.*

1. Esp. A. SPICATA, L., Dc. 421. *Herbe St.-Christophe.*
Vivace, Mai, Juin.
Dans les endroits secs et rocailleux des collines élevées
du Jura et du Sundgau. Ruz-des-Seignes, sous les roches,
la Perche, Delle, val St.-Dizier, Ferrette (*Joset, Montd.*).

2. Fam. BERBERIDÉES, Dc.

* Fruit formé d'une baie.

1. Gen. **Berberis**, L. *Vinetier.*

1. Esp. B. VULGARIS, L.; Dc. Syn. 566. *Épine vinette.*
Vivace, Mai, Juin.
Disséminée dans les bois, les buissons, les haies de la
plaine, des collines et des montagnes du Jura et du Sundgau.
(*Joset, Montandon*).

** Fruit capsulaire.

2. Gen. **Epimedium**, L.; Dc. 567.

1. Esp. E. ALPINUM, L., Dc. Synp. 567.
Vivace, Mai, Juin.

Se rencontre le long du Rhin, près de Bâle, et le long de la Wiese. *(Joset, Montandon).*

3. Fam. **NYMPHÉACÉES**, Dc.

* Fleurs d'un beau blanc.

1. Gen. **Nymphæa,** L. *Nymphée.*

1. Esp. N. ALBA , L., Dc. 567. *Lys d'étang.*
Vivace, Juin, Juillet.
Se rencontre dans les eaux stagnantes, les fossés aquatiques, les étangs du Jura et du Sundgau : Soleure, lac de Bienne, le Doubs, Michelfelden, Bonfol, Belfort, Grosne, Moos, Delle. *(Joset, Montandon).*

** Fleurs d'un beau jaune.

2. Gen. **Nuphar,** Schm. *Nénuphar.*

1. Esp. N. LUTEUM, Sch.; *Nymphæa*, Dc. 567.
Vivace, Juin, Juillet.
Se rencontre dans quelques eaux tranquilles du Jura et du Sundgau : le lac de Bienne, la Thiele, lac St.-Point, Montbéliard, Bonfol, Bourogne, Mulhouse, Didenheim, Montreux-château *(Joset, Montandon).*

4. Fam. **PAPAVÉRACÉES**, Juss.

I. Fruit globuleux, oblong ou en massue.

1. Gen. **Papaver,** L. *Pavot.*

a. Capsule hispide allongée.

1. Esp. P. ARGEMONE, L., Dc. 568.
Annuelle, Mai, Juin.
Se rencontre dans les moissons du Jura et du Sundgau. Alschwiller, Gundeldingen, Cresper, Vauxmarcus, Nyon, Bougie, Besançon *(Joset)* ; Ferrette, Delle, Belfort *(Montd.).*

b. Capsule hispide très-courte.

2. Esp. P. HYBRIDUM, L., Dc. 568.
Annuelle, Juin, Juillet.

Se rencontre assez rarement dans le Sundgau : Mulhouse, Habsheim, Rouffach, Pfaffenheim *(Montandon)*.

c. Capsule lisse et glabre.
* Fleurs d'un beau rouge ponceau.

5. Esp. P. RHÆAS, L., Dc. 568. *Coquelicot.*
Annuelle, Juin, Août.
Fréquent parmi les céréales du Jura et du Sundgau *(Joset, Montandon)*.

** Fleurs d'un écarlate pâle.

4. Esp. P. DUBIUM, L., Dc. 568.
Annuelle, Juin, Juillet.
Se rencontre disséminée parmi les moissons, dans les lieux vagues, les décombres, les collines arides du Jura et du Sundgau : Bâle, Soleure, Bienne, Delémont, Besançon, Nyon, Porrentruy *(Joset)*; Ferrette, Mulhouse, Delle, Altkirch, Belfort *(Montandon)*.

II. Fruit allongé linéaire siliquiforme.
a. Fleurs disposées en ombelle ou en cyme.

2. Gen. **Chelidonium**, L. *Chélidoine.*

1. Esp. CH. MAJUS, L., Dc. 568. *Grande éclaire.*
Vivace, Août, Septembre.
Fréquemment répandue sur les vieux murs, les haies, les décombres du Jura et du Sundgau *(Joset, Montandon)*.

b. Fleurs presque solitaires et terminales.

3. Gen. **Glaucium**, L.

1. Esp. G. LUTEUM, Scop.; *Chelid. glaucum.* L., Dc. 568
Annuelle, Juin, Juillet.
Se rencontre dans les endroits arides du lac de Neuchâtel, à Grandson, près d'Épagnier *(Joset, Montandon)*.

5. Fam. FUMARIACÉES, Dc.

I. Fruit déhiscent simulant une silique.

1. Gen. **Corydalis**, Dc. *Fumaria*, L. *Fumeterre.*

a. Fleurs d'un beau jaune.

1. Esp. C. LUTEA, Pers., Dc. 569.

Vivace, Juillet, Août·

Se rencontre sur les vieux murs, les endroits rocailleux et stériles du Jura et du Sundgau. Bâle, pont de Mœnchenstein, Bottmingen, Istein, Vauxmarcus *(Joset)*; Porrentruy, les Fossés, Delle, Montbéliard *(Montandon)*.

b. Fleurs purpurines roses, parfois blanches.

* Tubercules creux, bractées entières.

2. Esp. **C. CAVA**, Kœrt. *C. tuberosa*, Dc. 369.
Vivace, Mars, Avril.

Se rencontre disséminée dans les champs, les vignes, les prairies, haies et vergers situés au nord du Jura et du Sundgau, surtout près des habitations. Porrentruy, Delémont, Ferrette, Altkirch, Belfort, Milandre, Rouffach *(Joset, Montandon)*.

** Tubercules solides, bractées incisées.

5. Esp. **C. SOLIDA**, Smith. *C. balbasa*, Dc. 569.
Vivace, Mai, Juin.

Se rencontre disséminée dans les haies, les endroits couverts et ombragés, les rocailles du Jura et du Sundgau, petit-Bâle, Mœnchenstein, Thoiry, Grandfontaine, Porrentruy, Milandre, Delle, Montbéliard *(Joset, Montd.)*.

Var. forme *fabacea*, Pers. Près de St.-Louis *(Montd.)*.
Var. forme *lobelii*, Tsch. Vallée de Lucelle *(Montd.)*.

II. Fruit indéhiscent simulant une noix.

2. Gen. **Fumaria**, L. *Fumeterre.*

A. Tige ramifiée et grimpante.

1. Esp. **F. CAPREOLATA**, L., Dc. 569.
Annuelle, Juillet.
Se rencontre près de l'Aar et du Rhône *(Joset)*.

B. Tige ramifiée et diffuse.

a. Nucule presque sphérique à sommet un peu échancré.

2. Esp. **F. OFFICINALIS**, L., Dc. 569.
Annuelle, Mai, Août.
Fréquent dans les champs, les cultures, les jardins du Jura et du Sundgau *(Joset, Montandon)*.

b. Nucule sphérique nullement déprimée ni échancrée.

† 5. Esp. F. VALLANTII, Lois.
  Annuelle, Mai, Juillet.
  Se rencontre très-rarement dans le Sundgau : Ferrette, Mulhouse (*Montandon*).

  c. Nucule de forme globuleuse et aigue.

† 4. Esp. F. PARVIFLORA, Lk., Dc. Syn. 370.
  Annuelle, Juillet, Août.
  Se rencontre au Wasserfall *(Montandon).*

6. Fam. CRUCIFÈRES, Dc.

A. *Fruit plus long que large.*

1re Division. Siliqueuses, Dc.

* *Radicule située en face de la commissure cotylédonaire.*

1r Groupe. Pleurorhizées. *Graines orbiculaires (O =).*

I. Graines disposées sur un seul rang.

A. Siliques cylindriques simulant une silicule.

1. G. Narturtium, Rob. Br. *Sisymbrium,* L. *Cresson.*
  a. Fleurs d'un beau blanc.

1. Esp. N. OFFICINALE, Rob. Br.; *Sisymb.,* Dc. 375.
  Cresson de fontaine.
  Vivace, Juin, Août.
  Se rencontre dans les eaux vives, les fossés aquatiques, les ruisseaux du Jura et du Sundgau (*Joset, Montandon*).

  b. Fleurs d'un beau jaune.

aa. Siliques linéaires de la longueur des pédoncules.

2. Esp. N. SYLVESTRE, Rob. Br.; *Sisymb.,* L., Dc.
  Annuelle, Juin, Juillet.
  Se rencontre dans les endroits humides, sur le bord des routes, des rivières, dans les lieux vagues et graveleux, et les prairies caillouteuses du Jura et du Sundgau : Soleure, le Doubs, Audincourt, Montbéliard, Porrentruy, St.-Louis, Bâle, Neudorf, Michelfelden, Mulhouse, Dornach (*Joset, Montandon*).

3

bb. Siliques atteignant à peine la longueur des pédoncules.

3. Esp. **N. PALUSTRE**, Rb. Br.; *Sisymb.*, Dc.
Vivace, Juin, Juillet.

Se rencontre dans les endroits graveleux, les lieux vaseux et marécageux du Jura et du Sundgau : disséminée à Michelfelden, Hegenheim, Bonfol, Porrentruy, lac de Bienne, la Chaux-de-fonds, marais des ponts près de Versoix, Besançon, Montbéliard *(Joset, Montandon)*.

VAR. forme *anceps*, REICHENB.

Se rencontre dans les graviers de la Wiese près de Bâle, île du Rhin, près de Neubourg *(Joset, Montandon)*.

cc. Siliques trois à quatre fois plus courtes que les pédoncules.

* Siliques ellipsoïdes courtes.

4. Esp **N. AMPHIBIUM**, Rb. Br.; *Sisymb.*, L., Dc. 575.
Vivace, Juin, Juillet.

Se rencontre dans les endroits aquatiques et marécageux du Jura et du Sundgau : Michelfelden, Bonfol, lac de Bienne, le Doubs, Besançon, Montbéliard, Porrentruy, Delle, Altkirch, Ferrette *(Joset, Montandon)*.

** Siliques ovoïdes oblongues.

5. Esp. **N. PYRENAICUM**, Rb. Br.; *Sisymb.*, L. Dc. 575.
Vivace, Mai, Juillet.

Se rencontre sur les prairies sèches et caillouteuses du Jura et du Sundgau : Bâle, Neuhaus, Friedelinden, Wahlen, Birseck, la Wiese, entre le Clieben et le petit Huningue, Montbéliard, Mulhouse, Illzach, Delle *(Joset, Montandon)*.

B. Siliques comprimées allongées, linéaires.

2. Gen. **Turritis**, L. *Tourrelle.*

1. Esp. **T. GLABRA**, L.; *Arabis perfoliata*, Lmk., Dc. 575.
Bisannuelle, Mai, Juin.

Se rencontre dans les haies les buissons, sur le bord des chemins, des bois et aux endroits arides du Jura et du Sundgau : le Rhin, sur les bords de la Wiese, Huningue, Neudorf, Bencken, Boncourt, St.-Ursanne, Ocourt, Nyon, Pontarlier, Salins, Pfastadt, au Tannenwald à Mulhouse, sur les bords du canal, Ferrette, Delle, Altkirch *(Joset, Mont.)*.

II. Graines sur deux ou quatre rangs ou multisériées.

AA. Stigmate entier ou presqu'entier.

A. *Siliques comprimées ou déprimées.*

A. Siliques linéaires à largeur égale.

* Valves à nervures très-sensibles.

3. Gen. **Arabis**, L. *Arabide.*

I. Feuilles de la tige en cœur embrassantes.

A. Surcules gazonnants stériles.

a. Siliques étalées linéaires.

† 1. Esp. **A. ALPINA**, L., Dc. 575.
Vivace, Mars, Juin.
Se rencontre sur les rocailles du calcaire jurassique et sundgovien : Gravier de la Birse, près de St.-Jacques, Milandre, Boncourt, Delle, Altkirch *(Joset, Montandon).*

b. Siliques droites sur un pédoncule étalé.

† 2. Esp. **A. BRASSICÆFORMIS**, VALR.; *Brassica alpina*, L., Dc. 574.
Vivace, Mai, Juin.
Se rencontre disséminée et très-rare dans les lieux pierreux et couverts, les éboulemens du Jura et du Sundgau : la Dôle, vallon d'Ardran, au Reculet *(Joset)*; Ferrette, Lucelle, Cernay *(Montandon).*

B. Surcules gazonnants stériles, tout-à-fait nuls.
aa. Siliques très appliquées contre l'axe de la tige.

3. Esp. **A. HIRSUTA**, L., Dc. 575.
Bisannuelle, Mai, Juin.
Se rencontre dans les endroits pierreux, les lieux vagues, les pâturages rocailleux du Jura et du Sundgau : Porrentruy, Delémont *(Joset)*; Ferrette, Lucelle, Florimont, Vezelois *(Montandon).*

VAR. forme *glastifolia*, WILD.
Rocailles du Blochmont, près de Lucelle, Florimont, Delle *(Montandon)*, rare.

VAR. forme *gerardi*, BESS.
Val de Lucelle *(Montandon)*, rare.

bb. Siliques presque étalées horizontalement.

* Fleurs à pétales blancs.

† 4. Esp. **A. AURICULATA**, L., Dc. 375.
Annuelle, Avril, Mai.
Se rencontre disséminée dans les endroits arides et pierreux du Jura : Montbéliard, Audincourt *(Joset, Montandon)*.
VAR. forme *saxatilis*, Dc.
Se rencontre dans les endroits rocailleux du Jura : Soleure, Collonge, Beaucourt, Audincourt *(Joset, Montd.)*.

** Fleurs d'un lilas rose.

5. Esp. **A. ARENOSA**, Scop. ; *Sisymb.*, L., Dc. 374.
Bisannuelle, Mai, Juillet.
. Se rencontre dans les endroits rocailleux et sablonneux du Jura et du Sundgau : Doubs, Besançon, Bâle, Montbéliard, Mont-Bard *(Joset)* ; St.-Ursanne, Belfort, Lucelle, Cernay *(Montandon)*.

II. **Feuilles de la tige sessiles non en cœur à la base à oreillettes plus ou moins embrassantes.**

* Fleurs d'un rose lilas.

Voy. *Arab. arenosa*, Scop. p. 24, nº 5.

** Fleurs tout-à-fait blanches, blanchâtres ou jaunâtres.

A. Siliques droites un peu arquées, semences non ailées en leurs bords.

a. Siliques tout-à-fait droites.

aa. Pièces de la corolle (pétales) dressées.

† 6. Esp. **A. STRICTA**, Huds., Dc. Syn. 375.
Vivace, Juin, Juillet.
Crêts rocailleux du Jura : la Dôle *(Joset)*.

bb. Pièces de la corolle (pétales) ouvertes.

† 7. Esp. **A. SERPILIFOLIA**, L., Dc.
Vivace, Juin, Juillet.
Rochers du Jura : la Dôle *(Joset)*.

b. Siliques légèrement arquées.

† 8. **A. ARCUATA**, Schw., Kirsch. p. 50 ; *A. ciliata.* Br.

Vivace, Juin, Août.

Crêts rocailleux du Jura : Chasseral , Besançon , Creux-du-Van, la Tourne, Tête de rang *(Joset)*.

B. Siliques longues, recourbées en arc ou penchées et étalées. Semences entourées d'une aile membraneuse.

† 9. Esp. **A. TURRITA**, L. 375, Dc. 375.
Bisannuelle, Mai, Juin.

Se rencontre sur les rochers couverts du Jura et du Sundgau : les cluses et vallées de St.-Ursanne, les Rangiers, la Caquerelle, au Heidenflüh, Ferrette, au Steinbach *(Joset, Montandon)*.

** Valves à nervures presque nulles ou peu distinctes.

4. Gen. **Cardamine**, L. *Cardamine.*

a. Feuilles à trois folioles.

1. Esp. **C. TRIFOLIATA**, L., Dc. 576.
Vivace, Mai, Juin.

Crêtes du Reculet? *Joset* pense que ce ne peut être qu'une simple variété du *pratensis*?? Je ne l'y ai jamais observé. *Montandon.*

b. Feuilles pinnées ou ailées.

* Fleurs d'un beau clair lilas.

2. Esp. **C. PRATENSIS**, L., Dc. 576. *Cresson des prés.*
Vivace, Avril, Mai.

Fréquent dans les prairies humides du Jura et du Sundgau *(Joset, Montandon)*.

** Fleurs à pétales blancs ou blanchâtres.

a. Pétales souvent avortés ou nuls.

3. Esp. **C. IMPATIENS**, L., Dc. 576.
Annuelle, Avril, Juin.

Se rencontre dans les forêts ombragées et humides du Jura et du Sundgau : Bâle, Drulingen, Augst, Lauffenbourg, Montbéliard *(Joset)* ; vallée de Grenzingen à Willer, vallée de Lucelle *(Montandon)*.

b. Pétales tous apparents et développés.

a. Pétales étalés et très-longs.

4. Esp.   **C. AMARA**, L., Dc. 576.
Vivace, Avril, Mai.
Se rencontre sur le bord des rivières, des rigoles, des fossés du Jura et du Sundgau : Liestall, Rheinfelden, le Doubs, la Birse (*Joset*); Belfort, Delle, val Saint-Dizier, Ferrette, Porrentruy, le Fahy (*Montandon*).

b. Pétales petits, courts, ouverts ou droits.

* Fleurs le plus souvent à quatre étamines.

5. Esp. **C. HIRSUTA**, L., Dc. 576.
Annuelle, Avril, Juin.
Se rencontre dans les champs, les vignes, sur le bord des routes du Jura et du Sundgau : Porrentruy, Buix, Mulhouse en allant à Elzach, sur la Doller (*Joset, Montd.*).

** Fleurs le plus ordinairement à six étamines.

† 6. Esp. **C. SYLVATICA**, Lk.
Annuelle, Avril, Juillet.
Se rencontre dans les forêts ombragées du Jura et du Sundgau : Vorbourg, sur le bord de la Wiese, Creux-du-Van (*Joset*); au Fahy, près de Porrentruy, Ferrette, Zillisheim, Delle (*Montandon*).

B. Siliques lancéolées.

5. Gen. **Dentaria**, L. *Dentaire.*

* Feuilles ailées ou pinnées.

1. Esp. **D. HEPTAPHYLLOS**, Scp.; *D.pianata,*Lmk.,Dc.577
Vivace, Avril, Mai.
Se rencontre dans les endroits ombragés du calcaire jurassique et sundgovien : Porrentruy, Ruz-des-Seignes (*Joset*); Ferrette, Zillisheim (*Montandon*).

** Feuilles digitées.

2. Esp. **D. PENTAPHYLLOS**, Sc.; *D. digitata*, Lk., Dc. 577
Vivace, Avril, Mai.
Se rencontre dans les endroits ombragés et rocailleux

du calcaire jurassique et sundgovien : Bâle, Weissenstein, Creux-du-Van, côtes du Doubs, la Tourne, la Faucille, Soleure *(Joset)*; le Fahy, près Porrentruy, Ferrette, Zillisheim, Delle *(Montandon)*.

B. *Siliques presque cylindriques.*

6. Gen. **Barbarea**, Rb. Br. *Herbe à Sainte-Barbe.*

* Feuilles supérieures entières ou dentées.

1. Esp. B. VULGARIS, Rb. Br.; *Erysimum barbarea*, L., Dc. 575.
Vivace, Mai, Juin.
Se rencontre dans les prés, sur le bord des fossés, des routes, dans les vallées du Jura et du Sundgau; assez répandue : Porrentruy, Delle, etc. *(Joset, Montandon)*.

** Feuilles supérieures profondément découpées.

† 2. Esp. B. PRÆCOX, Rb. Br. ; *Ery.* id. Dc. 575.
Annuelle, Avril, Juin.
Se rencontre assez rarement dans les cultures des environs de Belfort, Bâle *(Montandon)*.

BB. Stigmate lobé à lobes courbés en dehors.

7. Gen. **Cheiranthus**, L. *Violier.*

1. Esp. C. CHEIRI, L., Dc. 574.
Vivace, Avril, Juillet.
Se rencontre sur les vieux édifices, les anciennes ruines du Jura et du Sundgau, Bâle, Augenstein, château de Grandson, Belveau *(Joset)*; château de Landskron, Besançon, Belfort *(Montandon)*.

** *Radicule regardant la face dorsale d'un des cotylédons.*

2e Groupe, **Notorhizées.** *Graines oblongues cylindriques* (O II).

I. Stigmates à deux lobes lamelleux souvent appliqués.

8. Gen. **Hesperis**, L. *Julienne.*

1. Esp. H. MATRONALIS, L., Dc. 574.
Vivace, Mai, Juin.
Se rencontre parfois dans les lieux et couverts vagues, au

voisinage des jardins du Jura et du Sundgau : Augst, au
mont Sissach, près du Doubs à Besançon, au château de
Bossey *(Joset)*; Florimont *(Montandon)*.

II. Stigmate entier, échancré ou à deux lobes, peu sensibles.

A. Stigmate presque nul, siliques linéaires.

9. Gen. **Braya**, Koch.; *Sisymbrium*, L.

† 1. Esp. B. SUPINA, K.; *Sisymb.*, L., Dc. 374.
Annuelle, Juin, Octobre.
Se rencontre dans les endroits vagues et incultes, les
sables humides du Jura et du Sundgau. Lacs du Jura, Besançon *(Joset)*; Montbéliard, Delle *(Montandon)*.

B. Stigmate entier ou à lobes obtus; siliques tétragones.

10. Gen. **Erysimum**, L. *Velar*.

a. Fleurs d'un jaune blanchâtre.

† 1. Esp. E. ORIENTALE, RB. BR.; *Brassica perfoliata*,
Dc. 571.
Annuelle, Mai, Juillet.
Se rencontre dans les champs, les moissons de la plaine
du Jura et du Sundgau. Pont de la Wiese, près de Bâle,
(Joset); Huningue, Neudorf *(Montandon)*.

b. Fleurs d'un jaune plus ou moins foncé.

* Pédicelles égalant au moins la moitié de la longueur des
siliques.

2. Esp. E. CHEIRANTHOIDES, L., Dc. 572.
Annuelle, Juin, Juillet.
Se rencontre dans les champs, les moissons du Jura et
du Sundgau : Bâle, Liestal, Aesch, Besançon *(Joset)*;
Mulhouse *(Montandon)*.

VAR. forme *strictum*, KOCH. Au Creux-du-Van *(Joset)*;
Montbéliard *(Montd.)*.

VAR. forme *lanceolatum*, RB. BR.; *Ery. hieracifolium*,
Dc. Syn. 375. Salins *(Joset)*; Mulhouse, sur la Doller
(Montandon).

** Pédicelles du double au triple plus courts que le calice.

3. Esp. E. OCHROLEUCUM , Dc. 572.
Vivace, Juillet, Août.
Se rencontre dans les graviers mouvants du Jura : au Chasseral, à Nods, Creux-du-Van, la Dôle (*Joset*).

C. Stigmates entiers ou émarginés, siliques cylindriques.

11. Gen. Sisymbrium , L. *Sisymbre.*

a. Fleurs jaunes.

a. Siliques en alène appliquées contre l'axe de la tige.

1. Esp. S. OFFICINALE , Scop., Dc. 374. *Velar.*
Annuelle, Mai, Octobre.
Disséminée dans les endroits incultes et autour des habitations de tout le Jura et le Sundgau (*Joset, Montandon*).

b. Siliques tout-à-fait cylindriques non appliquées.

* Feuilles surdécomposées.

† **2. Esp. S. SOPHIA, L., Dc. 374. *Herbe aux chirurgiens.***
Annuelle, Avril, Mai.
Se rencontre sur le bord des chemins, des routes et des champs du Jura et du Sundgau : Bâle, la Wiese, Dombresson, val de Ruz (*Joset*) ; Huningue, St.-Louis, Mulhouse, Belfort (*Montandon*).

** Feuilles étalées et dentées.

† **5. Esp. S. POLYCERATUM , Dc. 374.**
Annuelle, Mai, Juin.
Se rencontre sur les hauteurs des environs de Salins (*Joset*) ; Bâle, Grentzach (*Montandon*).

b. Fleurs blanches.
* Siliques cylindriques.

4. Esp. S. ALLIARIA , Scop. ; *Hesperis id.*, Dc. 371.
Bisannuelle, Mars, Juin.
Se rencontre très abondamment le long des haies , des buissons, des chemins et dans les vergers du Jura et du Sundgau (*Joset, Montandon*).

** Siliques linéaires.

5. Esp. **s. THALIANUM**, GAUD.: *Arabis id.*, Dc. 575. *Annuelle, Mars, Juin.*
Se rencontre dans les champs sablonneux du Jura et du Sundgau : Bâle, Soleure, Delémont, Porrentruy, Boudry, Montbéliard, Besançon, Ferrette, Delle, Altkirch, Mulhouse (*Josel, Montandon*).

*** *Radicule située vers la face dorsale des cotylédons qui se replient sur eux-mêmes et la cachent en partie.*

3e Groupe, **Orthoplocées**, *Graines ovoïdes ou globuleuses* (O $>>$).

I. Graines sur deux rangs ou séries.

12. Gen. **Diplotaxis**, Dc.

* Tige sous-frutescente.

† 1. Esp. **D. TENUIFOLIA**, LK.; *Sisymb. id.*, L. 575. *Vivace, Juillet, Octobre.*
Se rencontre dans les endroits vagues, sur les murs et les décombres du Jura et du Sundgau : Genève, St.-Louis (*Josel*); Huningue, Neudorf, Mulhouse (*Montandon*).

** Tige purement herbacée.

2. Esp. **D. MURALIS**, Dc. 573; *Sisymb. id.*, L. *Annuelle, Juin, Octobre.*
Se rencontre dans les terrains arides et graveleux, sur les sables et les vieux murs du Jura et du Sundgau : Huningue, Neudorf, Bouches-du-Rhône (*Josel*); Mulhouse, au Clieben, près de Bâle (*Montandon*).

II. Graines sur un seul rang ou série.

A. Siliques articulées indéhiscentes.

13. Gen. **Raphanus**, L. *Radis.*

1. Esp. **R. RAPHANISTRUM**, L., Dc. 570. *Ravanelle. Annuelle, tout l'été.*
Fréquente dans toutes les cultures (*Josel, Montandon*).

B. Siliques s'ouvrant d'elles-mêmes.

a. Graines légèrement déprimées.

14. Gen. **Erucastrum**, Schp., Sp.; *Erucastre.*

*Fleurs inférieures de la grappe pourvues de bractées foliacées.

1. Esp. **E. pollichii**, Schp., Sp.; *Bras. erucastrum*, L., Dc. 571.

Annuelle, Juillet, Août.

Se rencontre dans les endroits sablonneux et humides du Jura et du Sundgau : la Thiele, la Maison-rouge, les bords de l'Aar et du Rhône, à Genève (*Joset*); Huningue, Mulhouse, Illzach, Didenheim (*Montandon*).

** Fleurs inférieures de la grappe sans bractées.

† 2. Esp. **E. obtusangulum**, Gm.; *Sisymb. id.*, Dc. 574.

Annuelle, Juin, Juillet.

Se rencontre dans les endroits sablonneux et humides, sur les murailles en ruines du Jura et du Sundgau : la Thiele, près de la Maison-rouge, bords de l'Aar et du Rhône, à Genève, lac de Bienne, le Colombier, Besançon (*Joset*); Huningue, Neudorf, Chalampé, Illfurth (*Montandon*).

b. Graines tout-à-fait globuleuses.

* *Valves marquées de trois à cinq nervures.*

15. Gen. **Sinapis**, L. *Moutarde.*

a. Sépales droits convergens.

†† 1. Esp. **S. cheiranthus**, Koch; *Brassica*, Dc. 574.

Annuelle, Juillet, Août.

Se rencontre assez rarement dans les plaines arides du Sundgau : près de Neudorf, Huningue, Kembs (*Montand*).

b. Sépales étalés horizontalement.

* Siliques à valves trinervées.

2. Esp. **S. arvensis**, L., Dc. 570. *Sénève des champs.*
Annuelle, tout l'été.
Partout répandue dans les cultures (*Joset, Montandon*).

Var. forme *orientalis*, L. Même localité, mais plus rare. *Annuelle, Juin.*

** Siliques à valves à cinq nervures.

5. Esp. s. **ALBA**, L., Dc. 570. *Moutarde blanche.*
Annuelle, Juillet.
Se rencontre dans quelques cultures du Sundgau et du Jura : Delémont, Porrentruy, Mulhouse, Altkirch, Belfort (*Joset, Montandon*).

** *Valves marquées d'une seule nervure.*
a. Bec de la silique filiforme.
16. Gen. **Brassica**, L. *Choux.*

1. Esp. B. **NIGRA**, Koch ; *Sin.*, L., Dc. 570. *Moutarde noire.*
Annuelle, Août, Septembre.
Se rencontre disséminée dans les décombres du Jura et du Sundgau : Soleure, Delémont, Porrentruy (*Joset*); Sierentz, Oltingen, Habsheim, Mulhouse, Didenheim, Ferrette, Altkirch, Belfort (*Montandon*).

b. Bec de la silique pyramidal.

17. Gen. **Hirschfeldia**, Munch.; *Sinapis*, L., Dc. 570.

†† 1. Esp. H. **ADPRESSA**, Munch.; *Sin. incana*, L., Dc. 570.
Annuelle, Juin, Août.
Se rencontre très rarement dans les cultures, les terrains graveleux du Sundgau : Mulhouse, Habsheim, près d'Huningue, graviers de St.-Louis, Valdieu (*Joset, Montandon*).

B. *Fruit à peine plus long que large.*

IIe Division. **Siliculeuses**, Dc.

§ I. Silicules déhiscentes, valves ne retenant pas les graines.

A. Silicule à valves larges, planes, convexes, radicule commissurale (O =).
Latiseptes pleurorhizes.

A. Etamines à base souvent appendiculée.

1. Gen. **Alyssum**, L. *Alysson.*

a. Fleurs d'un jaune livide passant au blanchâtre.

1. Esp. A. **CALYCINUM**, L., Dc. 578.

Annuelle, *Mai*, *Juillet.*
Assez disséminée dans les graviers du Jura et Sundgau
(*Joset, Montandon*).

b. Fleurs d'un beau jaune doré.

† 2. Esp. **A. MONTANUM**, L , Dc.
Vivace, *Mai*, *Juin.*
Se rencontre très-rarement sur les rochers arides du Jura
badois, bâlois et sundgovien : Birseck, rochers d'Istein,
Eptingen (*Joset*); St-Louis, Neudorf, Landskron (*Montd.*).

c. Fleurs d'un blanc de lait, pétales bifides.

† 5. Esp. **A. INCANUM**, L.; *Bertheroa*, Dc.
Vivace, *Mai*, *Juin.*
Rare et disséminée dans les graviers du Rhin, près de
Neudorf, à St.-Louis (*Montandon*).

B. Étamines à base nullement appendiculées.

a. Silicule tout-à-fait plane, large.

* Silicule reposant sur un podogyne.

2. Gen. **Lunaria**, L. *Lunaire.*

4. Esp. **L. REDIVIVA**, L., Dc. 577.
Vivace, *Mai*, *Juin.*
Se rencontre au pied des rochers ombragés, et des lieux
couverts du Jura et du Sundgau : Wasserfall, Balstall,
Weissenstein, au Vorbourg, Moutier, Varieux, Creux-du-
Van, la Dôle (*Joset*); au Heidenflüh, près de Ferrette,
au Steinbach, près de Cernay (*Montandon*), rare.

** Silicule à podogyne tout-à-fait nul.

3. Gen. **Draba**, L. *Drave.*

a. Fleurs d'un beau jaune.

† 4. Esp. **D. AIZOIDES**, L., Dc. 579.
Vivace, *Février*, *Avril.*
Disséminée sur les crêtes rocailleuses du Jura et les
calcaires jurassiques du Sundgau : Dornach, près de Bâle,
le Schartenflüh, Mariastein, le Hassenmatt, au Reichenstein (*Joset*); gorges de Moutier, roches Fallat, de Court.

sur la Croix, Ferrette, au Heidenflüh et en face du château (*Montandon*).

b. Fleurs blanches, pétales entiers.

†† 2. Esp. D. MURALIS, L., Dc. 579.
Annuelle, Avril, Juin.
Se rencontre dans les endroits incultes du Jura et du Sundgau : Eptingen , St.-Jacques, Istein (*Joset*) ; Huningue (*Montandon*).

c. Fleurs blanches, pétales bifides.

3. Esp. D. VERNA, L., Dc. *Erophila vulgaris*, Dc.
Annuelle, Mars, Avril.
Fréquemment répandue dans les sables, les cultures légèrement argileuses et humides du Jura et du Sundgau (*Joset, Montandon*).

b. Silicule convexe ou un peu globuleuse.

* Silicule convexe ou cliptique.

4. Gen. **Cochlearia**, L., Dc. *Raifort*.

† 1. Esp. C. OFFICINALIS, L., Dc. *Herbe aux cuillères.*
Vivace, Mai, Juillet.
Se rencontre très-rarement dans les endroits rocailleux et humides du Jura : Moutier, cascade de la Roche plumeuse, à Pierre pertuis (*Joset*) ; Bâle (*Montandon*).

** Silicule un peu globuleuse.

5. Gen. **Kernera**, MED.

† 1. Esp. K. SAXATILIS, MED.; *Myag.*, L., Dc. 582.
Vivace, Mai, Juin.
Se rencontre sur les montagnes rocailleuses du Jura et du Sundgau : Ruz-des-Seignes (*Joset*) ; Lucelle, St.-Pierre, vers les Rangiers (*Montandon*).

B. Silicules à valves convexes, renflées, radicule dorsale (O ll).

Laliseptes notorhizes.

6. Gen. **Camelina**, CR. *Cameline.*

* Feuilles caulinaires sessiles à base embrassante, auriculée.

1. Esp. C. SYLVESTRIS, VALR.; *Myag.*. L.. Dc. 582.

Annuelle, Juin, Juillet.

Se rencontre dans les endroits graveleux, le bord des routes, des champs du Jura et du Sundgau : Porrentruy, Mulhouse, Ferrette (*Joset, Montandon*).

** Feuilles caulinaires, lancéolées, linéaires, à deux auricules.

† 2. **Esp. C. LINICOLA**, Scp.; *C. dentata*, Pers.; *Myag.* L. *Annuelle, Juin, Juillet.*

Moins fréquemment répandue dans le Jura et le Sundgau : Porrentruy, Delémont, Pierre-à-bot (*Joset*); Charmoille, St.-Ursanne, Ferrette (*Montandon*).

C. Silicules à valves étroites, simulant une nacelle, radicule commissuriale (O =).

Augustiseptes pleurorhizes.

* *Étamines à filets à base pourvue d'un appendice.*

7. Gen. **Teesdalia**, Br. *Iberis*, L.

1. **Esp. T. NUDICAULIS**, Rb. Br.; *I. id.*, L.; *Thlaspi*, Dc. 581.
Annuelle, Mai, Juin.

Se rencontre dans les champs graveleux du Jura et du Sundgau : Oltingen, Balstall, Court, Sonvillier, Thoiry (*Joset*); Montbéliard, St.-Louis, Bâle (*Montandon*).

** *Étamines à filets à base nullement appendiculée.*

a. Pétales très-sensiblement inégaux.

8. Gen. **Iberis**, L. *Ibéride.*

* Feuilles à peine dentées, tiges herbacées.

1. **Esp. I. AMARA**, L., Dc. 582.
Annuelle, Mai, Juillet.

Se rencontre parmi les moissons du Jura et du Sundgau : Porrentruy, Ferrette, Mulhouse, Altkirch (*Joset, Montandon*).

** Feuilles pinnatifides, tige herbacée.

† 2. **Esp. I. PINNATA**, L., Dc. 585.
Annuelle, Juin.

Se rencontre disséminée dans les moissons du Jura, entre Trelex et Prangin, bois de Bougy, à Nion, Iverdun (*Joset*).

VAR. forme *Durandii*, L., près de Montbéliard (*Mon-landon*), rare.

*** Feuilles très-entières, tige sous-frutescente.

5. Esp. I. **SAXATILIS**, L., Dc. 582.
Vivace, *Mai*, *Juin*.
Cluse d'Oesingen (*Joset*); cime du L'homont, près de Blamont, au-dessus de la ferme de Brise-poutot (*Montan-don*).

b. Pétales égaux entre eux, ou parfois à irrégularité peu sensible.

* *Valves de la silicule en carène sur le dos.*

9. Gen. **Oethionema**, Dc., PROD.

† 1. Esp. **O. SAXATILIS**. Dc.; *Thlap.*, L., Dc. 581.
Rocailles du fort de l'Écluse, la Reuchenette (*Joset*).

** *Valves de la silicule ailées sur leur face dorsale.*

10. Gen. **Thlaspi**, L. *Tabouret*.

a. Tige dressée.

* Silicule à rebord orbiculaire, large.

1. Esp. **T. ARVENSE**, L., Dc. 581.
Annuelle, *Avril*, *Septembre*.
Disséminée dans les champs, les cultures du Jura et du Sundgau (*Joset*, *Montandon*).

** Silicule bordée vers sa partie supérieure seulement.

2. Esp. **T. PERFOLIATUM**, L., Dc. 581.
Annuelle, *Mars*, *Juin*.
Se rencontre sur les coteaux arides du Jura et du Sund-gau : Porrentruy, St.-Ursanne, Mulhouse, Altkirch, Ferrette, Belfort, Delle (*Joset*, *Montandon*).

b. Tige couchée ascendante à caudicules stériles.

* Silicule renfermant quatre graines.

3. Esp. **T. MONTANUM**, L., Dc. 581.
Vivace, *Mars*, *Mai*.

Se rencontre assez communément dans le Jura : Vau-
seyon, la Gruyère, la Tourne, Creux-du-Van, Tête-de-
Rang, Moutier, Chasseral, la Dôle, le Reculet (*Joset*); St.-
Ursanne, Ferrette, Soultzmatt, Westhalten (*Montandon*).

** Silicule renfermant 8 ou 16 graines.

† 4. Esp. т. ALPESTRE, L., Dc. 581.
Vivace, Avril, Juin.
Se rencontre disséminée sur les sommets rocailleux du
Jura : Reichenstein, Schartenfluh, val de Lauffon, au Vor-
bourg, gorges de Moutier, de Court, Hasenmatt, Raimeux,
Weissenstein, Chasseral, le Corbeau, les Roches, St.-Imier,
Creux-du-Van (*Joset*); St.-Ursanne, roche Fallat, Giro-
magny, Wesserling, Ranspach, Guebwiller (*Montandon*).

D. Silicules à valves étroites, naviculaires, radicule
dorsale.
Angustiseptes notorhizés (O 11).

A. Loges de la silicule à une seule graine.

11. Gen. **Lepidium**, L. *Passerage.*

a. Silicule à base échancrée en cœur.

†† 1. Esp. L. DRABA, Dc. Syn. 580.
Vivace, Juin, Juillet.
Disséminée dans les endroits secs et arides du Sund-
gau : Ferrette, Mulhouse, Rixheim, Rouffach (*Montandon*).

b. Silicule elliptico orbiculaire, peu ailée, pétales avortés.

2. Esp. L. RUDERALE, L., Dc. 581.
Annuelle, Juin, Septembre.
Disséminée dans les décombres, les lieux vagues du Jura
et du Sundgau : la Wiese, Porrentruy (*Joset*); Mulhouse,
Delle, Altkirch (*Montandon*).

c. Silicule à valves orbiculaires, largement ailées.

3. Esp. L. CAMPESTRE, L., Dc. 581.
Annuelle, Mai, Août.
Assez répandu dans les lieux vagues, sur le bord des

4

routes et les endroits pierreux du Jura et du Sundgau (*Joset, Montandon*).

d. Silicules ovales, orbiculaires, dépourvues d'ailes membraneuses.

† 4. Esp. **L. GRAMINIFOLIUM**, L., Dc. 380.
Annuelle, Septembre, Octobre.

Se rencontre disséminée parmi les décombres du Jura bâlois : St.-Jacques (*Joset*); dans le Sundgau : Delle, Lebetain, Huningue (*Montandon*).

B. Loges de la silicule à deux ou plusieurs graines.

* Plusieurs semences.

12. Gen. Capsella, Dc.; *Thlaspi*, L., Dc. 381.

1. Esp. **C. BURSA PASTORIS**, Dc.; *thlp.*, L.
Annuelle, tout l'été.

Fréquent dans tous les endroits sablonneux, les cultures, les décombres du Jura et du Sundgau (*Joset, Montandon*).

** Deux semences.

13. Gen. Hutchinsia, Rb. Br.; *Lepid.*, L.

a. Tige simple nue.

† 1. Esp. **H. ALPINA**, Rb. Br.; *Lep.*, L., Dc. 380.
Annuelle, Avril, Mai.

Se rencontre sur les crêtes rocailleuses du Haut-Jura : la Dôle, le Reculet (*Joset, Montandon*).

b. Tige rameuse feuillée.

†† 2. Esp. **H. PETRÆA**, Rb. Br.; *Lep.*, Dc. Syn. 380.
Annuelle, Mai, Juin.

Se rencontre sur les crêtes rocailleuses du Jura et du Sundgau : Baume, Besançon, entre Versoix et Genthod, Promenthoux (*Joset*); Rouffach, Guebwiller, Westhalten (*Montandon*).

§ II. Silicules indéhiscentes, retenant les graines.

A. Silicules polyspermes ou dispermes, articulées ou lo-
mentacées.

Cotylédons pliés, orthoplocés (O >>).

a. Silicules polyspermes, articles nombreux.

Gen. **Raphanus**, L., p. 30, gen. 13.

b. Silicules à deux semences, à deux articles dissemblables.

1. Gen. **Rapistrum**, Rb. Br. *Rapistre.*

† 1. Esp. R. RUGOSUM, Ait.; *Cakile id.*, Dc. Syn. 582.
Annuelle, Juin, Juillet.
Se rencontre disséminée dans les champs, les décombres
et les graviers du Jura et du Sundgau : Genève (*Joset*);
Huningue, Neudorf, Michelfelden, Mulhouse (*Montandon*).

B. Silicules non articulées, à cloison étroite.

Cot. p. pleurorhizés (O =).

2. Gen. **Biscutella**, L. *Biscutelle.*

†† 1. Esp. B. LÆVIGATA, L., Dc. 577.
Vivace, Juillet, Août.
Se rencontre disséminée dans le Sundgau : Blotzheim
(*Joset, Montandon*).

C. Silicules non articulées augustiseptes.

Cot. p. diplécolobés (O ll. ll. ll).

a. Fleurs d'un beau blanc, valves rugueuses.

3. Gen. **Senebiera**, Poir. *Pied de Corneille.*

1. Esp S. CORONOPUS, Poir.; *Cochl. id.*, L.; *Corono-
pus vulg.*, Dc. 580.
Annuelle, Juillet, Août.
Se rencontre disséminée dans les décombres, les lieux
vagues du Jura et du Sundgau : Muttenz, Olsberg, Bâle,
Porrentruy, St.-Louis, Cœuve, Réclerc, Altkirch, Oberdorf,
Mulhouse, Delle (*Joset, Montandon*).

b. Fleurs blanches, valves nullement rugueuses.

4. Gen. **Calepina**, Dev.

†† 1. Esp. C. CORVINI, Dev.
Annuelle, Mai, Juillet.

Se rencontre dans les décombres, les lieux vagues, près de Genève, en face du canal de la navigation (*Joset*).

D. Silicules nucamenteuses.
Cot. spirolobés (O II. II).

5. Gen. **Erucago**, Turn. *Erucage*.

† 1. Esp. **E. CAMPESTRIS**, Dev. ; *Bunias*, L., Dc. 585.
Annuelle, Juin, Juillet.
Se rencontre disséminée et rare dans le Jura : d'Orbes à Cassoncy (*Joset*).

E. Silicules nucamenteuses, *notorhizées* ou *orthoplocées*.
a. Une seule semence. Silicule sphérique.
Cot. notorhizés (O II).

6. Gen. **Neslia**, Dev.

† 1. Esp. **N. PANICULATA**, Dev.; *Myag.*, L., Dc. 585.
Annuelle, Juillet, Août.
Disséminée dans les champs secs et marneux du Jura et du Sundgau : Mœnchenstein, Gundeldingen, Walbourg, Saint-Jacques, Peseux, Fontaine, André, val de Travers, Cornaux, Cressier, val de Joux, Nyon, Gex (*Joset*) ; Hesingen, St.-Louis (*Montandon*).

b. Une seule semence. Silicule cunéiforme.
Cot. notorhizés (O II).

7. Gen. **Isatis**, L. *Pastel*.

† 1. Esp. **I. TINCTORIA**, L., Dc. 285.
Bisannuelle, Avril, Mai.
Se rencontre disséminée dans les endroits arides du Jura et du Sundgau : Fontaine, André, Boudry, Porrentruy (*Joset*); Bâle, St.-Louis, Bourgfelden, Montbéliard, Altkirch, Delle, Mulhouse (*Montandon*).

c. Une seule semence silicule pyriforme.
Cot. orthoplocés (O >>).

8. Gen. **Myagrum**, L. *Myagre*.

†† 1. Esp. **M. PERFOLIATUM**, L.; *Cakile*, Dc. 585.
Annuelle, Mai, Juillet.
Se rencontre disséminée dans les champs pierreux du

Jura et du Sundgau : Courtemelon, Delémont *(Joset)*;
entre Bâle et Bourgfelden *(Montandon)*.

7. Fam. **CISTACÉES**, Lindl.

1. Gen. **Helianthemum**, L. *Hélianthème.*

A. Feuilles dépourvues de stipules.

* Feuilles alternes.

†† 1. Esp. **H. fumana**, L., Dc. Syn. 402.
Vivace, Mai, Juin.
Se rencontre dans les endroits pierreux et arides du Jura
et du Sundgau : Courtaillot, rochers du Pertuis, du Soc,
près de Landeron, Nyon, Orbes, Genève, Salins *(Joset)*;
Guebwiller, Rouffach, Orschwihr, Oberlarg et Dirlinsdorf
(Montandon).

** Feuilles opposées.

2. Esp. **H. oelandicum**, Wahl., Dc. 402.
Vivace, Juillet, Août.
Crêtes élevées du Haut-Jura : Hasenmatt, Bruckliberg,
Chasseral, Creux-du-Van, Chasseron, dent de Veaulion,
Mont-tendre, la Dôle, le Colombier, Reculet *(Joset)*; Lu-
celle, St.-Pierre *(Montandon)*.

B. Feuilles pourvues de stipules.

* Fleurs d'un beau jaune.

3. Esp. **H. vulgare**, L., Dc. 405.
Vivace, Juin, Août.
Assez souvent disséminée dans les endroits secs et ro-
cailleux du Jura et du Sundgau *(Joset, Montandon)*.
Var. forme *grandiflorum*, Dc. 405.
Collines élevées du Jura et du Sundgau : Weissenstein,
Hasenmatt, Chasseral, Creux-du-Van, Chasseron, la Dôle,
le Reculet *(Joset)*; les Rangiers *(Montandon)*.
Var. forme *hirtum*, Dc.
Se rencontre dans les mêmes localités, mais un peu
plus rare *(Montandon)*.
Var. forme *albiflorum*, Koch.
Jura français : Fort l'Écluse *(Joset)*.

** Fleurs d'un beau blanc ou rose.

† 4. Esp. **H. POLIFOLIUM**, Cas., Dc. 405.
Vivace, Juillet, Août.
Près d'Épagnier, près de Salin (*Joset*).

8. Fam. **VIOLARIÉES**, Dc.

1. Gen. **Viola**, L. *Violette.*

A. *Axes primaires écourtés, à évolution indéfinie, ne pé-
rissant pas en hiver. Feuilles placées à l'aisselle des
feuilles de ces axes primaires abréviés.*

a. Stigmate en patellule ou en petit disque oblique.

† 1. Esp. **V. PALUSTRIS**, L., Dc. 599.
Vivace, Mars, Juin.
Se rencontre dans les marais tourbeux du Jura et du
Sundgau : Belley, Gruyère, la Chaux-d'Abel, Chaux-de-
Fonds, Chasseral, les Pontins, la Brevine, val de Joux,
val des Rousses (*Joset*); Michelfelden (*Montandon*).

b. Stigmate terminé en crochet pointu.

2. Esp. **V. MARTII**, Schp., Koch. 79.
Var. forme *hirta*, L., Dc. 599.
Vivace, Mars, Mai.
Prés secs et arides, pâturages, les bois, les taillis. Fré-
quent dans le Jura et le Sundgau (*Joset, Montandon*).

Var. forme *adorata*, L., Dc. 599.
Vivace, Mars, Avril.
Se rencontre dans les vergers, les forêts, les baies du
Jura et du Sundgau (*Joset, Montandon*).

Var. forme *alba*, Bess.
Parmi les précédentes variétés : collines du Doubs,
St.-Ursanne, mais plus rare (*Montandon*).

B. *Axes florifères primaires, allongés, à souche souterraine
noueuse, multicipitée. Fleur se développant entre les
pédoncules et les axes primaires, donnant parfois naissance à des fleurs apétales, souvent fertiles.*

5. Esp. **V. CANINA**, L., Dill., Dc. 400.

a. **Var.** forme *Reichenbachii*, **Kirch.**
Vivace, Juin, Août.
Se rencontre dans les bois, les collines et montagnes du Jura et du Sundgau (*Joset, Montandon*).

Var. *Maxima, lucorum,* **Reich.**
Vivace, Juin.
Sables du Jura, près de St.-Ursanne, Bellefontaine, Mulhouse, Illzach (*Montandon*), assez rare.

Var. *Media, ericetorum,* **Reich.**
Vivace, Juin.
Dans les bruyères granitiques du Sundgau : St.-André, près de Faverois, Delle, Illfurth (*Montandon*).

Var. *Minor sabulosa, pascualis,* **Reich.**
Vivace, Juin.
Sommets du Blochmond, près de Lucelle (*Montd.*), rare.

Var. *Minima puberula, calcarea,* **Reich.**
Vivace, Mai.
Collines calcaires du Jura : Ferrette, Sondersdorf, St.-Ursanne, la Caquerelle (*Montandon*).

b. **Var.** *V. canina, montana* (*V. stricta,* **Hor.** ; *V. Kochii,* **Kirch.** ; *V. Ruppii,* **Koch.**
Vivace, Juin.
Dans les prés humides du Jura et du Sundgau : Anet, Schaffhouse (*Joset*) ; vallée de l'Ill, près de Fislis, Hirsingue (*Montandon*).

c. **Var.** *V. canina, stagnina,* **Kit.**
Vivace, Juin.
Prés humides et spongieux du Jura et Sundgau : allées du Colombier, du Ried, Épaguier, au Landeron, Ferney, Versoix (*Joset*) ; près de Grosne, Recouvrance, Ferrette (*Montandon*).

d. **Var.** *V. canina, pratensis,* **Koch.**
Vivace, Juillet.
Prés humides du Jura et du Sundgau : Sarconet (*Joset*) ; Montreux-Château, Foussemagne (*Montandon*).

e. **Var.** *V. canina, elatior,* **Fries.** ; *V. persicifolia,* **Koch.**
Vivace, Mai, Juin.

Prés. bois et haies humides du Jura et du Sundgau :
Près de Cressier, Neuchâtel *(Joset)* ; Michelfelden, Grosne,
Delle, Bretagne *(Montandon)*.

C. *Axe primaire central indéterminé, abrévié, représenté
par une rosette de feuilles non persistantes.*

4. Esp. **v. SYLVESTRIS**, Lmk., Kirch.

Var. forme *sylvatica*, Kirch.
Vivace, Avril, Mai.

Se rencontre assez fréquemment dans les forêts du Jura
et du Sundgau : Bâle, Neuchâtel *(Joset)* ; Ferrette, Roppentzwiller, Delle, Mulhouse *(Montandon)*.

Var. forme *riviniana*, Reich.
Vivace, Avril, Mai.

Se rencontre dans les forêts, les bois, les endroits gramineux et couverts, le bord des chemins, dans les haies du
Jura et du Sundgau : Seignelegier, Delémont *(Joset)* ; Ferrette, Altkirch, Mulhouse. *(Montandon)*.

Var. forme *arenaria*, Dc.
Vivace, Avril, Mai.

Jonction de l'Aar au Rhône *(Joset)* ; près de Rheinfelden
(Montandon).

D. *Axes primaires abréviés, indéfinis, pédoncules
uniflore.*

a. Stigmate en crochet.

† 5. Esp. **v. MIRABILIS**, L., Dc. 400.
Vivace, Avril, Mai.

Se rencontre sur les collines calcaires du Jura et du
Sundgau : Grentzach, Mœnchenstein, Abbeville *(Joset)* ;
Bâle, Delle, Belfort, Montbéliard, Zillisheim, Grandvillars,
Thiancourt *(Montandon)*.

b. Stigmate plane, un peu lobé ou divisé.

† 6. Esp. **v. BIFLORA**, L., Dc. 400.
Vivace, Mai, Juillet.

Se rencontre parmi les rocailles des hautes sommités du
Jura : le Reculet, la Dôle, les bords du Doubs, Moron
(Joset, Montandon).

c. Stigmate urcéolé très-gros et creux.

7. Esp. v. TRICOLOR, L., Dc. 400.
Annuelle, Juin, Août.
Se rencontre dans les cultures du Jura et du Sundgau (*Joset, Montandon*).

VAR. forme *arvensis*, MUR.
Se rencontre disséminée dans les cultures du Jura et du Sundgau (*Joset, Montandon*).

VAR. forme *saxatilis*, SCH.
Dans les rocailles du Jura : Rochers du Bail (*Montandon*), rare.

VAR. forme *hortensis*, L.
Parmi les cultures et les décombres (*Montandon*).

VAR. forme *elegans*, SPACH, Dc. 400.
A la Chaux-d'Etalier, Chaux-de-Fonds (*Joset*).

VAR. forme *calcarata*, L., Dc. 400.
Sommités du Reculet (*Joset*), rare.

9. Fam. **DROSÉRACÉES**, Dc.

A. Fleurs à écailles nectarifères nulles.

1. Gen. **Drosera**, L. *Rosolis.*

* Feuilles étalées à limbe orbiculaire.

† 1. Esp. D. ROTUNDIFOLIA, L., Dc. 585.
Vivace, Juin, Juillet.
Se rencontre dans les marais tourbeux du Jura et du Sundgau : Plein-Seigne, la Gruyère, Chaux-d'Abel, la Brevine, val de Joux, Pontarlier (*Joset*); ferme de Montingo, Bonfol (*Montandon*).

** Feuilles à limbe allongé comme pétiolées.

†† 2. Esp. D. LONGIFOLIA, L., Dc. 585.
Vivace, Juin, Juillet.
Se rencontre dans les marais du Jura bernois : Lomyswill, Soleure, au-dessus de Versoix, près de Boudry, les Ponts, Pontarlier (*Joset*); Delémont, Bellevie (*Montandon*).

B. Fleurs pourvues d'écailles nectarifères.

2. Gen. **Parnassia**, L. *Parnassie.*

1. Esp. P. PALUSTRIS, L., Dc. 584.
Vivace, Juin, Septembre.

Se rencontre dans les marais, les prés humides de la plaine et des montagnes du Jura et du Sundgau *(Joset, Montandon).*

10. Fam. **RÉSÉDACÉES**, Dc.

1. Gen. **Reseda**, L., Dc. 584.

a. Feuilles pinnatifides.

1. Esp. R. LUTEA, L., Dc: 584.
Vivace, Juin, Septembre.

Se rencontre disséminée dans les lieux vagues et incultes du Jura et du Sundgau : le long du Rhin, de la Birse, à Bienne, Neuchâtel, Delémont *(Joset)*; Porrentruy, le Doubs, Altkirch, Huningue, Ferrette, Mulhouse *(Montandon).*

b. Feuilles entières ou à trois lobes.

* Six pétales.

†† 2. Esp. R. PHYTHEUMA, L., Dc. 584.
Annuelle, Juillet, Août.

Se rencontre assez rarement dans les champs, les cultures, les graviers du Jura et du Sundgau : Sables du Rhône, Genève, bois de Labatie, près de Thoiry *(Joset)*; Niedermorschwiller, près de Mulhouse *(Montandon)*, 1840.

** Trois à quatre pétales.

5. Esp. R. LUTEOLA, L., Dc. 584. *Herbe à jaunir.*
Bisannuelle, Juin, Juillet.

Se rencontre dans les endroits incultes, les lieux vagues du Jura et du Sundgau : le Rhin, la Birse, Bienne, Neuchâtel, Montbéliard *(Joset)*; Porrentruy, le Doubs, Mulhouse, Altkirch, St.-Louis *(Montandon).*

11. Fam. **POLYGALÉES**, Juss.

1. Gen. **Polygala**, L. *Laitier.*

I. Corolle à crête multifide.

A. Feuilles raméales plus longues que les inférieures.

a. Feuilles toutes éparses.

1. Esp **P. VULGARIS**, L., Dc. 308.
Vivace, Mai, Juillet.
Fréquemment répandue dans les prés, les pâturages, les collines du Jura et du Sundgau *(Joset, Montandon)*.

VAR. forme *genuina*, KOCH.
Partout dans les pâturages de tout le Jura et le Sundgau.

VAR. forme *montana*, W. ; *alpestris*, KOCH.
Se rencontre dans les pâturages élevés du Jura et du Sundgau : Porrentruy *(Joset)* ; le Blochmond, près de Lucelle *(Montandon)*.

VAR. forme *oxyptera*, REICH.
Se rencontre dans les pâturages spongieux et les forêts tourbeuses du Jura et du Sundgau : Delémont, Seignelegier *(Joset)*; Boncourt, Delle, Mulhouse *(Montandon)*.

VAR. forme *comosa*, SCHK.
Se rencontre sur les collines calcaires du Jura et du Sundgau : Porrentruy, Delémont (*Joset*); Ferrette, Delle (*Montandon*).

b. Feuilles inférieures opposées.

†† 2. Esp. **P. DEPRESSA**, VENDR.; *P. serpillacea*, VEIH.
Vivace, Juin, Juillet.
Se rencontre dans les bruyères du Jura et du Sundgau : Hauenstein, Langenbruck, Liestall, Ballstall, à la Cluse jusqu'à Oesingen, les Rousses *(Joset)* ; sablières de Faverois *(Montandon)*, 1849.

B. Feuilles raméales plus courtes que les inférieures.

3. Esp. **P. AMARA**, L., Dc. 209.
Vivace, Juin, Août.
Collines calcaires du Jura et du Sundgau *(Joset, Montd.)*.

Var. forme *calcarea*, Schk.

Collines calcaires du Jura et du Sundgau : les Craz, la Perche, le Bané, Mavaloz, haut de Cœuve, Varieux, le Cras de l'Oiseleur, Courtedoux, Courtavon, Varandin, le Maira, Delle, Ferrette, Altkirch, Lucelle (*Joset, Montd.*).

Var. forme *austriaca*, L.

Se rencontre sur les collines calcaires du Jura et du Sundgau : Ferrette, Oltingen (*Joset, Montandon*).

Var. forme *ulliginosa*, Roth.

Collines calcaires du Jura et du Sundgau : Porrentruy, Ferrette, Delle, Waltighoffen (*Montandon*).

Var. forme *alpestris*, Reichb.

Sommités du Jura : Chasseral, Creux-du-Van, Chasseron, le Reculet (*Joset, Montandon*).

II. Corolle à crête à quatre lobes.

† 5. Esp. P. CHAMÆBUXUS, L., Dc. 209.

Vivace, Avril, Juillet.

Se rencontre dans les bois, les pâturages du Jura : Hauenstein, Langenbruck, Liestall, Ballstadt, jusqu'à Oesingen (*Joset*).

12. Fam. ALSINÉES, Dc.

I. Tiges pourvues de stipules.

A. Capsules s'ouvrant en trois valves jusqu'à la base.

1. Gen. **Lepigonum**, Vahl.; *Arenaria*, L. *Sabline.*

a. Pétales roses ou purpurins; dix étamines.

† 1. Esp. L. RUBRUM, Vahl.; *Als. rubra*, L., Dc. 597.

Annuelle, Juin, Juillet.

Se rencontre dans les champs sablonneux et humides, parmi les céréales du Jura et du Sundgau : le long de la Wiese, à la Maison-Neuve, Bellerive, Besançon, Arbois (*Joset*); Mulhouse, Richwiller, Bonfol, Vendelincourt, Rechésy (*Montandon*).

b. Pétales blancs; trois à cinq étamines.

† 2. Esp. **L. SEGETALE.** Koch.; *Arenaria*, Dc. 597; *Alsine*, L.
Annuelle, Mai, Juin.

Se rencontre dans les champs un peu humides du Jura et du Sundgau : Muttenz, Bruderholtz *(Joset)*; Porrentruy, Bonfol, Bure, Vendelincourt, Fahy, Courtavon, Grünenwald, Beurnevaisin, Rechésy, Cœuve, Courgenay, Coutemaiche, Lebetain, Delle, Fêche-l'Église, Grentzingen *(Montandon)*.

B. Capsules s'ouvrant presque jusqu'à la base en cinq valves.

2. Gen. **Spergula**, L. *Spargoute*.

a. Pétales obtus, graines rugueuses.

1. Esp. **S. ARVENSIS**, L., Dc. 594.
Annuelle, Mai, Août.

Se rencontre fréquemment dans le Jura et le Sundgau : Bâle, Soleure, Nyon, Genève *(Joset)*; Porrentruy, Montbéliard, Bonfol, Vendelincourt, Lutterbach, Delle *(Montd.)*.

b. Pétales aigus, graines lisses.

2. Esp. **S. PENTANDRA**, L., Dc. 594; *Sp. Morissonii*, Brv.
Annuelle, Juin, Juillet.

Se rencontre dans les champs arides du Jura et du Sundgau : le long de la Wiese *(Joset)*; Delle, Belfort *(Montd.)*.

II. Tiges tout-à-fait dépourvues de stipules.

A. Capsules à valves en nombre double à celui des styles.

A. Moins de styles que de sépales.

aa. Pétales entiers ou échancrés.

* *Graines à hile pourvu de caroncules.*

3. Gen. **Mœhringia,** L., Dc. 595.

a. Feuilles étroites filiformes, huit étamines.

1. Esp. **M. MUSCOSA**, L., Dc. 595.
Vivace, Juin, Juillet.

Se rencontre dans les endroits couverts et ombragés des moyennes montagnes du Jura et du Sundgau : Ruz-des-Seignes, Buix, Milandre, Delle, Ferrette, Lucelle, Bémont (*Joset, Montandon*).

b. Feuilles ovales élliptiques à trois nervures, 10 étamines.

2. Esp. M. TRINERVIA, CLER.; *Arcn. id.*, L., Dc. 596. *Annuelle, Juin, Septembre.*
Se rencontre disséminée dans les bois humides de tout le Jura et du Sundgau (*Joset, Montandon*).

** *Graines à hile dépourvu de caroncules.*

4. Gen. **Arenaria**, L. *Sabline.*

a. Feuilles sans stipules en alêne.

† 1. Esp. A. GRANDIFLORA, ALL., L., Dc. 596. *Vivace, Juin, Juillet.*
Se rencontre sur les crêtes rocaillouses du Jura : le Reculet, le Suchet, le Chasseral (*Joset*).

b. Feuilles sans stipules non en alêne.

* Pétales plus courts que le calyce.

2. Esp. A. SERPILIFOLIA, L., Dc. 596. *Annuelle, Juin, Octobre.*
Se rencontre fréquemment dans les lieux arides, les sables humides et sur les collines du Jura et du Sundgau (*Joset, Montandon*).

** Pétales plus longs que le calyce.

† 3. Esp. A. CILIATA, L., Dc. 596. *Annuelle, Juin, Juillet.*
Se rencontre sur les crêtes rocailleuses du Jura : Chasseral, lac de Joux, le Colombier, le Reculet (*Joset*).

bb. Pétales denticulés ou bifides.

* *Inflorescence à cyme ombelliforme.*

5. Gen. **Holosteum**, L., Dc. *Alsinée.*

† 1. Esp. H. UMBELLATUM, L., Dc.; *Als.*, Dc. 595. *Annuelle, Avril, Mai.*

Se rencontre disséminée dans les vignes, les céréales du Jura et du Sundgau : le Colombier, Arensee, la Champagne, près d'Audincourt, Nyon, Neuchâtel, Genève *(Joset)*; Bâle, Huningue, Altkirch, Ferrette, Delle, Mulhouse *(Montandon)*.

●

** *Inflorescence à cyme dichotomée.*

6. Gen. **Stellaria**, L. *Stellaire.*

A. Tiges carrées ou quadrangulaires.

* Bractées de consistance herbacée.

1. Esp. s. HOLOSTEA, L., Dc. 398.
Vivace, Juin, Juillet.
Se rencontre disséminée dans les forêts, sur le bord des fossés et sur les lisières boisées du Jura et du Sundgau : Altweiler, Besançon, Montbéliard *(Joset)*; Porrentruy, Delle, Bonfol, Beurnevaisin, Ferrette, Altkirch *(Montand.)*.

** Bractées de consistance scarieuse.

† 2. Esp. s. GLAUCA, WITR., Dc. 598.
Vivace, Juin, Août.
Se rencontre dans les endroits humides et herbeux du Jura et du Sundgau : Muttenz, Langenbruck, la Thiele, Pontarlier *(Joset)*; Mont-terrible, Vacherie-dessus, Montbéliard, Belfort, Porrentruy, Bâle *(Montandon)*.

*** Bractées à bords ciliés.

3. Esp. s. GRAMINEA, L., Dc. 598.
Vivace, Juin, Juillet.
Se rencontre disséminée dans les prés ombragés, le bord des bois du Jura et du Sundgau *(Joset, Montandon)*.

**** Bractées nullement ciliées.

† 4. Esp. s. ULLIGINOSA, Mœnch.; *id. aquatica*, Dc. 598
Annuelle, Mai, Septembre.
Se rencontre le long des ruisseaux, des sources, des torrens du Jura et du Sundgau : la Gruyère, la Chaux-d'Abel, Trelasse, le val de Joux, la Wiese *(Joset)*; Bonfol, Mont-terrible, la vacherie Mouliard, Faverois *(Montandon)*.

B. Tiges de forme cylindrique.

* Feuilles ovales.

5. Esp. **s. media**, Vill.; *Alsine*, L., Dc. 597.
Annuelle, toute l'année.
Très-répandue dans les vignes, les champs, les cultures du Jura et du Sundgau (*Joset, Montandon*).

** Feuilles en cœur.

† 6. Esp. **s. nemorum**, L., Dc. 597.
Vivace, Juin, Septembre.
Se rencontre dans les forêts humides des montagnes du Jura et du Sundgau : Weissenstein, Chasseral, Creux-du-Van, la Dôle, le Mont-tendre, le Doubs, le Dessoubre (*Joset*); Delémont, les Franches-montagnes, Mont-terrible, Delle, St.-Dizier (*Montandon*).

B. Autant de styles que de sépales.

' Quatre styles ou stigmates.

7. Gen. **Mœnchia**, Ehr.; *Sagine*, L., Dc. 595.

† 1. Esp. **m. erecta**, Clerv.; *Sag. id.*, Dc.
Annuelle, Mai, Juin.
Se rencontre sur les collines arides, les prairies sèches du Jura et du Sundgau : Besançon (*Joset*); Delle, Thiancourt, Ochsenfeld (*Montandon*).

** Cinq styles ou stigmates.

a. Capsule ovoïde papyracée.

8. Gen. **Malachium**, Fries.; *Cerastium*, Lin.

1. Esp. **m. aquaticum**, Fries.; *Ceras. aquaticum*, L., Dc. 594.
Vivace, Juin, Juillet.
Se rencontre dans les endroits humides, les fossés, les sables humides du Jura et du Sundgau : la Wiese, la Birse, val de Lauffon, Delémont, Bienne, Porrentruy, Landeron, val de Ruz, Chaux-de-fonds (*Joset*); St-Ursanne, Delle, Mulhouse, Altkirch, Ferrette, St-Louis (*Montand.*).

b. Capsule cylindrique cartilagineuse.

9. Gen. **Cerastium**, L. *Ceraiste.*

I. Pétales deux fois plus longs que le calice.

a. Feuilles linéaires, lancéolées, pubescentes.

1. Esp. C. ARVENSE, L., Dc. 595.
Vivace, Avril, Mai.
Se rencontre disséminée sur le bord des routes, des champs et les montagnes du Jura et du Sundgau : Delémont, Porrentruy (*Joset*); Delle, Joncherey, Mulhouse (*Montd.*).

VAR. forme *strictum*, L.
La Dôle, le Colombier, le Reculet, Delémont (*Joset*)

b. Feuilles linéaires, oblongues, tomenteuses.

† 2. Esp. C. TOMENTOSUM, L., Dc. 595.
Vivace, Juin, Juillet.
Se rencontre sur les crêtes élevées du Jura : la Chaux-de-Fonds, au Fouly (*Joset*).

II. Pétales dépassant très rarement ou très peu le calice.

a. Bractées ou feuilles de l'inflorescence à sommet pourvu d'une houpe de poils, ou à peine entouré d'un rebord scarieux.

* Étamines à filets tout-à-fait glabres.

5. Esp. C. GLOMERATUM, THUIL.; *Viscosum*, L., Dc. 594.
Annuelle, Juin, Juillet.
Se rencontre dans les champs de la plaine et des vallées du Jura et du Sundgau : Besançon, Bâle, Vendelincourt (*Joset*); Courgenai, Bonfol, Porrentruy, Ferrette, Mulhouse (*Montandon*).

** Etamines à filets à bords velus.

† 4. Esp. C. BRACHYPETALUM, DESP., Dc. 594.
Annuelle, Mai, Juillet.
Se rencontre dans les endroits herbeux et arides du Jura et du Sundgau : Delémont (*Joset*); Mulhouse, Bâle, Belfort, Porrentruy (*Montandon*).

5

b. Bractées supérieures à sommet plus ou moins dilaté, entouré d'un rebord scarieux non velu.

* Pétales égalant le calice, capsule oblongue.

5. Esp. C. TRIVIALE, LINCK.; *C. vulgat.*, Dc. 594. *Annuelle, Juin, Juillet.*
Se rencontre fréquemment dans les champs, les vignes, les prés, les pâturages du Jura et du Sundgau *(Joset, Mont.)*

** Pétales plus courts que le calice, capsule cylindrique.

6. Esp. C. SEMIDECANDRUM, L., Dc. 594; *C. pellucidum*, CURT.
Annuelle, Mai, Août.
Assez commune sur les collines sèches du Jura et du Sundgau : Porrentruy, Delle, Mulhouse *(Joset, Montand.)*.
VAR. forme *pumilum*, CURT.; *C. glutinosum*, FRIES.
Collines arides du Jura et du Sundgau : Neuchâtel, Pertuis-du-Soc, Porrentruy *(Joset)* ; Mulhouse, Delle (*Montandon*), rare.

B. Capsules à valves en nombre égal à celui des styles.

A. Autant de styles que de sépales au calice.

10. Gen. **Sagina**, L. *Sagine.*

a. Organes mâles au nombre de quatre ou cinq.

* Pédoncules droits à peine penchés au sommet.

1. Esp. S. APETALA, L., Dc. 595.
Annuelle, Juin, Juillet.
Se rencontre dans les endroits sablonneux et humides et les lieux caillouteux, inondés pendant l'hiver, dans le Jura et le Sundgau : Rechésy, Bonfol, Belfort, Bâle, Ferrette *(Joset, Montandon)*.

** Pédoncules courbés en crochet après la floraison.

2. Esp. S. PROCUMBENS, L., Dc. 595.
Annuelle, Mai, Juillet.
Se rencontre dans les endroits sablonneux, les champs, les prés, les pâturages du Jura et du Sundgau; plus fréquente que la précédente *(Joset, Montandon)*.

b. Organes mâles au nombre de dix, cinq styles.

* Pédoncules toujours dressés.

† 5. Esp. s. **NODOSA**, REICHB.; *Spergula*, L., Dc. 594.
Vivace, Mai, Août.

Se rencontre dans les endroits humides et sablonneux du
Jura et du Sundgau : Bellerive, Combe-Vauffelin, lac de
Colombier, les Seignes, les Ponts, la Brevine, lac de Joux,
les Rousses, Longirod, St.-Georges, Trelasse, Pontarlier
(*Joset*) ; Michelfelden, Grosne, Bonfol, Bâle (*Montandon*).

** Pédoncules penchés après l'anthèse.

† 4. Esp. s. **LINNÆI**, PRES.; *Sp. saginoides*, L., Dc. 594.
Vivace, Juillet, Août.

Pâturages humides du Jura : Chasseral, les Ponts, le
Weissenstein, Bec à Loiseau, la Tourne, Creux-du-Van,
la Dôle, le Colombier, le Reculet (*Joset, Montandon*).

B. Moins de styles que de sépales au calice.

11. Gen. **Alsine**, L. *Mouron.*

A. Feuilles avec une seule nervure ou sans nervures.

a. Feuilles nullement en alène.

† 1. Esp. A. **STRIATA**, VAHL.; *Aren. ulliginosa*, Dc. 596.
Vivace, Juin, Juillet.

Se rencontre dans les marais du Jura : la Brevine,
Pontarlier (*Joset*).

b. Feuilles simulant une alène.

† 2. Esp. A. **LARICIFOLIA**, Dc. 596; *Ar. capillacea*, ALL.
Vivace, Juin, Août.

Se rencontre sur les crêtes rocailleuses et élevées du
Jura : la Dôle, le Colombier, le Reculet (*Joset*); Pontarlier
(*Montandon*).

B. Feuilles marquées de trois nervures.

a. Pétales dépassant les sépales.

† 5. Esp. A. **VERNA**, L., Dc. Syn. 597.
Vivace, Juin, Juillet.

Se rencontre sur les hautes sommités du Jura et du Sundgau : au Blauen, le Colombier, le Reculet (*Joset*) ; grèves du Rhin, près de Neudorf (*Montandon*).

b. Pétales plus courts que les sépales.

* Tige ramifiée et dichotome.

4. Esp. A TENUIFOLIA, L., Dc. 597.

Annuelle, Juin, Septembre.

Se rencontre sur les vieux murs, dans les champs sablonneux du Jura et du Sundgau : Neuchâtel, St.-Aubin, Genève (*Joset*) ; Montbéliard, Cœuve, Bâle, Porrentruy, Beurnevaisin, Grentzingen, Mulhouse (*Montandon*).

** Tige droite presque simple, roide.

† 5. Esp. A. FASCICULATA, Jus., Dc. 597.; *Al. jacquini*, KOCH.

Annuelle, Juin, Septembre.

Se rencontre dans les endroits arides du Jura et du Sundgau exposés au soleil : la Wiese, Istein, Vauseyon, Grentzach, Landeron, Nyon (*Joset*) ; Neuf-Brisach, Rouffach, au Bollenberg, près Orschwihr, Westhalten, la Harth (*Montandon*).

15. Fam. SILÉNÉES, Dc.

I. Calice caliculé vers sa base.

A. *Corolle à pétales longuement onguiculées.*

1. Gen. **Dianthus**, L. *Oeillet.*

A. Fleurs agrégées.

a. Écailles calicinales ovales, obtuses, arrondies.

1. Esp. D. PROLIFERA, L., Dc. 587.

Annuelle, Juin, Juillet.

Se rencontre dans les endroits arides et sablonneux du Jura et du Sundgau : Bienne, Neuchâtel, Nyon, Besançon (*Joset*) ; Delémont, Ermont, près de Porrentruy, roche de Mai, Mulhouse, Altkirch (*Montandon*).

b. Écailles calicinales lancéolées aigues.

* Écailles calicinales égalant le tube.

2. Esp. D. ARMERIA, L., Dc. 387.
Bisannuelle, Juin, Juillet.
Se rencontre dans les lieux vagues, les prés secs, sur le bord des forêts du Jura et du Sundgau : Muttenz, Grentzach, Colombier, Genève, Besançon *(Joset)* ; Delémont, Porrentruy, le Fahy, Mormont, Courchavon, Bonfol, Grandcourt, Bâle, Ferrette, Boncourt, Delle, Belfort, Ill-zach *(Montandon).*

** Écailles calicinales plus courtes que le tube.

3. Esp. D. CARTHUSIANORUM, L. Dc. 387.
Vivace, Juin, Août.
Fréquemment disséminée dans les lieux secs, sur le bord des bois, des champs et sur les collines du Jura et du Sundgau *(Joset, Montandon).*

B. Fleurs solitaires ou en panicule.

a. Pétales dentés ou incisés.

* Aire de la lame des pétales ni barbue, ni pileuse.

† 4. Esp. D. SYLVESTRIS, Dc. Syn. 587.
Vivace, Juin, Août.
Lieux arides et rocailleux du Jura : Ballstall, Falken-stein, Geisfluh, Soleure, lac de Bienne, Neuchâtel, la Dôle, le Reculet, le Colombier, Mumiswyl *(Joset).*

** Aire de la lame des pétales barbue et pileuse.

a. Écailles calicinales au nombre de deux.

† 5. Esp. D. DELTOIDES, L., Dc. 588.
Vivace, Juin, Juillet.
Se rencontre dans les endroits secs et herbeux du Jura et du Sundgau : Montbéliard, collines de Sondersdorf *(Mont.).*

b. Écailles calicinales au nombre de quatre à six.

† 6. Esp. D. CÆSIUS, SCH., Dc. 588.
Vivace, Juin, Juillet.
Se rencontre dans les endroits rocailleux et ombragés

du Jura : Falkenstein, Balstall, Moutier, Court, aux Plan-
chettes , Valangin, Chasseron, Chaux-de-Fonds, le Reculet *(Joset, Montandon)*.

b. Pétales frangés ou découpés.

* Fleurs solitaires.

† 7. Esp. D. MONSPELIACUS , L., Dc. 388.
Vivace, Juin, Juillet.
Se rencontre dans les pâturages, sur le bord des bois
et les crètes élevées du Jura : la Faucille, le Colombier, la
Dôle, le Reculet *(Joset)*.

** Fleurs plus ou moins nombreuses, en panicule.

† 8. Esp. D. SUPERBUS, L., Dc. 388.
Vivace, Juin, Septembre.
Se rencontre dans les endroits un peu humides, les forêts
ombragées et gramineuses du Jura et du Sundgau : au
Ramstein, à Valangin, lac de St.-Point, Delémont *(Joset)* ;
Michelfelden, au Neuweg, Chasseral, Lucelle, la Harth près
de l'île Napoléon *(Montandon)*.

B. *Corolle à pétales légèrement atténués, à onglets courts.*

2. Gen. **Tunica**, Scop. *Gypsophila*, L.

††1. Esp. T SAXIFRAGA , Scop. ; *Gypsoph* , Dc. 386.
Vivace, Juin, Juillet.
Se rencontre dans les endroits pierreux du Jura : Bru-
derholz, les glacis de Genève, Nyon *(Joset)*.

II. Calice dépourvu de calicule à la base.

A. *Calice simulant une petite cloche.*

a. Fruit simulant une baie.

3. Gen. **Cucubalus**, L. 593. *Carnillet.*

† 1. Esp. C. BACCIFERUS, L., Dc. 591.
Vivace, Juillet, Août.
Se rencontre dans les endroits ombragés et humides, les
haies et buissons du Jura : le Rhône, près de Vernier, Genève, Arbois, la Dôle *(Joset)*.

b. Fruit simulant une capsule.

4. Gen. **Gypsophilla**, L. *Gypsière.*

* Tige rampante.

† 1. Esp. G. REPENS, L., Dc. 386.
Vivace, Juin, Juillet.
Se rencontre sur les crêtes rocailleuses du Jura : le Re-
culet, le Colombier, Genève *(Joset, Montandon).*

'' Tige dressée dichothome.

2. Esp. G. MURALIS, L., Dc. 386.
Annuelle, Juin, Août.
Disséminée dans les champs humides et graveleux du
Jura et du Sundgau : Bâle, Altweiler, Holzberg, Soleure,
Pont de Thiele, Besançon *(Joset)* ; Porrentruy, Damphreux,
Bonfol, Cœuve, Grentzingen, Mulhouse, Altkirch, Ferrette,
Delle, Belfort *(Montandon).*

B. *Calice de forme tubuleuse.*

A. Ovaire surmonté de cinq styles.

* *Capsule à sommet s'ouvrant en 10 valves.*

5. Gen. **Melandrium**, RŒHL.

a. Fleurs blanches.

† 1. Esp. M. VESPERTINUM, NOB.; *Lych.*, L., Dc. 391.
Vivace, Juillet, Août.
Se rencontre dans les champs, sur le bord des chemins du
Jura et du Sundgau : Genève, Nyon, Delémont *(Joset)* ;
Bâle, St.-Louis, Grentzingen, Mulhouse *(Montandon).*

b. Fleurs roses ou purpurines.

† 2. Esp. M. DIURNUM, NOB., Dc. 592.
Vivace, Mai, Juin.
Se rencontre dans les endroits humides et couverts du
Jura et du Sundgau : la Presse près de Porrentruy, Gren-
tzingen, Altkirch, Ferrette, Mulhouse *(Joset, Montandon).*

" *Capsule à sommet s'ouvrant en cinq valves.*

6. Gen. **Lychnis**, L. *Lychnide.*

* Pétales découpés.

1. Esp. **L. FLOS-CUCULI**, L., Dc. 591. *Lamprette.*
Vivace, Mai, Septembre.
Fréquente dans les prés humides du Jura et du Sundgau
(*Joset, Montandon*).

** Pétales à limbe presqu'entier.

† 2. Esp. **L. VISCARIA**, L., Dc. 591.
Vivace, Juin, Juillet.
Se rencontre dans les pâturages rocailleux du Sundgau :
Ferrette, Belfort (*Montandon*).

*** Pétales à limbe entier.

3. Esp. **L. GITHAGO**, L., Dc. 392. *Nielle.*
Annuelle, Juin, Septembre.
Fréquente dans les céréales du Jura et du Sundgau
(*Joset, Montandon*).

B. Ovaire surmonté de deux à trois styles.

A. Deux styles, capsule s'ouvrant en quatre valves.

7. Gen. **Saponaria**, L. *Saponaire.*

a. Calice anguleux ou prismatique.

1. Esp. **S. VACCARIA**, L., Dc. 586.
Annuelle, Juin, Juillet.
Se rencontre disséminée parmi les céréales du Jura et
du Sundgau : Gündeldingen, Neuwelt, Muttenz, Prattelen,
Kiffis, Colombier, val de Joux, Nyon, Genève, Besançon
(*Joset*) ; St.-Louis, Michelfelden, Villars-sur-Fontenais, la
Grandfin, Bressaucourt, Mulhouse (*Montandon*).

b. Calice en tube cylindrique.
' Tige droite, calice glabre.

2. Esp. **S. OFFICINALIS**, L., Dc. 586.
Vivace, Mai, Septembre.
Se rencontre le long des routes, des rivières et parmi les
graviers du Jura et du Sundgau (*Joset, Montandon*).

** Tige couchée, calice velu.

† 5. Esp. **S. OCYMOIDES**, L., Dc. 587.
Vivace, Juin, Août.
Se rencontre parmi les graviers mouvants du Jura et du Sundgau : Undrevillier, moulin Sornètan, Soleure, Bienne, le Dessoubre, Nyon, St.-Hipolyte *(Joset)*; vallée de Lucelle, St.-Pierre *(Montandon)*.

B. Trois styles, capsule s'ouvrant en six valves.

8. Gen. **Silene,** L., Dc. 589. *Silène.*

a. Calice renflé en vessie.

1. Esp **S. INFLATA**, Scop., Dc. 589 ; *Cucub. behen,* L.
Vivace, Juin, Juillet.
Fréquente dans les prés, le long des chemins du Jura et du Sundgau *(Joset, Montandon).*

b. Calice tubulé, cylindrique ou en cloche.
' *Fleurs en épi, pétales couronnés.*

† 2. Esp. **S. GALLICA**, L., Dc. 390.
Annuelle, Juin, Juillet.
Se rencontre dans les contrées graveleuses du Jura : Besançon *(Joset).*

** *Fleurs solitaires ou en panicule.*

aa. Calice très glabre.

* Pétales échancrés.

† 5. Esp. **S. RUPESTRIS**, L., Dc. 589.
Bisannuelle, Juin, Juillet.
Se rencontre dans les endroits arides et rocailleux du Vogelberg, la Wiese *(Joset).*

'* Pétales à quatre lobes.

† 4. Esp. **S. QUADRIDENTATA**, L., Dc. 589.
Annuelle, Juillet, Août.
Rochers humides de Thoiry, vallon d'Ardran *(Joset).*

bb. Calice velu, fleurs penchées.

5. Esp. **S. NUTANS**, L., Dc. 592.

Vivace, Juin, Juillet.
Fréquente et disséminée sur les rocailles et dans les endroits secs et arides du Jura et du Sundgau (*Joset, Montandon*).

cc. Calice velu en massue, fleurs non penchées.

† 6. Esp. **s. noctiflora**, L., Dc. 592.

Annuelle, Juin, Septembre.
Se rencontre disséminée dans les cultures et le long des routes du Jura et du Sundgau : Bienne, Montbéliard (*Joset*); Delémont, Porrentruy, Ermont, le Bané, les Craz, le Microferme, Mulhouse (*Montandon*).

14. Fam. ÉLATINÉES, Dc.

1. Gen. **Elatine**, L., Dc.

* Feuilles disposées en verticilles.

†† 1. Esp. **e. alsinastrum**, L., Dc. 595.
Vivace, Juillet, Août.
Se rencontre dans les fossés aquatiques du Jura et du Sundgau : Bienne (*Joset*); Mulhouse, Bollwiller (*Montand.*).

** Feuilles opposées.

a. Six étamines dans la fleur.

† 2. Esp. **e. hexandra**, L., Kirch. 120.
Annuelle, Juin, Juillet.
Dans la vase du lac de Neuchâtel, près de Versoix (*Joset*); étang Fourchée, Belfort (*Montandon*).

b. Huit étamines dans la fleur.

† 3. Esp. **e. hydropiper**, L., Dc. 595.
Annuelle, Juillet, Août.
Endroits inondés du Sundgau : Illzach, Belfort, Grosne, Burtzwiller, Zillisheim (*Montandon*).

15. Fam. **MALVACÉES**, Juss.

I. Calicule ou précalice à folioles libres.

1. Gen. **Malva**, L., Dc. *Mauve.*

A. Fleurs en cîmes fasciculées, axillaires.

a. Tige couchée, ascendante, corolle petite, rose pâle.

1. Esp. **M. ROTUNDIFOLIA**, L., Dc. 604. *Mauve.*
Annuelle, Mai, Août.
Se rencontre disséminée le long des habitations, dans les lieux vagues, les champs, les cours, les jardins du Jura et du Sundgau *Joset, Montandon).*

b. Tige ascendante ou droite, corolle grande, pourpre-violacé.

2. Esp. **M. SYLVESTRIS**, L., Dc. 304. *Mauve rouge.*
Vivace, Juin, Juillet.
Disséminée dans les lieux vagues, les cours, sur les cimetières, le long des chemins du Jura et du Sundgau, moins commune *(Joset, Montandon).*

B. Fleurs solitaires placées à l'aiselle des feuilles.

a. Limbe des feuilles à divisions n'atteignant pas le pétiole.

3. Esp. **M. ALCEA**, L., Dc. 404. *Alcée.*
Vivace, Juin, Juillet.
Disséminée dans les vallées, sur le bord des forêts du Jura et du Sundgau : Chatillon, Nyon, Longirod, Muttenz, Arisdorf *(Joset)* ; Delémont, Porrentruy, la Rochette, Bévoie, Buix, Boncourt, Montignier, Delle, Mulhouse *(Montandon).*

b. Limbe des feuilles caulinaires, découpé jusqu'au pétiole.

4. Esp. **M. MOSCHATA**, L., Dc. 404.
Vivace, Juillet, Septembre.
Disséminée dans les pâturages des vallées du Jura et du Sundgau : Wahlenbourg , Langenbruck , Neunbrunnen , Moutier, la Vacherie-dessus, Valanvron, Noiraigne, Bove-resse, Nyon, le Russey, Morteaux *(Joset)* ; Blancheroche, au Blochmond, près de Lucelle *(Montandon).*

II. Calicule ou précalice à folioles plus ou moins soudées.

2. Gen. **Althæa**, L. *Guimauve.*

a. Pédoncules à une seule fleur.

† 1. Esp. A. HIRSUTA, L., Dc. 405.
Annuelle, Mai, Juillet.
Se rencontre disséminée sur le bord des fossés, les collines calcaires du Jura et du Sundgau : Orbes, Yverdun, Genève, Bougis, Besançon (*Joset*); Rouffach, Westhalten (*Montandon*).

b. Pédoncules à plusieurs fleurs.

2. Esp. A. OFFICINALIS, L., Dc. 405. *Guimauve.*
Bisannuelle, Juin, Septembre.
Se rencontre le long des fossés du Jura et du Sundgau, Genève, Cerlier, Marais-Sionet (*Joset*); Ferrette, Bâle (*Montandon*).

16. Fam. TILIACÉES, Juss.

Gen. **Tilia**, L. *Tilleul.*

a. Feuilles glauques en dessous.

1. Esp. T. SYLVESTRIS, Desf.; *T. microphylla*, Dc. 405.
Vivace, Juin, Juillet.
Disséminée dans les forêts de la plaine et des collines calcaires du Jura et du Sundgau : Holzberg, Ferrette (*Joset, Montandon*).

b. Feuilles vertes à leur partie inférieure.

2. Esp. T. INTERMEDIA, Dc.; *T. vulgaris*, Heyn.
Vivace, Juin, Juillet.
Disséminée dans les mêmes localités, mais moins fréquente (*Joset, Montandon*).

c. Feuilles velues en-dessous, pédoncules 5 à 7 fleurs.

5. Esp. T. PLATYPHYLLA, Scop., Dc. 404.
Vivace, Juin, Juillet.

Se rencontre dans les forêts montueuses du Jura et du Sundgau *(Joset, Montandon)*.

17. Fam. **GÉRANIACÉES**, Dc.

I. Étamines toutes pourvues d'anthères ou fertiles.

1. Gen. **Geranium**, L. *Geranion*.

A. *Racines horizontales.*

a. Carpelles ridés en travers.

* Carpelles à une seule ride, transversale au sommet.

† 1. Esp. **G. NODOSUM**, L., Dc. 409.
Vivace, Juillet, Août.
Forêts escarpées du Jura : près Vaillans *(Joset)*.

** Carpelles à plusieurs rides transversales.

† 2. Esp. **G. PHÆUM**, L., Dc. 401.
Vivace, Juin, Juillet.
Se rencontre disséminée dans les vallées du Jura : Bâle, Grentzach, Langenbruck, bords de l'Aar, Diesenberg, Neuchâtel, St.-Sulpice, la Chaux-de-Fonds, Colombier, vallon d'Ardran, le Reculet *(Joset)* ; Fahy, près de Delle *(Montandon)*.

b. Carpelles lisses ou velues.

aa. Pédoncules à une seule fleur, carpelles pileuses.

† 3. Esp. **G. SANGUINEUM**, L., Dc. 407.
Vivace, Juillet, Août.
Se rencontre disséminée sur les collines arides et calcaires du Jura et du Sundgau : Grentzach, au Sonnenberg, au Hauenstein, Courroux, côtes du Doubs, Bienne, Orbes, la Batie, Besançon *(Joset)* ; Delémont, roches Vorbourg, Rouffach *(Montandon)*.

bb. Pédoncules à deux fleurs, rarement davantage.
* Pédicelles refractés après la floraison.

† 4. Esp. **G. PRATENSE**, L., Dc. 408.

Vivace, Mai, Juillet.

Se rencontre disséminée dans les endroits un peu humides, le long des haies du Jura et du Sundgau : Gempen, au Rangen près de Bâle, la Ferrière *(Joset)*; Audincourt, Montbéliard, Joncherey, Delle *(Montandon)*.

** Pédicelles divergens après la floraison.

† 5. Esp. G. **PALUSTRE**, L., Dc. 408.
Vivace, Mai, Juillet.

Se rencontre dans les endroits humides et les haies du Jura et du Sundgau : Eptingen, Gibenach, Bassecourt, Moutier *(Joset)*; Delémont, graviers du Rhin, près de Bâle, Bourogne, Meroux, Auxelles, Delle, Hirsingen *(Montandon)*.

*** Pédicelles dressés après la floraison.

† 6. Esp. G. **SYLVATICUM**, L., Dc. 408.
Vivace, Juin, Juillet.

Se rencontre disséminée dans les prés montueux du Jura et du Sundgau : au Wasserfall, au Dietisberg, Schaafmatt, au Weissenstein, Raimeux *(Joset)*; Roches-d'or, Pierrefontaine, Ferrette, Mont-terrible, la Harth *(Montand.)*.

VAR. forme *brachystemum*, GOD.
Neuchâtel, Haut-Genève, Vaux-Seyon, etc. *(Joset)*.

B. *Racines pivotantes.*

I. Carpelles tout-à-fait lisses.

A. Graines toutes chagrinées.

a. Tiges à poils rebroussés en arrière.

7. Esp. G. **COLUMBINUM**, L., Dc. 408.
Annuelle, Juin, Juillet.

Se rencontre dans les champs, sur le bord des chemins, dans les lieux vagues du Jura et du Sundgau *(Joset, Montandon)*.

b. Tiges à poils mols non appliqués.

† 8. Esp. G. **ROTUNDIFOLIUM**, L., Dc. 408.
Annuelle, Juin, Août.

Se rencontre dans les champs, sur les collines arides du

Jura et du Sundgau : Cornol, au pied de la Mâle-Côte (*Joset*); Mulhouse, Illfurth (*Montandon*).

c. Tiges hérissées diffuses.

9. Esp. G. DISSECTUM, L., Dc. 408.
Annuelle, Juin, Juillet.
Dans les champs, le long des chemins du Jura et du Sundgau (*Joset, Montandon*).

B. Graines tout-à-fait lisses, sans alvéoles.

* Tiges dressées presque toutes velues.

† 10. Esp. G. PYRENAICUM, L., Dc. 408.
Vivace, Juin, Septembre.
Se rencontre dans les lieux vagues sur les collines et le long des routes du Jura et du Sundgau : Chasseral, verre-rie de Roche, Bienne, Neuchâtel, Genève (*Joset*); Delé-mont, Delle, St.-Louis, Montbéliard, Mulhouse, Ferrette, Altkirch, Belfort, Porrentruy (*Montandon*).

** Tiges diffuses nullement pubescentes.

11. Esp. G. PUSILLUM, L., Dc. 409.
Annuelle, Juin, Août.
Disséminée dans les lieux incultes, les lieux vagues, les haies, le long des murs du Jura et du Sundgau (*Joset, Montandon*).

II. Carpelles tout-à-fait rugueuses.

a. Feuilles lobées ou palmées, tiges droites.

† 12. Esp. G. LUCIDUM, L., Dc. 409.
Annuelle, Juin, Juillet.
Se rencontre disséminée au pied des rochers ombragés du Jura : Bienne, Arbois, Salins, Ste-Croix(*Joset*); Mont-béliard (*Montandon*).

b. Feuilles lobées ou palmées, tiges diffuses.

13. Esp. G. MOLLE, L., Dc. 408.
Annuelle, Juin, Octobre.
Fréquente dans les champs, les lieux incultes du Jura et du Sundgau (*Joset, Montandon*).

c. Feuilles pinnatifides ou bi-tri-pinnatiséquées.

14. Esp. G. ROBERTIANUM, L., Dc. 409. *Herbe à Robert.*
Annuelle, Juin, Septembre.
Se rencontre disséminée sur les vieux murs, dans les
lieux vagues, le long des rochers ombragés du Jura et du
Sundgau (*Joset, Montandon*).

II. Étamines, cinq fertiles et cinq stériles ou sans
anthères.

2. Gen. **Erodium**, LHER. *Bec de grue.*

a. Étamines fertiles à filets entiers.

1. Esp. E. CICUTARIUM, L., Dc. 407.
Annuelle, Juin, Septembre.
Fréquente sur les collines, dans les champs, les cultures,
les vignes et sur le bord des chemins du Jura et du Sundgau (*Joset, Montandon*).

b. Étamines fertiles à filets bi-dentés.

† 2. Esp. E. MOSCHATUM, LHER., Dc. 409.
Annuelle, Juillet, Octobre.
Se rencontre dans les décombres et les lieux vagues du
Jura et du Sundgau : Muttenz, Bienne, Soleure, St-Blaise
(*Joset*); Belfort (*Montandon*).

18. Fam. **OXALIDÉES**, Dc.

Gen. **Oxalis**, L. *Oxalide.*

* Fleurs blanches ou roses.

1. Esp. O. ACETOSELLA, L., Dc. 409.
Vivace, Avril, Mai.
Fréquente dans les forêts ombragées du Jura et du
Sundgau (*Joset, Montandon*).

** Fleurs d'un jaune clair.

† 2. Esp. O. STRICTA, L., Dc. 409.
Vivace, Juin, Juillet.
Se rencontre sur les collines calcaires du Jura et du

Sundgau : Soleure, Ferney (*Joset*); Besançon, Altkirch (*Montandon*), 1843, 1851.

19. Fam. **LINÉES**, Dc.

A. Corolle et calice de cinq pièces, 5 styles.

1. Gen. **Linum**, Lin.

a. Feuilles éparses, fleurs jaunes.

† 1. Esp. L. GALLICUM, L., Dc. 398.
Annuelle, Mai, Juillet.
Champs incultes du Jura : Arbois (*Joset*), 1827.

b. Feuilles éparses, fleurs d'un rose clair.

† 2. Esp. L. TENUIFOLIUM, L., Dc. 399.
Vivace, Mai, Août.
Se rencontre sur les collines arides et exposées au soleil du Jura et du Sundgau : Bâle, St.-Marguerite, Dornach, Atschwiller, val de Lauffon, Pertuis-du-Soc, la Batie (*Joset*) ; Besançon, Montbéliard, Illfurth, Belfort (*Montandon*).

c. Feuilles éparses, fleurs d'un beau bleu.

† 5. Esp. L. ALPINUM, L., Dc. 389.
Vivace, Juin, Août.
Se rencontre sur les crêtes élevées du Jura : la Dôle, le Colombier, le Reculet (*Joset*), 1827.

d. Feuilles opposées.

4. Esp. L. CATHARTICUM, L., Dc. 399.
Annuelle, Juin, Septembre.
Fréquemment répandue dans les prés de la plaine et des montagnes du Jura et du Sundgau (*Joset, Montandon*).

B. Corolle et calice de quatre pièces, 4 styles.

2. Gen. **Radiola**, Gmel.

††1. Esp. R. MILLEGRANA, Sm.; *L. radiola*, L., Dc. 399.
Annuelle, Juillet, Août.
Se rencontre dans les endroits sablonneux et humides du Jura et du Sundgau : la Wiese, Besançon, Montbéliard

(*Joset*); Mulhouse, Lutterbach, Pfastadt, Ochsenfeld (*Montandon*), 1841, 1855.

20. Fam. BALSAMINÉES, Dc.

Gen. **Impatiens**, L. *Impatiente*.

1. Esp. I. NOLI-TANGERE, L., Dc. 409.
Vivace, Juillet, Octobre.
Se rencontre dans les endroits ombragés et humides du Jura et du Sundgau : Milandre, Riespach, Delémont, Porrentruy, Ferrette (*Joset, Montandon*), 1827, 1854.

21. Fam. HYPÉRICÉES, Dc.

Gen. **Hypericum**, L. *Millepertuis*.

I. *Sépales à bords dépourvus de glandes noirâtres.*

A. Entre-nœuds marqués de lignes saillantes.

a. Tiges droites à angles presque aigus, non ailés.

† 1. Esp. H. LEERSII, GMEL.; *H. dubium*, Dc. 411.
Vivace, Juin, Août.
Se rencontre sur les pâturages montueux du Jura et du Sundgau : Schœnthal, Dietisberg, Weissenstein (*Joset*); Ferrette, Lucelle, Delle (*Montandon*).

b. Tiges droites à angles aigus presque ailés.

2. Esp. H. TETRAPTERUM, FRIES.; *H. quadrangulum*, Dc. 411.
Vivace, Juin, Septembre.
Se rencontre dans les endroits humides de la plaine, le long des étangs et des fossés humides du Jura et du Sundgau : Boudry, Genève, val de Ruz, de Travers, Delémont (*Joset*); Michelfelden, Besançon, Bonfol, Grosne, Mulhouse, Ferrette (*Montandon*), 1841, 1855.

B. Entre-nœuds à deux lignes peu sensibles.

a. Tige florifère dressée.

5. Esp. H. PERFORATUM, L., Dc. 411.
Vivace, Juin, Octobre.

Se rencontre assez répandue et disséminée sur les collines arides et incultes du Jura et du Sundgau (*Joset*, *Montandon*).

    b. Tige florifère couchée et étalée sur le sol.

† 4. Esp. H. HUMIFUSUM, L., Dc. 411.
    Annuelle, Juin, Juillet.
Se rencontre disséminée dans les champs à sol argileux et sur le bord des fossés du Jura et du Sundgau : au Bruderholz, Holzberg, Nyon, St-Georges, Delémont (*Joset*); Porrentruy, Mulhouse, Bonfol, Courtavon, Winckel, Bisel (*Montandon*).

    VAR. forme *liottardi*, ALL. Porrentruy (*Montd.*), rare.

    II. *Sépales à bords glanduleux et noirâtres.*

    A. Sépales et bractées comme frangés.

† 5. Esp. H. RICHERI, VILL.; *H. fimbriatum*, Dc. 411.
    Vivace, Juin, Août.
Se rencontre disséminée sur les hautes sommités du Jura et du Sundgau : Chasseral, la Dôle, la Brevine; le Colombier, le Reculet (*Joset*); le Blochmond, St.-Pierre, près de Lucelle (*Montandon*), 1852.

    B. Sépales très-entiers.

    a. Tiges velues pubescentes en tous sens.

6. Esp. H. HIRSUTUM, L., Dc. 412.
    Vivace, Juin, Juillet.
Assez répandue dans les forêts des montagnes et de la plaine du Jura et du Sundgau (*Joset, Montandon.*)

    b. Tiges tout-à-fait glabres.

    * Sépales à glandes sessiles.

† 7. Esp. H. PULCHRUM, L., Dc. 412.
    Vivace, Juin, Septembre.
Disséminée dans les forêts, les bruyères et sur les collines peu élevées du Jura et du Sundgau : la Harth, Holzberg, Besançon (*Joset*); Mulhouse, Lutterbach, Ferrette, Etupes, Grosne, Dampierre, Delle (*Montandon*), 1841, 1835.

** Sépales à glandes stipitées.

† 8. Esp. **H. MONTANUM**, L., Dc. 411.
Vivace, Juin, Septembre.
Se rencontre disséminée dans les forêts du Jura et du
Sundgau : val de Lauffon, Delémont, Moutiers, Court,
côtes du Doubs *(Joset)* ; Delle, Milandre, Ferrette, Mulhouse,
la Harth, Rechésy, Montignier *(Montandon)*, 1827, 1854.

22. Fam. **RUTACÉES**, Dc.

a. Fleurs en cyme.

1. Gen. **Ruta**, L. *Rue.*

† 1. Esp. **R. GRAVEOLENS**, L., Dc. 385.
Vivace, Juin, Août.
Se rencontre dans les lieux secs, chauds et arides du
Jura : Salins, Joux, Pontarlier *(Joset)* 1827.

b. Fleurs en thyrse.

2. Gen. **Dictamnus**, L. *Fraxinelle.*

†† 1. Esp. **D. FRAXINELLA**, Pers. ; *D. albus*, L., Dc. 586.
Vivace, Juin, Juillet.
Se rencontre dans les endroits arides et secs du Jura :
Isteinerklotz, au Rangen, au Felsenmühl *(Joset)* ; Masse-
vaux, la Harth, près d'Ensisheim et Bantzenheim *(Montan-
don)*, 1857, 1840.

25. Fam. **ACÉRINÉES**, Dc.

1. Gen. **Acer**, L., Dc. 412.

1. *Inflorescence en cyme penchée ou pendante.*

* Cyme simulant une grappe.

1. Esp. **A. PSEUDO-PLATANUS**, L., Dc. 412.
Vivace, Mai, Juin.
Se rencontre dans les forêts des moyennes montagnes du
Jura et du Sundgau *(Joset, Montandon)*.

** Cyme simulant un corymbe.

† 2. Esp. **A. OPULIFOLIUM**, Vill., Dc. 412.

Vivace, Juin, Juillet.

Se rencontre disséminée dans les forêts exposées au soleil, dans le Jura et le Sundgau : Moutiers, Roches, Nyon, Neuchâtel (*Joset*); Ferrette, Sondersdorf (*Montand.*), 1851.

II. *Inflorescence en corymbe dressé.*

* Lobes des feuilles dentés, ovaires glabres.

3. Esp. **A. PLATANOIDES**, L., Dc. 412.
Vivace, Mai, Juin.

Se rencontre disséminée sur les collines boisées, dans les haies et sur les moyennes montagnes du Jura et du Sundgau : Porrentruy, Ferrette (*Joset, Montandon*).

** Lobes des feuilles entiers, ovaires velus.

4. Esp. **A. CAMPESTRE**, L., Dc. 412.
Vivace, Mai, Juin.

Se rencontre disséminée dans les forêts et les haies du Jura et du Sundgau (*Joset, Montandon*).

24. Fam. **CÉLASTRINÉES**, Dc.

* *Feuilles ailées ou trifoliolées.*

1. Gen. **Staphylea**, L., *Staphylier.*

† 1. Esp. **S. PINNATA**, L., Dc. 565.
Vivace, Mai, Juin.

Se rencontre dans les haies, les bois et sur les collines boisées du Jura et du Sundgau : Muttenz, la Harth, Oesingen (*Joset*); Michelfelden, Ottmarsheim, Morvillars, Huningue, Delle, Montbéliard (*Montandon*), 1840, 1852.

** *Feuilles simples très-entières.*

2. Gen. **Evonymus**, L. *Fusain.*

1. Esp. **E. EUROPÆUS**, L., Dc. 365.
Vivace, Mai, Juillet.

Fréquemment répandue dans les bois, les haies et sur les collines du Jura et du Sundgau (*Joset, Montandon*).

25. Fam. **MONOTROPÉES**, Nut.

Gen. **Monotropa**, L. *Suce-pin*.

† 1. Esp. M. HYPOPITYS, L., Dc. 422.
Vivace, Juin, Septembre.
Se rencontre disséminée dans les forêts ombragées du Jura et du Sundgau : Porrentruy, Ferrette (*Josel, Mont.*).

———∞∞∞∞———

2e CLASSE, **Calicipétalées**.

A. *Ovaire libre ou supère.*

Ire SOUS-CLASSE,
ÉLEUTHÉROGYNES.

———

ANALYSE PRATIQUE DES FAMILLES.

9. { *Fruit* formé d'une capsule 10
    { *Fruit* formé d'une baie ou d'un drupe 11

10. { *Capsule* à trois valves, semences aigrettées. TAMARISCINÉES, p. 114
    { *Capsule* à 3, 5 loges, semences avec ou sans arille, feuilles simples, ailées ou composées. CÉLASTRINÉES, p. 73

11. { *Fruit* formé d'un drupe sec ou succulent . . 12
    { *Fruit* formé d'une baie. ERICACÉES, p. 205

12. { *Quatre* à cinq étamines. RHAMNÉES, p. 76
    { *Dix* à vingt étamines. AMYGDALÉES, p. 96

13. { *Plantes* succulentes. CRASSULACÉES, p. 111
    { *Plantes* nullement succulentes. ROSACÉES, p. 97

———

1. Fam. **PYROLACÉES**, LYND.

1. Gen. **Pyrola**, L. *Pyrole.*

1. *Fleurs en grappes simulant un épi.*

A. Fleurs dirigées en tous sens.

a. Style tout-à-fait réfléchi.

1. Esp. P. **ROTUNDIFOLIA**, L., Dc. 249. *Vivace; Mai, Juin.*
Se rencontre dans les forêts et sur les collines boisées du Jura et du Sundgau : Porrentruy, Delémont, au Fahy, Delle, Faverois, Mulhouse, Thann, Wattwiller, Guebwiller, Riespach, (*Josel, Montandon*).
VAR. forme *media.* KOCH. Forêts de Lucelle (*Montandon*), rare.
VAR. forme *chlorantha*, KOCH. Vignes de Bienne, Soleure, Bâle (*Josel*); Sondersdorf, Ferrette (*Montandon*), rare.

b. Style tout-à-fait dressé.

2. Esp. P. **MINOR**, L., Dc. 250. *Vivace, Mai, Juin.*

Se rencontre dans les forêts ombragées et humides du Jura et du Sundgau : Delémont, Bressoncourt, le Fahy (*Joset*) ; Delle, Fêche-l'Église, Ferrette, Roppentzwiller (*Montandon*), 1852.

B. Fleurs dirigées toutes du même côté.

† 5. Esp. p. secunda, L., Dc. 250.
Vivace, Juin, Juillet.
Dans les forêts ombragées des montagnes du Jura et du Sundgau : Delémont, Walbert (*Joset*) ; le Fahy, Lucelle, le Wasserfall, Mont-terrible, Guebwiller, Lomont (*Montd.*), 1836, 1852.

II. *Hampe à fleur solitaire, terminale.*

†† 4. Esp. p. uniflora, L., Dc. 250.
Vivace, Juin, Juillet.
Se rencontre dans les bois ombragés du Jura : au Sonnenberg, sur l'Olsberg (*Joset*), 1827.

2. Fam. RHAMNÉES, Dc.

1. Gen. **Rhamnus**, L. *Nerprun.*

a. Rameaux opposés.

† 1. Esp. r. catharticus, L., Dc. 566.
Vivace, Mai, Juin.
Se rencontre dans les bois, les haies et sur les collines ombragées du Jura et du Sundgau (*Joset, Montandon*).

b. Rameaux alternes, style entier.

2. Esp. r. frangula, L., Dc. 366.
Vivace, Mai, Juin.
Se rencontre fréquemment sur les collines boisées et dans les forêts ombragées du Jura et du Sundgau (*Joset, Montd.*).

c. Rameaux alternes, style bi-trifide.

* Fleurs dioiques.

† 5. Esp. r. alpinus, L., Dc. 566.
Vivace, Juin, Juillet.
Disséminée sur les rochers élevés du Jura : Pontarlier,

Salins, Passevang, Mont-Dornach (*Joset*); côtes du Doubs, Mont-terrible (*Montandon*), 1827, 1852.

** Fleurs hermaphrodites.

† 4. Esp. R. PUMILUS, L., Dc. 566.
Vivace, Juin, Août.
Disséminée sur les crêtes rocailleuses du Jura : le Mont d'or (*Joset*), 1822.

5. Fam. PAPILIONACÉES, Dc.

I. Feuilles imparipinnées ou trifoliolées, ou à une seule foliole, parfois réduites au rachis.

A. *Légume ou fruit à une seule loge, ou parfois divisé en deux loges longitudinales, par l'inflexion de la nervure dorsale.*

Ier Groupe, LOTÉES, Dc.

A. *Étamines monadelphes ou en un faisceau.*

1er sous-groupe, **Genistées**, Dc.

* *Feuilles se terminant par une épine.*

1. Gen. **Ulex**, L., *Ajonc.*

† 1. Esp. U. EUROPÆUS, L., Dc. 341.
Vivace, Juin, Septembre.
Se rencontre disséminée sur les digues, sur le bord des rivières et des fleuves du Jura et du Sundgau : bois de la Batie, du Rhône (*Joset*); St.-Louis, Thann, Mulhouse, Habsheim, Sierentz (*Montandon*), 1841, 1855.

** *Feuilles non épineuses ou sans épines.*

A. Feuilles à une seule foliole.

1. Feuilles toutes à une seule foliole.

2. Gen. **Genista**, L. *Genet.*

A. Plante épineuse.

† 1. Esp. G. GERMANICA, L., Dc. 342.
Vivace, Juin, Juillet.
Se rencontre disséminée dans les endroits incultes, sur le

bord des forêts du Jura et du Sundgau : bois des Frères, de la Batie, Salins (*Joset*) ; Bâle, Bonfol, Vendelincourt, Beurnevaisin, Mulhouse, Ferrette (*Montandon*).

B. Plante nullement épineuse.

a. Fleurs disposées en grappes au sommet de la tige.

2. Esp. G. TINCTORIA, L., Dc. 542.
Vivace, Juin, Juillet.
Se rencontre disséminée dans les bois et les vallées du Jura et du Sundgau (*Joset, Montandon*).

b. Fleurs solitaires, géminées, ou plusieurs à la fois sur la tige ou les rameaux latéraux.

* Corolle toute glabre.

† 5. Esp. G. HALLERI, REYN., KIRSCH. 167.
Vivace, Juin, Juillet.
Se rencontre disséminée dans les lieux pierreux des montagnes du Jura : Rollier, la Brevine, la Chaux-de-Fonds, Pontarlier, le Russey, Morteau (*Joset*), 1822, 1827.

** Corolle poilue.

† 4. Esp. G. PILOSA, L., Dc. 542.
Vivace, Mai, Septembre.
Disséminée sur les collines calcaires du Jura et du Sundgau : Reichenstein, le Ramstein, Lauffon, Moutier, au Vorbourg, roches de Court, Undervilliers, Sonceboz. Bienne, val de Joux, Salins (*Joset*) ; le Blochmont, près de Lucelle (*Montandon*), 1852.

II. Feuilles supérieures seulement à une seule foliole.

3. Gen. Sarothamnus, WIM. *Genet à balais.*

† 1. Esp. S. SCOPARIUS, KOCH.; *genista*, Dc. 542.
Vivace, Juin, Juillet.
Se rencontre disséminée dans les endroits sablonneux du Jura et du Sundgau : au Lœwenbourg (*Joset*) ; Neubourg, Cernay, Mulhouse, Delle, Brebotte, Froidefontaine, Grosne (*Montandon*), 1840, 1854.

B. Feuilles à trois folioles ou ailées.

A. Feuilles se composant de trois folioles.

a. Feuilles toutes à trois folioles.

* *Calice à deux lèvres.*

4. Gen. **Cytisus**. L. *Cytise.*

I. Stigmate cilié.

a. Grappes droites et terminales.

† 1. Esp. C. **NIGRICANS**, L., Dc. 545.
Vivace, Juillet, Août.
Se rencontre disséminée dans les endroits arides du Jura :
Schaffhouse *(Joset)*, 1822.

b. Grappes pendantes ou inclinées.

* *Gousses soyeuses.*

† 2. Esp. C. **LABURNUM**, L., Dc. 545.
Vivace, Juin, Juillet.
Se rencontre dans les forêts montueuses du Jura : Gex
(Joset), 1827.

** Gousses et rameaux glabres.

† 5. Esp. C. **ALPINUS**, MILL.
Vivace, Juin, Août.
Disséminée sur les crêtes rocailleuses du Jura : la Dôle,
St.-Cergues, Bémont, la Faucille, Gex, le Colombier, le
Reculet *(Joset),* 1827.

II. Stigmate non cilié, tube calicinal allongé.

† 4. Esp. C. **CAPITATUS**, JACQ., Dc. 544.
Vivace, Juin, Juillet.
Disséminée sur les coteaux secs et arides du Jura :
Besançon *(Joset),* 1840.

III. Stigmate non cilié, tube du calice court.

5. Esp. C. **SAGITALIS**, KOCH, GENISTA Dc. 542.
Vivace, Juin, Juillet.
Disséminée sur les pâturages du Jura et du Sundgau
(Joset, Montandon.)

" Calice à cinq divisions.

5. Gen. **Ononis**, L. *Bugrane.*

a. Pédoncule plus long que le calice.

† 1. Esp. O. NATRIX, L., Dc. 545.
Vivace, Juin, Juillet.
Disséminée sur les collines calcaires du Jura : Genève, Genthod *(Josel)*, 1822.

b. Pédoncule plus court que le calice.

* Fleurs geminées.

† 2. Esp. O. HIRCINA, JACQ.; *O. altissima*, Dc. 544.
Vivace, Juin, Juillet.
Disséminée sur les collines calcaires du Jura et du Sundgau : Pontarlier, Genève *(Josel)*; collines d'Oltingen, Riquewihr *(Montandon)*, 1840, 1852.

** Fleurs solitaires, tiges dressées.

3. Esp. O. SPINOSA, L., Dc. 544.
Vivace, Juin, Juillet.
Se rencontre disséminée le long des chemins et dans les lieux vagues du Jura et du Sundgau *(Josel, Montandon)*.

*** Fleurs solitaires, tiges rampantes.

4. Esp. O. ARVENSIS, LMK., Dc. 544.
Vivace, Juin, Juillet.
Se rencontre disséminée dans les champs, et sur les collines calcaires et marneuses du Jura et du Sundgau *(Josel, Montandon)*.

B. Feuilles inférieures seulement à trois folioles.

Gen. 5. **Sarothamnus**, voy. p. 78.

B. Feuilles ailées, fleurs en glomérules ou en tête.

6. Gen. **Anthyllis**, L. *Anthyllide.*

* Folioles des feuilles inégales.

1. Esp. A. VULNERARIA, L., Dc. 545.
Vivace, Juin, Septembre.

Se rencontre dans les endroits secs, sur les pâturages et les collines calcaires du Jura et du Sundgau (*Josel, Montd.*)

** Folioles des feuilles égales entre elles.

† 2. Esp. A. MONTANA, L., Dc. 345.
Vivace, Mai, Juin.
Disséminée sur les crêtes élevées et rocailleuses du Jura: Creux-du-Van, la Dôle, le Colombier, Ornans, Salins, Pontarlier (*Josel*), 1827.

B. *Étamines diadelphes ou en deux faisceaux.*

IIe sous-groupe, **Trifoliées**, Dc.

AA. Feuilles se composant de trois folioles.

A. *Corolle marcescente ou persistante avec le fruit.*

7. Gen. **Trifolium**, L., Dc. 346.

A. Fleurs rouges, capitules allongées.

† 1. Esp. T. RUBENS, L., Dc. 347.
Vivace, Juin, Juillet.
Se rencontre dans les bois gramineux et sur les coteaux arides du Jura et du Sundgau : Orbes, Grentzach, Dietisberg, Bienne, la Batie, Besançon, Neuchâtel (*Josel*); la Harth. près de Mulhouse (*Montandon*), 1854.

B. Fleurs rouges, capitules ovoides ou ovales.

* Tige flexueuse, fleurs rose-pourpre.

2. Esp. T. MEDIUM, L., Dc. 347.
Vivace, Juin, Juillet.
Se rencontre dans les prés secs, sur le bord des bois et dans les terrains siliceux du Jura et du Sundgau (*Josel, Montandon*).

** Tige ascendante, fleurs d'un rose-pourpre.

5. Esp. T. PRATENSE, L., Dc. 347.
Vivace, Juin, Juillet.
Fréquemment répandue dans les prés, parmi les jachères et sur les pâturages du Jura et du Sundgau (*Josel, Mont.*).

*** Tige dressée, fleurs purpurines.

† 4. Esp. T. ALPESTRE, L., Dc. 347.

Vivace, Juillet, Août.

Se rencontre dans les endroits pierreux, sur les pâturages sablonneux et boisés du Jura et du Sundgau : Genève, la Batie, le Rhône (*Josel*) ; Belfort, le Salbert, Ferrette, Delle, Hirsingue, Mulhouse (*Montandon*), 1840, 1855.

C. Fleurs d'un beau rose ou lavées de blanc.

* Capitules ovoïdes, dents du calice dressées.

† 5. Esp. т. STRIATUM, L., Dc. 548.
Annuelle, Juin, Juillet.

Se rencontre dans les endroits stériles et caillouteux, sur le bord des champs et le long des rivières et des torrens du Jura et du Sundgau : Pierre-à-Bot, la Wiese, Beauregard, Nyon (*Josel*) ; Bâle, Mulhouse, Ochsenfeld, Cernay, Belfort, Illzach, Largitzen (*Montandon*), 1840, 1854.

** Capitules ovoïdes, dents du calice recourbées.

† 6. Esp. т. SCABRUM, L., Dc. 548.
Annuelle, Juin, Juillet.

Se rencontre dans les lieux vagues et sur les pâturages secs et caillouteux du Jura et du Sundgau : le Rhin, la Wiese, Bienne, Nyon, Isteinerklotz, Genève, Vauxmarcus (*Josel*) ; Porrentruy, Montbéliard, Westhalten, Ochsenfeld, Cernay, Mulhouse, Belfort (*Montandon*), 1827, 1855.

*** Capitules globuleuses, fruit renflé vessiculeux.

7. Esp. т. FRAGIFERUM, L., Dc. 549.
Vivace, Juin, Septembre.

Se rencontre sur les pâturages humides et dans les prés caillouteux du Jura et du Sundgau : Muttenz, Botmingen, Lauffon, Delémont, Soleure, Landeron, Boudry, le Colombier, Nyon, Genève, Besançon (*Josel*) ; Montbéliard, Michelfelden, Delle, Porrentruy, Riespach, Mulhouse (*Mont.*)

**** Capitules globuleuses, fruit nullement vessiculeux.

† 8. Esp. т. HYBRIDUM, L., Dc. 546.
Vivace, Juin, Septembre.

Se rencontre dans les prés humides et sur le bord des bois du Jura et du Sundgau : Besançon (*Josel*) ; Bollwiller, Belfort, Mulhouse, Florimont, Faverois, Novillars, Thiancourt (*Montandon*). 1850, 1852.

***** Capitules de forme presque cylindrique.

9. Esp. T. ARVENSE, L., Dc. 548.
Annuelle, Juin, Octobre.
Fréquemment disséminée dans les cultures et les jachères du Jura et du Sundgau (*Josel, Montandon*).

VAR. forme *gracile*, CHEVAL. De Mulhouse à Illzach (*Montandon*), rare.

D. Fleurs blanches ou blanchâtres.

a. Fleurs blanchâtres, calice non renflé.

8. Esp. *T. hybridum*, L. p. 82.

b. Fleurs d'un blanc plus ou moins pur.

* Tige rampante et radicante.

10. Esp. T. REPENS, L., Dc. 546.
Vivace, Juin, Octobre.
Répandue dans tous les prés et sur les pâturages du Jura et du Sundgau (*Josel, Montandon*).

VAR. forme *proliferum*, NOB. Illzach (*Montandon*).

** Tige ascendante, formant gazon.

† 11. Esp. T. CÆSPITOSUM, L., Dc. 546.
Vivace, Juillet, Septembre.
Se rencontre sur les pâturages élevés du Jura : la Dôle, le Reculet (*Josel*), 1827.

*** Tige ni radicante ni gazonnante.

† 12. Esp. T. MONTANUM, L., Dc. 548.
Vivace, Mai, Juillet.
Se rencontre dans les prairies sèches, parfois un peu humides du Jura et du Sundgau : Porrentruy, St.-Ursanne, Mulhouse, Ferrette (*Josel, Montandon*), 1827, 1855.

E. Fleurs jaunâtres ou jaunes dorées, ou d'un brun ferrugineux.

a. Fleurs jaunâtres ou d'un jaune blanchâtre.

† 13. Esp. T. OCHROLEUCUM, L., Dc. 548.
Vivace, Juin, Juillet.

Se rencontre disséminée dans les prairies sèches et sur les collines calcaires et marneuses du Jura et du Sundgau : Salins, Soleure, Bâle (*Joset*) ; Porrentruy, Belfort, Montbéliard, la Harth, Mulhouse, Delle, Boncourt, Ferrette, Illzach, Montjoie, Rache-d'or, Bomont, St.-Dizier (*M.*) 1827-1854.

b. Fleurs d'un jaune doré ou d'un brun ferrugineux.

* Capitules terminaux.

† 14. Esp. **T. SPADICEUM**, L., Dc. 549.
Vivace, Juin, Juillet.
Se rencontre sur les pâturages élevés et rocailleux du Jura : au Chasseral, au val de Ruz (*Joset*), 1827.

** Capitules latéraux.

a. Capitules à fleurs lâches.

15. Esp. **T. FILIFORME**, L, Dc. 549.
Annuelle, Juin, Juillet.
Assez répandue dans les prairies humides du Jura et du Sundgau (*Joset, Montandon*).

b. Capitules à fleurs serrées, stipules lancéolées.

16. Esp. **T. AGRARIUM**, L., Dc. 549.
Annuelle, Juin, Juillet.
Se rencontre dans les forêts, et les bois gramineux du Jura et du Sundgau : Besançon, val de Ruz, Boudry, Longirod (*Joset*) ; Porrentruy, Bonfol, Delémont, Bressaucourt, le Fahy, Vendelincourt, Mulhouse (*Montandon*).

c. Capitules à fleurs serrées, stipules ovales.

17. Esp. **T. PROCUMBENS**, L., Dc. 549.
Annuelle, Juin, Août.
Se rencontre répandue dans les prairies et les moissons du Jura et du Sundgau (*Joset, Montandon*).

B. *Corolle caduque ou tombant d'elle-même.*

aa. Légume linéaire ou presque d'égale largeur.

* *Légume allongé cylindrique.*

8. Gen. **Lotus**, L. *Lotier.*

1. Esp. **L. CORNICULATUS**, L., Dc. 352.

A. forme *vulgaris*, N.
Vivace, Juin, Juillet.
Prés, pâturages, champs, dans tout le Jura et le Sundgau (*Joset, Montandon*).

B. forme *villosus*, THUIL.
Vivace, Juin, Juillet.
Disséminée dans les lieux secs et arides, sur les collines du Jura et du Sundgau : Porrentruy, Ferrette (*Montand.*).

C. forme *tenuifolius*, KIT.
Vivace, Juin, Août.
Pâturages caillouteux et humides du Jura et du Sundgau : Colombier (*Joset*) ; Oesingen (*Montandon*), rare.

D. forme *uliginosus*, SCHK.
Vivace, Juin, Septembre.
Se rencontre dans les prairies humides et marécageuses du Jura et du Sundgau : Soleure (*Joset*) ; Bonfol, Vendelincourt, Delle, Mulhouse, etc. (*Montandon*).

** *Légume tétragone ailé.*

9. Gen. **Tetragonolobus**, SCOP.

† 1. Esp. T. SILIQUOSUS, SCOP. ; *Lotus*, id., L., Dc. 352.
Vivace, Juin, Août.
Se rencontre dans les prés humides et marécageux du Jura et du Sundgau : Wallenbourg, Langenbruck, Dietisberg, Lauffon, Delémont, Nyon, Genève (*Joset*) ; Huningue (*Montandon*).

bb. Légume sphérique, ovale, ou ovale-oblong.

10. Gen. **Melilotus**, L. *Melilot.*

* Fleurs blanches.

1. Esp. M. LEUCANTHA, KOCH., Syn. p. 128.
Vivace, Juin, Juillet.
Se rencontre dans les lieux arides, sur le bord des chemins et dans les graviers du Jura et du Sundgau : près de Bâle, Delémont, Besançon, Vauseyon, bord de la Reusse (*Joset*) ; Huningue, Mulhouse (*Montandon*.)

7

Var. forme *petitpierreana*, Koch.
Huningue, *Juillet (Montandon)*, rare.

** Fleurs jaunes.

a. Stipules très-entières.

2. Esp. **t. officinalis**, L., Dc. 349 ; *M. arvensis,* Wahr.
Annuelle, Mai, Septembre.
Fréquente et répandue dans les prés, le bord des routes
du Jura et du Sundgau (*Joset, Montandon*).

b. Stipules plus ou moins incisées.

† 5. Esp. **m. macrorhiza**, Pers. ; *M. altissima,* Thuill. ;
M. palustris, Wild.
Vivace, Juin, Juillet.
Se rencontre dans les endroits ombragés et humides, le
long des fossés du Jura et du Sundgau : Genève, Neuchâtel,
bords du Rhône, de la Thiele (*Joset*) ; Neudorf, Huningue,
Mulhouse, Roppentzwiller, Delle (*Montandon*).
Var. forme *Kochiana*, Wild ; *M. dentata*, Pers.
Bords du Rhin près de Huningue (*Montandon*), rare.

cc. Légume réniforme, falciforme ou en spirale.

11. Gen. **Medicago**, L. *Luzerne.*

I. *Gousse réniformes, falciformes, ou ne décrivant qu'un
seul tour de spirale.*

* Stipules dentées.

1. Esp. **m. lupulina**, L., Dc. 550.
Vivace, Juin, Juillet.
Fréquente dans les prés et les champs du Jura et du
Sundgau (*Joset, Montandon*).

** Stipules très-entières.

2. Esp. **m. falcata**, L., Dc. 550.
Vivace, Juin, Juillet.
Dans les lieux incultes et arides du Jura et du Sundgau ;
Nyon, Genève (*Joset*) ; Bâle, Montbéliard; Mulhouse (*Mont.*).

II. *Gousses décrivant plusieurs tours de spirale.*

a. Gousses glabres, épineuses en tous sens.

* Pédoncules de une à quatre fleurs, feuilles glabres.

† 3. Esp. **M. MACULATA**, L., Dc. 351.
Annuelle, Juin, Juillet.
Se rencontre parmi les moissons, les décombres et dans les lieux vagues du Sundgau : Mulhouse, cité ouvrière (*Montandon*).

** Pédoncules portant de cinq à huit fleurs.

† 4. Esp. **M. APICULATA**, L., Dc. 551.
Annuelle, Juin, Juillet.
Se rencontre disséminée dans les moissons du Jura et du Sundgau : Arbois (*Joset*); Bourgfelden (*Montandon*).

b. Gousses pubescentes, tige velue, blanchâtre.

† 5. Esp. **M. MINIMA**, L., Dc. 551.
Annuelle, Juin, Septembre.
Collines arides, lieux graveleux du Jura et du Sundgau : Bienne, Nyon, Neuchâtel, Genève, Arbois, Salins, Besançon (*Joset*); St.-Louis, Mulhouse (*Montandon*).

BB. Feuilles imparipennées ou ailées avec impaire.

a. Plante sous-frutescente, légume renflé.

12. Gen. **Colutea**, L., Dc. *Baguaudier.*

† 1. Esp. **C. ARBORESCENS**, L., Dc. 554.
Vivace, Juillet, Août.
Se rencontre dans les forêts et sur les coteaux arides du Jura : Neuchâtel, Pierre, Chaillot, Boudry, Nyon (*Joset*).

b. Plante de consistance herbacée

a. Étamines diadelphes ou en deux faisceaux.

13. Gen. **Astragalus**, L. *Astragale.*

* Calices hérissés, fleurs sessiles.

† 1. Esp. **A. CICER**, L., Dc. 356.
Vivace, Mai, Août.
Se rencontre sur les coteaux secs et arides du Jura : So-

leure, Longirod, St.-Aubin, Vaumarcus, Boudry, Bienne, près de Gex (*Joset*) ; Rouffach (*Montandon*).

** Calices glabres, fleurs pedonculées.

† 2. Esp. A. GLYCYPHYLLOS, L., Dc. 556.
Vivace, Juin, Juillet.
Se rencontre disséminée sur le bord des bois, dans les endroits gramineux du Jura et du Sundgau : Porrentruy, Ferrette, Mulhouse, etc. (*Joset, Montandon*).

b. Étamines presque monadelphes ou en un faisceau.
* *Filamens en alène.*

14. Gen. **Galega**, L. *Rue de chèvre.*

† 1. Esp. G. OFFICINALIS, L;, Dc. 534.
Vivace, Juin, Août.
Se rencontre dans les prés humides du Jura et du Sundgau : Schaffhouse, au Randen (*Joset*); Huningue (*Montd.*).

** *Filamens simulant un file.*

15. Gen. **Oxytropis**, Dc.

† 1. Esp. O. MONTANA, Dc. 535.
Vivace, Mai, Septembre.
Se rencontre sur les crêtes rocailleuses et élevées du Colombier, du Reculet (*Joset*).

B. Légume ou fruit divisé transversalement en articles à une seule semence, se séparant souvent à la maturité.

IIe Groupe, **Hedysarées**, Dc.

A. Légume à articles semi-lunaires comprimés.

16. Gen. **Hippocrepis**, L. *Fer à cheval.*
* Fruit ou légume solitaire.

† 1. Esp. H. UNISILIQUOSA, L., Dc. 362.
Vivace, Juin, Juillet.
Se rencontre sur les pàturages élevés du Jura : au Suchet, la Dôle (*Joset*).

** Fruit ou légume au nombre de 3 à 4.

2. Esp. II. COMOSA, L., Dc. 562.
Vivace, Avril, Mai.
Abondant dans les endroits argileux et calcaires du Jura et du Sundgau (*Josel, Montandon*).

B. Légume à articles renflés. oblongs ou déprimés.

a. Corolle à carène terminée en bec.

17. Gen. Coronilla, L. *Coronille.*

I. Fleurs blanches variées de pourpre.

1. Esp. C. VARIA, L., Dc. 565.
Vivace, Mai, Juillet.
Se rencontre disséminée dans les prés, les lieux vagues, les bois gramineux de la plaine et des montagnes du Jura et du Sundgau : Porrentruy, Mulhouse, etc. (*Josel, Montandon*).

II. Fleurs jaunes.

a. Plante sous-frutescente.

2. Esp. C. EMERUS, L., Dc. 562.
Vivace, Mai, Juillet.
Se rencontre sur les coteaux arides, les collines sèches du Jura et du Sundgau (*Josel, Montandon*).

b. Plantes de consistance herbacée.

* Pédicelles de la longueur du calice.

† 5. Esp. **C. VAGINALIS**, Lk.; *C. minima*, Dc. 562.
Vivace, Juin, Juillet.
Se rencontre sur les pâturages rocailleux du Jura : au Hauenstein, au Gensflue, au Passevang, au Weissenstein, au Creux-du-Van, Fleurier, la Dôle, le Reculet (*Josel*); val de Delémont, Moutier, côtes du Doubs (*Montandon*).

** Pédicelles trois fois plus longs que le tube calicinal.

† 4. Esp. **C. MONTANA**, Scop., Dc. 565.
Vivace, Juin, Juillet.
Se rencontre sur les crêtes rocailleuses du Jura : Mut-

tenz, Schauenbourg, Sonnenberg, Vorbourg, Chasseral, val de Lauffon, Weissenstein, Fontaine, André, Boudry (*Joset*); côtes du Doubs, au Trembiat (*Montandon*).

b. Corolle à carène obtuse.

18. Gen. **Ornithopus**, L. *Pied d'oiseau.*

† 1. Esp. **o. perpusillus**, L., Dc. 362.
Annuelle, Juin, Juillet.
Se rencontre dans les champs sablonneux de la plaine du Jura et du Sundgau : Besançon, Wyhl (*Joset*); Oltingen Ochsenfeld (*Montandon*).

II. Feuilles paripinnées à rachis prolongé en vrille ou en arête, rarement réduites au rachis.

IIIe Groupe, **Viciées**, Dc.

A. *Style simulant un file.*

19. Gen. **Vicia**, L. *Vesce.*

I. *Inflorescence composée de plusieurs fleurs.*

A. Fleurs d'un jaune tirant sur le blanc.

† 1. Esp. **v. pissiformis**, L., Dc. 559
Vivace, Juin, Juillet.
Bois couverts du Sundgau : Ferrette, Cernay, Rouffach, Thann (*Montandon*).

B. Fleurs purpurines, bleuâtres ou livides.

a. Fleurs d'un bleu purpurin.

† 2. Esp. **v. dumetorum**, L., Dc. 359.
Vivace, Juin, Juillet.
Disséminée dans les bois, les haies et les vallées du Jura et du Sundgau : Schauenbourg, Grentzach, Augst, Boudry, Morges, Soleure, Grange, Trelex (*Joset*); Azuel, Lucelle, Porrentruy, Belfort, Huningue (*Montandon*).

b. Fleurs violacées ou comme bariollées.

* Graines globuleuses brunes.

3. Esp. **v. cracca**, L., Dc. 360.

Vivace, Juin, Juillet.

Fréquemment répandue dans les prés, les haies, sur le bord des routes et des rivières du Jura et du Sundgau (*Joset, Montandon*).

** Graines ovoïdes noires.

† 4. Esp. **v. tenuifolia**, Roth.

Vivace, Juin, Juillet.

Bois et haies du Sundgau : Dietisberg (*Joset*); Neudorf, Ochsenfeld (*Montandon*).

Var. forme *polyphylla*, Koch. Mulhouse (*Mont.*), rare.

Var. forme *villosa*, Roth. Landser, Obermagstatt (*Montandon*), rare.

c. Fleurs d'un bleu livide.

† 5. Esp. **v. sylvatica**, L., Dc. 579.

Vivace, Juin, Juillet.

Se rencontre très-rarement dans les haies et les broussailles du Jura et du Sundgau : Hauenstein, Trimbach, Eptingen, Balmenberg, Soleure, aux Croissettes, près de la Chaux-de-Fonds (*Joset*); Sondersdorf, Ferrette (*Montandon*).

II. *Inflorescence composée de peu de fleurs.*

A. Pédoncules communs, allongés.

a. Gousses très-velues à deux semences.

6. Esp. **v. hirsuta**, Dc. 361.

Annuelle, Juin, Juillet.

Fréquente parmi les moissons du Jura et du Sundgau (*Joset, Montandon*).

b. Gousses tout-à-fait glabres.

* Gousses ordinairement à quatre semences.

7. Esp. **v. tetrasperma**, L., Dc. 361.

Annuelle, Juin, Juillet.

Disséminée comme la précédente dans les moissons du Jura et du Sundgau (*Joset, Montandon*).

Var. forme *gracilis*, Lois. Parmi les moissons du Sundgau : Guebwiller, Mulhouse, Belfort, Soultzmatt (*Montd.*).

B. Pédoncules communs très courts ou presque nuls.

a. Fleurs d'un beau jaune.

† 8. Esp. v. LUTEA, L. Dc. 560.
Annuelle, Juin, Juillet.
Se rencontre parmi les céréales du Jura et du Sund-
gau : Orbes (*Joset*) ; Mulhouse, Guebwiller, Ferrette,
Cernay (*Montandon*).

b. Fleurs purpurines ou lilacées.

* Fleurs d'un pourpre violet.

9. Esp. v. SÆPIUM, L., Dc. 560.
Vivace, Juin, Juillet.
Fréquente dans les haies, les bois et sur les collines du
Jura et du Sundgau (*Joset, Montandon*).

** Fleurs d'un pourpre lilas.

† 10. Esp. v. LATHYROIDES, L., Dc. 560.
Annuelle, Juin, Juillet.
Se rencontre dans les prés sablonneux du Jura et du
Sundgau : la Wiese (*Joset*) ; Cernay, Wittelsheim, St.-
Louis, Huningue, Mulhouse (*Montandon*).

*** Fleurs d'un rouge carmin.

11. Esp. v. AUGUSTIFOLIA, ROTH.
Annuelle, Avril, Mai.
Fréquemment disséminée dans les lieux vagues, les haies,
les champs incultes, sur le bord des champs du Jura et du
Sundgau : Porrentruy, Delémont, Altkirch (*Joset*) ; Ferrette,
Mulhouse (*Montandon*).

B. *Style à sommet plus ou moins large.*
A. Vrille tout-à-fait ramifiée.
20. Gen. **Lathyrus**, L. *Gesse.*
I. *Rachis à folioles nulles.*
* Vrilles nulles, stipules subulées très petites.

† 1. Esp. L. NISSOLIA, L., Dc. 557.
Annuelle, Juin, Juillet.

Se rencontre dans les lieux vagues, sur les digues et le bord des champs du Jura et du Sundgau : la Chaux-de-Fonds, aux Croissettes, Nyon, crête des Olives, Prangin, Genève, Besançon (*Joset*); Montbéliard, Delémont, Porrentruy, Ferrette, Mulhouse, Delle, Thann, Belfort (*Mont.*).

** Vrilles rameuses, stipules grandes à base sagittée.

† 2. Esp. L. APHACA, L., Dc. 557.
Annuelle, Juin, Septembre.
Se rencontre disséminée parmi les moissons du Jura et du Sundgau : Bruderholtz, Underwillier, Bevoix, Neuchâtel, Bencken, Binningen, val de Ruz, St.-Martin, Besançon, Salins (*Joset*); Montbéliard, Mulhouse, Delle, Dornach (*Montandon*).

II. *Rachis à une paire de folioles, pédoncules 1, 2 flores.*

* Fleurs d'un rouge plus ou moins foncé.

† 3. Esp. L. CICERA, L., Dc. 557.
Annuelle, Juin, Juillet.
Se rencontre parmi les céréales du Jura et du Sundgau : au Bruderholz, Bencken, Sissach, Undervillier, Neuchâtel, Bevoix, Nyon, Genève (*Joset*); Delémont, Delle, Belfort, Montbéliard, Mulhouse (*Montandon*).

** Fleurs d'un beau lilas, bleuâtre.

4. Esp. L. HIRSUTUS, L., Dc. 558.
Annuelle, Juin, Juillet.
Se rencontre disséminée dans les céréales du Jura et du Sundgau : Porrentruy, Bâle, Altkirch, Ferrette, Cernay, St.-Louis, Mulhouse (*Joset, Montandon*).

III. *Rachis à une ou plusieurs paires de folioles, pédoncules multiflores.*

A. Tige et rameaux anguleux non ailés.

a. Fleurs d'un beau rouge cramoisi.

† 5. Esp. L. TUBEROSUS, L., Dc. 558.
Vivace, Juin, Juillet.
Se rencontre parmi les céréales du Jura et du Sundgau : Muttenz, Binningen, Sissach, Courtemelon, Soleure, Nyon,

Genève *(Joset)* ; Delémont , Porrentruy , Mulhouse, Delle, Ferrette, Belfort *(Montandon)*.

b. Fleurs d'un très beau jaune.

6. Esp. **L. PRATENSIS**, L., Dc. 558.
Vivace, Juin, Août.
Fréquemment répandue dans les prairies et les haies du Jura et du Sundgau *(Joset, Montandon)*.

B. Tiges et rameaux ancipités et bi-ailés.

a. Graines lisses, fleurs d'un pourpre bleuâtre.

†† 7. Esp. **L. PALUSTRIS**, L., Dc. 558.
Vivace, Juin, Juillet.
Se rencontre peu répandue dans les prés bas et maréca-geux du Jura et du Sundgau :·Nidau, Bienne, Epaguier, Orbes, Landeron *(Joset)*; Delle, Blotzheim, Michelfelden *(Montandon)*.

b. Graines ruguleuses ou tuberculeuses.

* Semences tuberculeuses, fleurs rose livide.

8. Esp. **L. SYLVESTRIS**, L., Dc. 558.
Vivace, Juin, Juillet.
Se rencontre dans les haies, les bois, les lieux vagues du Jura et du Sundgau : Schauenbourg, val de Lauffon, Boudry, Nyon, Besançon *(Joset)*; Porrentruy, Delémont, Ferrette, Mulhouse, Delle, Belfort *(Montandon)*.

** Semences scabres, tuberculeuses, fleurs rosées.

† 9. Esp. **L. HETEROPHYLLUS**, L., Dc. 558.
Vivace, Juin, Juillet.
Se rencontre disséminée dans les mêmes localités du Jura et du Sundgau : au Clieben, près de Bâle, Besançon, Mulhouse *(Joset, Montandon)*.

B. Vrille courte, en arête, ou presque nulle.

21. Gen. **Orobus**, L. *Orobe.*

A. Tige à ailes saillantes.

† 1. Esp. **O. TUBEROSUS**, L., Dc. 559.

Vivace, Mai, Juin.

Se rencontre dans les bois, les forêts granitiques et arénacées, parfois sur les collines calcaires du Jura et du Sundgau : Muttenz, Besançon, Genève (*Joset*) ; la Maison-Neuve, Bourgfelden, Blotzheim, Montbéliard, Arbouan, Delle, Altkirch, Ferrette, Mulhouse (*Montandon*).

Var. forme *tenuifolius*, Koch.
Collines de Muttenz, Gibenach (*Joset*).

B. Tige anguleuse non ailée.

a. Tige très ramifiée.

† 2. Esp. O. NIGER, L., Dc. 359.
Vivace, Juin, Juillet.

Se rencontre disséminée dans les bois, parmi les broussailles des collines calcaires du Jura et du Sundgau : Muttenz, Bienne, Neuchâtel, bois des Frères, de la Batie (*Joset*) ; Porrentruy, Courchavon, Beurnevaisin, Rechésy, Zillisheim, Mulhouse, Delle, Guebwiller, Cernay, Belfort (*Montandon*).

b. Tige tout-à-fait simple.

* Fleurs d'un jaune d'ochre.

3. Esp. O. LUTEUS, L., Dc. 359.
Vivace, Juin, Juillet.

Se rencontre dans les lieux pierreux et arides du Jura : la Dôle, les roches du petit vallon d'Ardran, le Reculet (*Joset*).

Var. forme *versicolor*, Gmel.
La Brevine, la Cornée, Salin, Champagnier (*Joset*), rare.

** Fleurs d'un beau bleu, varié d'azur.

† 4. Esp. O. VERNUS, L., Dc. 359.
Vivace, Mars, Mai.

Se rencontre assez fréquemment répandue sur les collines boisées du Jura, plus rare dans le Sundgau : Porrentruy, Belfort, Montbéliard, Delle, Ferrette, Lucelle (*Joset, Montandon*).

4. Fam. **AMYGDALÉES**, Juss.

I. *Feuilles dont les bords sont appliqués l'un contre l'autre.*

1. Gen. **Cerasus**, Dc. *Cerisier.*

a. Fleurs disposées en grappes pendantes.

1. Esp. C. **PADUS**; *Prunus id.*, L., Dc. 559.
Vivace, Mai, Juin.
Se rencontre dans les bois, les collines ombragées du Jura et du Sundgau (*Joset, Montandon*).

b. Fleurs disposées en corymbe ou en grappes dressées.

† 2. Esp. C. **MAHALEB**; *Prunus id.*, L., Dc. 559.
Vivace, Mai, Juin.
Se rencontre mais plus rarement disséminée sur les collines calcaires du Jura et du Sundgau : Muttenz, Mariastein, Lauffon, Bienne, Chaumont, Neuchâtel, Collonge, Besançon (*Joset*); Moutier, Delémont, Landskron, collines de Buix, Ferrette, Cernay, au Rangen, Thann *(Monland.)*

c. Fleurs en faisceau simulant une ombelle.

5. Esp. C. **AVIUM**, Dc. 559 ; *Prunus*, L.
Vivace, Avril, Mai.
Se rencontre dans les forêts et les collines boisées du Jura et du Sundgau (*Joset, Montandon*).
VAR. forme *sylvestris*, NOB.
Mêmes localités mais moins fréquente (*Montandon*).

II. *Feuilles dont l'un des côtés est roulé sur l'autre.*

2. Gen. **Prunus**, L. *Prunier.*

1. Esp. P. **SPINOSA**, L., Dc. 540.
Vivace, Mars, Avril.
Fréquente dans les haies et les collines du Jura et du Sundgau (*Joset, Montandon*).
VAR. forme *fructicans*, WILD.
Ferrette, Illzach, Nonnenbruch (*Montandon*).
VAR. forme *insititia*, L.
Vergers des collines du Jura et du Sundgau *(Montand.)*..

5. Fam. ROSACÉES, Dc.

I. Étamines en nombre déterminé ou défini (5 à 50).

A. Carpelles nombreux (5 à 100 et au-delà).

Ier Groupe, **Potentillées**.

I. *Réceptacle tout-à-fait sec et compacte.*

a. Huit à neuf pétales à la corolle.

1. Gen. **Dryas**, L. *Dryade.*

† 1. Esp. D. OCTOPETALA, L., Dc. 537.
Vivace, Juin, Juillet.
Se rencontre dans les pâturages rocailleux du Jura et du Sundgau : le Chasseral, le Suchet, Mont-d'or, la Dôle, le Weissenstein, le Colombier, le Reculet *(Joset, Montandon).*

b. Quatre pétales, réceptacle convexe.

2. Gen. **Tormentilla**, L. *Tormentille.*

1. Esp. T. ERECTA, L.; *Pot. id.*, Dc. 534.
Vivace, Juin, Septembre.
Se rencontre fréquemment dans les forêts et sur les collines boisées et un peu fraîches du Jura et du Sundgau *(Joset, Montandon).*

c. Cinq pétales à la corolle.

A. Étamines au nombre de cinq.

3. Gen. **Sibaldia**, Dc.

† 1. Esp. S. PROCUMBENS, L., Dc. 534.
Vivace, Juin, Juillet.
Sommités élevées du Jura : au Mont-tendre, au Reculet (Joset).

B. Étamines au-delà de cinq.

* *Réceptacle cylindrique.*

4. Gen. **Geum**, L. *Benoîte.*

A. Style nullement articulé.

† 1. Esp. G. MONTANUM, L., Dc. 537.

Vivace, Juin, Juillet.

Se rencontre sur les crêtes rocailleuses du Jura : Creux-du-Van (*Joset*).

B. Style parfaitement articulé.

* Fleurs d'un beau jaune, dressées.

2. Esp. G. URBANUM, L., Dc. 557.
Vivace, Juin, Juillet.

Fréquemment répandue dans les haies et buissons du Jura et du Sundgau (*Joset, Montandon*).

** Fleurs veinées de rouge, penchées.

† 3. Esp. G. RIVALE, L., Dc. 557.
Vivace, Juin, Juillet.

Se rencontre dans les prairies humides, sur le bord des ruisseaux et des torrens du Jura et du Sundgau : Chasseral, la Dôle, le Reculet (*Joset*); Delémont, Porrentruy, Moutier, Bonfol, Grentzingen (*Montandon*).

** *Réceptacle convexe.*

5. Gen. **Potentilla**, L., Dc. 554.

I. Fleurs d'un jaune plus ou moins foncé.

A. Feuilles pennées ou ailées.

* Tiges sarmenteuses rampantes.

1. Esp. P. ANSERINA, L., Dc. 554.
Vivace, Juin, Juillet.

Fréquemment disséminée dans les lieux vagues, le long des routes, les lieux gramineux du Jura et du Sundgau (*Joset, Montandon*).

** Tiges dichotomes, pédicelles recourbés.

† 2. Esp. P. SUPINA, L., Dc. 555.
Annuelle, Juin, Septembre.

Se rencontre disséminée dans les champs sablonneux, les lieux vagues un peu humides, les cours du Jura et du Sundgau : Courtemaîche, Delle, Rechésy, Sierentz, Dornach, Didenheim, Mulhouse (*Montandon*).

B. Feuilles digitées.

a. Stolons flagelliformes, longs et radicaux.

5. Esp. **P. REPTANS**, L., Dc. 355.
Vivace, Juin, Juillet.
Fréquemment répandue sur le bord des routes, le long
des chemins du Jura et du Sundgau (*Joset, Montandon*).

b. Stolons flagelliformes tout-à-fait nuls.

A. *Feuilles de la racine disposées en rosette radicale.*

aa. Tiges droites, fleurs d'un jaune doré.

† 4. Esp. **P. AUREA**, L., Dc. 355.
Vivace, Juillet, Septembre.
Se rencontre sur les pâturages élevés du Jura : Chasse-
ral, Suchet, la Dôle, le Reculet, le Colombier (*Joset*).

bb. Tiges obliques ou ascendantes.

aa. Stipules de forme ovale.

† 5. Esp. **P. SALISBURGENSIS**, Hacnk.
Vivace, Juin, Août.
Se rencontre sur les sommités élevées du Jura : Mont-
tendre, Creux-du-Van, Mont-d'or, la Dôle, le Colombier,
le Reculet (*Joset*).

bb. Stipules linéaires.

a. Tiges à poils dirigés horizontalement.

† 6. Esp. **P. OPACA**, L., Dc. 355.
Vivace, Juin, Juillet
Se rencontre disséminée sur les collines arides du Jura
et du Sundgau : Grentzachhorn (*Joset*); la Harth, Tannenwald à Mulhouse, Belfort, Montbéliard (*Montandon*).

b. Tiges à poils dirigés obliquement.

* Pétioles blanchâtres.

† 7. Esp. **P. CINEREA**, Chaix, Dc. 355.
Vivace, Juin, Juillet.
Disséminée sur les collines calcaires et arides du Jura :
Isteinerklotz, Bâle, Grentzachhorn (*Joset, Montandon*).

** Pétioles tout-à-fait hérissés.

8. Esp. P. VERNA, L., Dc. 555.
Vivace, Juin, Juillet.
Fréquemment répandue sur les collines arides du Jura et du Sundgau *(Joset, Montandon)*.

VAR. forme *æstivalis*, *(Gaud)*. Bâle *(Montandon)*.

B. *Feuilles de la racine nullement en rosette radicale.*

a. Tiges droites à poils très allongés.

†† **9. Esp. P. RECTA, L., Dc. 355.**
Vivace, Juin, Juillet.
Disséminée sur les collines arides du Jura et du Sundgau : vallée de la Birsig *(Joset)*; Belfort, Mulhouse, Rouffach *(Montandon)*.

b. Tiges obliques ou ascendantes.

aa. Feuilles à trois folioles.

† **10. Esp. P. MINIMA, Hop., Dc. 555.**
Vivace, Juin, Juillet.
Se rencontre sur les crêtes élevées du Reculet *(Joset)*.

bb. Feuilles au nombre de cinq folioles.

* Tiges tomenteuses.

11. Esp. P. ARGENTEA, L., Dc. 555.
Vivace, Juin, Août.
Se rencontre disséminée sur les collines arides, le bord des chemins, les lieux vagues et cailouteux du Jura et du Sundgau : Neuchâtel, Genève, Bâle *(Joset)*; Montbéliard, Mulhouse, Altkirch, Delle *(Montandon)*.

** Tiges velues.

† **12. Esp. P. INCLINATA, Vill., Dc. 555.**
Vivace, Juin, Juillet.
Se rencontre disséminée dans les endroits arides du Jura et du Sundgau : Lauffenbourg *(Joset)*; St.-Louis *(Montd.)*.
Var. forme *Guntheri*, Pohl.
Collines arides du Sundgau : Oberlarg *(Montandon)*, rare.

II. Fleurs d'un blanc plus ou moins pur.

A. Feuilles inférieures à trois folioles.

* Tiges à stolons rampans.

15. Esp. p. **FRAGARIASTRUM**, Ehr., Dc. 557.
Vivace, Juin, Août.
Fréquemment répandue le long des haies, sur le bord des bois et des chemins du Jura et du Sundgau (*Joset, Mont.*).

** Tiges sans stolons rampans.

†† 14. Esp. p. **MICRANTHA**, Ramd., Dc. 337.
Vivace, Mai, Juillet.
Se rencontre disséminée sur les crêtes rocailleuses du Jura : Prangins, Romain-Moutier, Nyon (*Joset*), 1827.

B. Feuilles inférieures pinnées ou ailées.

a. Feuilles supérieures ternées, les inférieures pinnées.

† 15. Esp. p. **RUPESTRIS**, L., Dc. 556.
Vivace, Juin, Août.
Se rencontre dans les pâturages arides et les forêts ombragées du Jura et du Sundgau : Lauffenbourg, bois de Bey, Prangins, Nyon (*Joset*) ; la Harth, près de Mulhouse, Cernay (*Montandon*), 1855.

b. Feuilles à folioles au nombre de cinq.

* Filamens et carpelles hérissés.

†† 16. Esp. p. **CAULESCENS**, L., Dc. 556.
Vivace, Juin, Juillet.
Se rencontre sur les crêtes rocailleuses du Jura : Creux-du-Van (*Joset*), 1822.

** Filamens et carpelles glabres.

† 17. Esp. p. **ALBA**, L., Dc. 556.
Vivace, Avril, Juillet.
Se rencontre disséminée dans les endroits gramineux et arides du Jura et du Sundgau : Prangins, Nyon, Bey, Penex (*Joset*) ; la Harth (entre Bantzenheim et Ensisheim, près de Mulhouse), le Kastelwald (*Montandon*), 1841.

8

II. *Réceptacle succulent ou spongieux.*

A. Réceptacle spongieux, style marcescent.   .

6. Gen. **Comarum**, L. *Comaret.*

† 1. Esp. **C. PALUSTRE**, L. Dc. 557.
Vivace, Juin, Août.
Se rencontre dans les marais tourbeux du Jura et du
Sundgau : Belleley, la Gruyère, la Chaux-d'Abel, la Bre-
vine, val de Joux, les Rousses, Besançon, Pontarlier *(Joset)*;
Michelfelden, Bonfol, Beurnevaisin, Grosne, le Puix, Suarce
(Montandon) ! 1850.

B. Réceptacle tout-à-fait succulent.

 * *Calice dépourvu de calicule.*

7. Gen. **Rubus**., L.   *Ronce.*

I. Plantes de consistance herbacée.

† 1. Esp. **R. SAXATILIS**, L., Dc. 338.
Vivace, Mai, Juillet.
Se rencontre dans les endroits rocailleux et couverts du
Jura : Dornach, Schœnbourg, Weissenstein, Raimeux,
Courroux, Moutier, Chasseral, Creux-du-Van, Mont-d'or,
la Dôle, Thoiry *(Joset, Montandon)* ! 1827—1850.

II. Plantes tout-à-fait sous-frutescentes.

A. Turions à feuilles pinnées, à cinq folioles.

2. Esp. **R. IDÆUS**, L., Dc. 558.
Vivace, Juin, Juillet.
Se rencontre dans les rocailles et les coupes du Jura et
du Sundgau *(Joset, Montandon)*.

B. Turions à feuilles trifoliolées, digitées ou pédiformes.

a. Fruit ou mûre bleuâtre pruineuse.

5. Esp. **R. CÆSIUS**, L., Dc. 558.
Vivace, Juin, Juillet.
Fréquente dans les haies, le long des murs et des
champs du Jura et du Sundgau *(Joset, Montandon)*.
VAR. forme *ferox*, TRATT. Ferrette *(Montandon)*.

Vᴀʀ. forme *nemorosus*, N. Oberlarg (*Montandon*).
— — *sylvestris*, N. Delle (*Montandon*).
— — *vestitus*, Wɪᴍᴍ. Delle (*Montandon*).
— — *glandularis*, N. Boncourt (*Montandon*).

b. Fruit ou mûre d'un pourpre **noirâtre**.

4. Esp. ʀ. FRUTICOSUS, L., Dᴄ. 358.

Vivace, Juin, Septembre.
Fréquemment répandue dans les forêts, les haies et les collines boisées du Jura et du Sundgau (*Joset, Montandon*).

Vᴀʀ. forme *nemorosus*, Gʀ. Gᴏᴅ.; *Corylifolius*, Dᴄ. Environs de Ferrette, Delle, Florimont (*Mont.*).
— — *althæifolius*, Hᴏsᴛ. Cornol (*Montandon*).
— — *serpens*, Gᴏᴅʀ Winckel (*Montandon*).
— — *Wahlenbergii*, Aʀʀʜs. Grosne (*Montand.*).
— — *vinetorum*, Hᴏʟᴅ. Illfurth (*Montandon*).
— — *glandulosus*, Bᴇʟʟ. Forêt de la Harth, près de Sierentz (*Montandon*).
— — *hirtus*, Gᴏᴅʀ. Mulhouse (*Montandon*).
— — *rudis*, Wᴇɪʜᴇ. Ferrette (*Montandon*).
— — *discolor*, Gᴏᴅʀ. Altkirch (*Montandon*).
— — *argenteus*, Gᴍᴇʟ. Tagolsheim (*Montandon*).
— — *collinus*, Gᴏᴅʀ. Illfurth (*Montandon*).
— — *thyrsoideus*, Wɪᴍᴍ. Ste-Ursanne (*Montd.*).
— — *sylvaticus*. Gᴏᴅʀ. Porrentruy (*Montd.*).
— — *piletostachys*, Gᴏᴅʀ. Mulhouse (*Montd.*).
— — *amœnus*, Pᴏʀᴛ. Rixheim (*Montandon*).
— — *affinis*, Wᴇɪʜᴇ. Altkirch (*Montandon*).

** *Calice pourvu d'un calicule.*

8. Gen. Fragaria, L. *Fraisier.*

I. Sépales appliqués sur le fruit.

† 1. Esp. ꜰ. COLLINA, Eʜʀʜ.
Vivace, Juin, Juillet.
Se rencontre sur les collines sèches et pierreuses du Jura et du Sundgau : Bienne, Neuchâtel, Besançon, Salins (*Joset*) ; Montbéliard, Delle (*Montandon*) ! 1827—1851.

II. Sépales étalés ou réfléchis à la maturité.

* Folioles latérales des feuilles sessiles.

2. Esp. F. **VESCA**, L., Dc. 357.
Vivace, Juillet, Août.
Fréquente dans les forêts montagneuses du Jura et du Sundgau (*Joset, Montandon*).

** Folioles latérales des feuilles un peu pétiolées.

† 3. Esp. F. **ELATIOR**, EHR.; *F. pratensis*, NOB.
Vivace, Juin, Juillet.
Se rencontre dans les forêts et sur les collines du Jura et du Sundgau : Arlesheim, Dornach (*Joset*); Ferrette, Lucelle (*Montandon*). 1842.

B. Carpelles 1 ou 2, secs, situés au fond du tube calicinal.

IIᵉ Groupe, AGRIMONIÉES, Dc.

9. Gen. **Agrimonia**, L. *Aigrémoine.*

1. Esp. A. **EUPATORIUM**, L., Dc. 553.
Vivace, Mai, Septembre.
Fréquemment répandue sur les collines sèches, et sur le bord des bois du Jura et du Sundgau (*Joset, Montandon*).

II. Étamines en nombre indéfini (60 à 100).

A. Carpelles peu nombreux en verticilles.

IIIᵉ Groupe, SPIRÉACÉES, Dc.

10. Gen. **Spiræa**, L. *Spirée.*

a. Feuilles bi- ou tri-pinnées.

† 1. Esp. S. **ARUNCUS**, L.; *Barbe de bouc*, Dc. 339.
Vivace, Juin, Juillet.
Se rencontre dans les endroits couverts des montagnes du Jura et du Sundgau : Ruz-des-Seignes (*Joset*); val de Lucelle (*Montandon*), 1852.

b. Feuilles ailées avec impaires.

* Folioles entières ou dentées.

2. Esp. S. **ULMARIA**, L., Dc. 559.

Vivace, Juin, Juillet.

Assez répandue dans les prés humides et sur le bord des rivières du Jura et du Sundgau (*Joset, Montandon*).

VAR. forme *bicolor*, NOB. Lignères (*Joset*) ; Grosne (*Montandon*), 1851.

** Folioles très-incisées.

† 3. Esp. S. FILIPENDULA, L., DC. 558.

Vivace, Juin, Juillet.

Se rencontre dans les pâturages, les prairies sèches et boisées du Jura et du Sundgau : Muttenz, Birseck, Gempenstall, Brücklimatt, Arlesheim, Schauenbourg, au Mail, au Fahy, Neuchâtel, Lignères, Divonne, Nyon, Genève, Salins (*Joset*) ; Montbéliard, au Dreieweyer, Arbouan, Delle, St.-Dizier (*Montandon*), 1851, 1855.

B. Carpelles nombreux, secs ou charnus.

Voyez Groupe Ier, POTENTILLÉES, p. 97.

C. Carpelles renfermés dans le tube du calice endurci.

IVe Groupe, ROSÉES, DC.

11. Gen. **Rosa**, L. *Rose.*

I. *Styles soudés en colonne.*

Serpentées, NOB.

1. Esp. R. SYLVESTRIS, HERM. ; *R. arvensis*, HUDS., DC. 531.

Vivace, Juin, Juillet.

Se rencontre dans les haies, les bois et sur le bord des champs du Jura et du Sundgau (*Joset, Montandon*).

VAR. forme *stylosa*, DESV. Delle (*Montandon*).

VAR. forme *arvina*, KROCK. Ferrette (*Montandon*).

II. *Styles tout-à-fait libres.*

A. Carpelles sessiles.

* *Urcéoles ovoides, rouges à la maturité.*

Gallicées, NOB.

† 2. Esp. R. PROVINCIALIS, HERM. ; *R. gallica*, L., DC. 532.

Vivace, Juin, Juillet.

Se rencontre dans les endroits boisés, les haies du Jura et du Sundgau : Carrouge, la Batie, Genève, Nyon, Verrier *(Josel)* ; Porrentruy, Ferrette, Delle *(Montandon)* ! 1850.

Var. forme *pumila*, Jacq. Ferrette *(Montandon)*, rare.
— — *geminata*, Rau. Illfurth *(Montandon)*, rare.
— — *hybrida*, Gaud. Tagolsheim *(Montd.)*, id.
— — *montana*, Gmel. Porrentruy *(Montd.)*, id.
— — *trachyphylla*, Rau. Lucelle *(Montd.)*, id.

** *Urcéoles sphéroides, noir pourpre à la maturité.*

Pimpinellifoliées, Nob.

† 5. **Esp. R. PIMPINELLIFOLIA**, L., Dc. 551.
Vivace, Mai, Juillet.

Se rencontre dans les endroits arides et rocailleux des montagnes du Jura et du Sundgau : Sissach, Kallenfluh, Vorbourg, Pechbourg, Oesingen. St.-Cergues, Salins *(Josel)* ; Porrentruy, Delémont, Bellefontaine, collines de Lucelle *(Montandon)* ! 1827, 1852.

Var. forme *spinosissima*, Poll. Landskron *(Mont.)*, rare.
Var. forme *mitissima*, Gmel. Blochmont, près de Lucelle *(Montandon)*, rare.

B. Carpelles stipités.

I. *Aiguillons nombreux, forts, droits et crochus.*

Caninées, Nob.

a. Aiguillons courbés ou crochus.

* Aiguillons des tiges très inégaux.

4. **Esp. R. RUBIGINOSA**, L., Dc. 552.
Vivace, Juin, Juillet.

Se rencontre sur les collines boisées et dans les haies des basses montagnes du Jura et du Sundgau *(Josel, Mont.)*.

Var. forme *parvifolia*, Nob. Ferrette *(Montandon)*.
— — *umbellata*, Leers. Porrentruy. Delle *(Mont.)*
— — *sœpium*, Thuil. Bourogne, Ferrette *(Mont.)*
— — *umbrosa*, Nob. Bois de Fèche-l'Eglise, bois de Lucelle *(Montandon)*, rare.

** Aiguillons des tiges égaux entre eux.

5. **Esp. R. CANINA**, L., Dc. 555.
Vivace, Juin, Juillet.
Fréquemment répandue sur les collines et dans les brous-
sailles du Jura et du Sundgau (*Joset, Montandon*).

VAR. forme *nitens*, DESV. Partout.
— *glaucescens*, DESV. Moins fréquente (*Mont.*)
— *corymbifera*, GMEL. Winckel, Lucelle(*Mont.*), rare.
— *hispida.*, NOB. Altkirch, Mulhouse (*Mont.*)
— *andegavensis*, DESV. Charmoilles (*Montd.*), rare.
— *collina*, JACQ. Val St.-Dizier (*Montandon*), rare.
— *flexuosa*, RAU. Lucelle (*Montandon*), rare.
— *myrthifolia*, HOLL. Oltingen, Landskron(*M.*), rare.

b. Aiguillons droits, jamais courbés ou crochus.

* Lanières du calice caduques, fruits murs dressés.

6. **Esp. R. TOMENTOSA**, SHMIT, Dc. 552.
Vivace, Juin, Juillet
Se rencontre sur le bord des bois et dans les buissons
des collines du Jura et du Sundgau : Longirod, val de Ruz
(*Joset*); Ferrette, Porrentruy, Belfort (*Montandon*).

VAR. forme *aculeolata*, NOB. Ferrette (*Mont.*), rare.
VAR. forme *unccinulata*, NOB. Porrentruy, Delle (*M.*), rare.

** Lanières calicinales persistantes, fruits murs penchés.

† 7. **Esp. R. POMIFERA**, HERM.; *R. villosa*, Dc. 554.
Vivace, Juin, Juillet.
Se rencontre dans les haies et les broussailles du Jura et
du Sundgau : Mœnchenstein, Wildenstein, Lœwenbourg,
Boudry, Longirod (*Joset*); la Harth près de Sierentz, Lucelle, Montbéliard, la Harth près Mulhouse, collines calcaires d'Illfurth (*Montandon*)! 1840, 1854.

II. *Aiguillons faibles, sétacés et même très-rares.*

a. Urcéoles sphériques et droits.

Cinnamomées, NOB.

8. **Esp. R. MAIALIS**, HERM.; *R. Cinnamomea*, L., Dc. 554
Vivace, Juin, Juillet.

Se rencontre dans les haies et le long des clôtures du Jura et du Sundgau : Porrentruy, Ferrette (*Joset, Montandon*).

Var. forme *rubrifolia*, Vill. Collines de Grellingen, Weissenstein, Thoiry, Reculet (*Joset, Montandon*), rare.

Var. forme *glandulosa*, Bess. Crêtes élevées du Jura : St.-Cergues, Longirod, Chasseral (*Joset*), rare.

b. Urcéoles ovoides, allongés ou lagénaires.

Alpinées, Nob.

9. Esp. R. ALPINA, L., Dc. 332.
Vivace, Juin, Juillet.
Se rencontre sur les crêtes élevées du Jura et du Sundgau : sur le Weissenstein, le Reculet, le Lhomond (*Joset*); St-Ursanne, Blochmont, St.-Pierre, près de Lucelle, Ferrette (*Montandon*), 1852.
Var. forme *pyrenaica*, Gouan. Landskron (*Mont.*), rare.

6. Fam. **LITHRARIÉES**, Dc.

I. *Calice tubuleux strié.*

1. Gen. **Lithrum**, L. *Salicaire.*

* Feuilles opposées

† 1. Esp. L. SALICARIA, L., Dc. 525.
Vivace, Mai, Juillet.
Se rencontre dans les prairies humides et le long des fossés du Jura et du Sundgau (*Joset, Montandon*).

** Feuilles alternes.

† 2. Esp. L. HYSSOPIFOLIA, L., Dc. 325.
Vivace, Juin, Juillet.
Se rencontre dans les lieux vaseux et les fossés humides du Jura et du Sundgau : Bougis, Nyon(*Joset*); Le Puix, Rechésy, Grosne, Delle, Mulhouse, Ferrette, Belfort, Montbéliard (*Montandon*), 1827, 1855.

II. *Calice en cloche à douze dents.*

2. Gen. **Peplis**, L. *Peplide.*

† 1. Esp. P. PORTULA, L., Dc. 526.
Annuelle, Juin, Octobre.

Se rencontre dans la vase des marais, sur le bord des étangs et dans les fossés humides du Jura et du Sundgau: Seckingen, Olsberg (*Joset*); Montbéliard, Bonfol, Bisel, Mulhouse, Ferrette, Delle (*Montandon*).

7. Fam. **PORTULACÉES**, Juss.

* *Capsule s'ouvrant dans le sens transversal.*

1. Gen. **Portulaca**, L.   *Pourpier.*

† 1. Esp. **p. sylvestris**, Nob.; *P. oleracea*, Dc. 524. *Annuelle, Juin, Juillet.*
Se rencontre parmi les cultures du Jura et du Sundgau : Genève (*Joset*); St-Louis, Altkirch, Delle, Mulhouse (*Montandon*), 1854.

** *Capsule s'ouvrant dans le sens longitudinal.*

2. Gen. **Montia**, L.   *Montie.*

† 1. Esp. **m. fontana**, L., Dc. 524; *M. arvensis*, Wall. *Annuelle, Mai, Septembre.*
Se rencontre dans les ruisseaux à lit rocailleux et les endroits humides du Jura et du Sundgau: Porrentruy (*Joset*), 1827; Roppentzwiller, Waltighoffen, Grosne, Ferrette, Mulhouse (*Montandon*), 1852.

Var. forme *rivularis*, Gmel. Champs humides, près de Riespach, Mulhouse (*Montandon*), 1855, rare.

8. Fam. **PARONYCHIÉES**, St.-Hil.

I. *Étamines au nombre de cinq.*

A. Capsule s'ouvrant en trois valves.

1. Gen. **Telephium**, L.

† 1. Esp. **t. imperati**, L., Dc. 325. *Vivace, Juin, Juillet.*
Se rencontre disséminée dans les endroits pierreux et arides du Jura : Arbois, Porrentruy (*Joset*), 1851.

B. Capsule ne s'ouvrant pas d'elle-même.

3. Gen. **Corrigiola**, L.   *Corrigiole.*

† 1. Esp. **c. littoralis**, L., Dc. 523.

Annuelle, Juin, Juillet.
Se rencontre dans les graviers et les sables du Jura et du Sundgau : la Wiese (*Josel*); Neudorf, Mulhouse, Belfort (*M.*).

II. *Étamines au nombre de dix.*

A. Calice tubuleux, stipules adnées.

3. Gen. **Scleranthus**, L. *Gnavelle.*

* Sépales obtus, à la fin connivents.

1. Esp. **S. PERENNIS**, L., Dc. 524.
Vivace, Juin, Juillet.
Se rencontre dans les lieux arides et graveleux du Jura et du Sundgau : la Wiese, la Maison-rouge, Longirod (*Josel*); Ochsenfeld, Belfort, Huningue, Bourgfelden, Oltingen, Burtzwiller, près de Mulhouse (*Montandon*).

** Sépales aigus, à la fin écartés.

2. Esp. **S. ANNUUS**, L., Dc. 524.
Annuelle, Juin, Juillet.
Fréquemment répandue dans toutes les cultures du Jura et du Sundgau (*Josel, Montandon*).

B. Calice à divisions à peine concaves.

4. Gen. **Herniaria**, L. *Herniaire.*

* Feuilles et calices glabres.

1. Esp. **H. GLABRA**, L., Dc. 199.
Annuelle, Juin, Juillet.
Disséminée dans les endroits sablonneux, caillouteux et les lieux vagues du Jura et du Sundgau : Montbéliard (*Josel*); Mulhouse, Neudorf, Belfort (*Montandon*).

** Feuilles et calices hérissés.

A. Dix fleurs à chaque glomérule.

† 2. Esp. **H. HIRSUTA**, L., Dc. 200.
Annuelle, Juin, Juillet.
Se rencontre dans les champs arides du Jura et du Sundgau : Genève, Nyon, Bougy (*Josel*); Huningue. Belfort, Mulhouse, Delle (*Montandon*)! 1851.

B. Trois fleurs au plus à chaque glomérule.

†† 5. Esp. H. INCANA, LAMK.
Annuelle, Août, Septembre.
Dans les mêmes localités, mais plus rare : Bâle, St.-
Louis (*Montandon*) ! 1852.

9. Fam. CRASSULACÉES, Dc.

I. *Trois à cinq étamines.*

1. Gen. Crassula, L. *Crassette.*

†† 1. Esp. C. RUBENS, L., Dc. 521.
Annuelle, Juin, Août.
Se rencontre dans les vignes et les champs du Jura et
du Sundgau : Gundeldingen, Bruderholz, Nyon, Versoix,
Verrier (*Joset*); Huningue, Prattelen (*Montandon*).

II. *Huit à vingt-quatre étamines.*

A. Écailles entières ou à peine échancrées.

2. Gen. Sedum, L. *Orpin.*

I. Rosace de feuilles stériles nulles.

A. Racines fortes très-ramifiées.

a. Feuilles à base élargie en cœur, demi-amplexicaule.

1. Esp. S. TELEPHIUM, L., Dc. 521.
Vivace, Juin, Juillet.
Se rencontre dans les endroits incultes, les haies et sur
le bord des bois du Jura et du Sundgau : près d'Huningue
(*Joset, Montandon*).

b. Feuilles à base ni élargie, ni en cœur, ni amplexicaule.

† 2. Esp. S. PURPUREUM, L. ; S. *anacampseros*, Dc. 521.
Vivace, Juin, Août.
Se rencontre dans les lieux arides et rocailleux du Jura
et du Sundgau : Bienne, Pontarlier, Trelex, Nyon (*Joset*);
Huningue, Boncourt (*Montandon*) ! 1848.

c. Feuilles à base presque atténuée en pétiole.

† 5. Esp. S. FABARIA, KOCH. 192.

Vivace, Juillet, Août.

Se rencontre dans les endroits élevés et rocailleux du Jura et du Sundgau : Porrentruy, Delle, Ferrette (*Mont.*)

B. Racines grêles, le plus souvent très-simples.

a. Feuilles tout-à-fait planes.

† 4. Esp. s. CEPÆA, L., Dc. 524.
Vivace, Juillet, Août.

Se rencontre dans les endroits pierreux du Jura : Genève, Coppet, Thoiry, Ferney (*Joset*), 4827.

b. Feuilles demi-cylindriques ou cylindriques.

* Feuilles demi-cylindriques.

† 5. Esp. s. VILLOSUM, L., Dc. 322.
Annuelle, Juin, Septembre.

Se rencontre dans les endroits spongieux et humides du Jura et du Sundgau : Tavannes, Fuet (*Joset*); Ferrette, Bonfol, Porrentruy, Grosne, Vendelincourt, Courtavon (*Montandon*), 4827, 4852.

** Feuilles cylindriques très obtuses.

† 6. Esp. s. ATRATUM, L., Dc. 521.
Vivace, Juillet, Août.

Se rencontre sur les hautes sommités du Jura : la Dôle, le Reculet, le Colombier (*Joset*), 4827.

II. Rosace des feuilles stériles accompagnant la tige.

A. Fleurs blanches, roses ou bleuâtres.

* Feuilles opposées.

† 7. Esp. s. DASIPHYLLUM, L., Dc. 522.
Vivace, Juin, Juillet.

Se rencontre sur les rochers et sur les vieux murs du Jura et du Sundgau : Wahlenbourg, Weissenstein, Creux-du-Van, Nyon, Salins (*Joset*); Delémont, Undrevilliers (*Mont.*).

** Feuilles éparses.

8. Esp. s. ALBUM, L., Dc. 524.
Annuelle, Juin, Août.

Fréquemment répandue sur les murs, les toits et les rochers du Jura et du Sundgau (*Joset, Montandon*).

B. Fleurs jaunes.

a. Feuilles éparses disposées sans ordre.

˙ Feuilles étalées ou réfléchies.

† 9. Esp. s. REFLEXUM, L., Dc. 522.
Vivace Juin, Juillet.
Se rencontre dans les endroits incultes et arides du Jura et du Sundgau : Besançon, Bâle (*Joset*); Montbéliard, Illfurth, Rixheim, Mulhouse, Ochsenfeld (*Montandon*).

** Feuilles dressées et appliquées.

10. Esp. s. ELEGANS, Lej.
Vivace, Juin, Août.
Disséminée sur les collines sèches et arides· du Jura et du Sundgau : Roche d'or, Chenevez, Reclerc, Varieux, près de Porrentruy (*Joset*); Illfurth, Ferrette, Mulhouse, la Harth, Ochsenfeld, Montbéliard (*Mont.*), 1846, 1854.

b. Feuilles disposées sur quatre à six rangs.

* Feuilles toutes ovales.

11. Esp. s. ACRE, L., Dc. 322.
Vivace, Juin, Septembre.
Fréquemment répandue dans les endroits secs et arides du Jura et du Sundgau (*Joset, Montandon*).

** Feuilles toutes linéaires.

12. Esp. s. BOLONIENSE, Lois.; *S. sexangulare*, L., Dc. 525.
Vivace, Juin, Août.
Se rencontre disséminée sur les collines arides du Jura et du Sundgau (*Joset, Montandon*).
VAR. forme *anopetalum*, Dc. St.-Claude (*Joset*).

B. Ecailles larges, ovales, échancrées ou découpées.

3. Gen. **Sempervivum**, L. *Joubarbe.*

1. Esp. s. TECTORUM, L., Dc. 322.
Vivace, Juin, Juillet.

Disséminée sur les rochers arides et sur les toits du Jura et du Sundgau : Bienne, Cressier, Landeron, la Dôle, le Colombier, le Reculet (*Joset*); Ferrette, Sausheim (*M.*), 1854.

10. Fam. **TAMARISCINÉES**, Desv.

1. Gen. **Myricaria**, Desv.

† 1. Esp. **M. GERMANICA**, Desv.; *Tamarix id.*, Dc. 525. *Vivace, Mai, Juin.*

Se rencontre disséminée dans les endroits sablonneux du Jura et du Sundgau : St.-Jacques, l'Aar, le Rhône, Genève (*Joset*); sables d'Huningue (*Montandon*), 1851.

B. *Ovaire demi ou tout-à-fait adhérent ou infère.*

IIᵉ SOUS-CLASSE.

SYMPHYSOGYNES.

ANALYSE PRATIQUE DES FAMILLES.

	Plantes de consistance herbacée	1
	Plantes de consistance ligneuse	7
1.	*Fleurs* monoclines ou hermaphrodites. . .	2
	Fleurs diclines ou unisexuelles	5
2.	*Deux* styles	5
	Un style ou 2 à 4 stigmates	4
3.	*Fruit* formé d'une capsule. SAXIFRAGÉES, p. 115.	
	Fruit formé de 2 carpelles. OMBELLIFÈRES, p. 126.	
4.	*Graines* à aigrettes soyeuses. ONAGRAR., p. 121.	
	Graines à aigrettes nulles. CIRCÉES, p. 124.	
	Graines nues, 4 pétales, 4 étamines. HALORAGÉES, p. 125.	
	Graines nues, 2 pétales, 2 étamines. CIRCÉES, p. 124.	
5.	*Fruit* formé d'une capsule. HALORAGÉES, p. 125.	
	Fruit formé d'une baie ou de deux carpelles	6
6.	*Fruit* formé d'une baie, plantes grimpantes. CUCURBITACÉES, p. 145.	
	Fruit formé de 2 carpelles. OMBELLIFÈRES, p. 126.	

---

1. Fam. SAXIFRAGÉES, Dc.

A. *Fruit capsulaire à deux loges.*

1. Gen. **Saxifraga**, L. *Saxifrage.*

I. *Ovaire adhérent au calice.*

A. Feuilles coriaces, alternes et entières.

* Calices glabres.

† 1. Esp. S. AIZOON, L., Dc. 517.
Vivace, Juillet, Août.
Se rencontre sur les crêtes rocailleuses et élevées du Jura : Chasseral (*Joset, Montandon*) ! 1827.

** Calices glanduleux, poilus.

† 2. Esp. S. MUTATA, L., Dc. 517.
Vivace, Mai, Juillet.
Se rencontre sur les rochers rocailleux et élevés du Jura : Soleure, le long de l'Aar (*Joset, Montandon*) ! 1827.

B. Feuilles coriaces, opposées et entières.

† 3. Esp. S. OPPOSITIFOLIA, L, Dc. 317.
Vivace, Mai, Juin.
Se rencontre sur les hautes sommités du Reculet (*Joset, Montandon*), 1827.

C. Feuilles presque coriaces, entières ou dentées.

† 4. Esp. S. AIZOIDES, L., Dc. 318.
Vivace, Mai, Juillet.
Se rencontre dans les endroits pierreux et humides du Jura : Augst, Rheinfelden, le Colombier (*Joset, Montandon*), 1830.

D. Feuilles presque herbacées, entières ou dentées.

a. Tige formant une panicule.

† 5. Esp. S. ROTUNDIFOLIA, L., Dc. 318.
Vivace, Juin, Septembre.
Se rencontre sur les pâturages et les crêtes rocailleuses et humides du Jura : Combe de Pery, Chasseral, Creux-du-Van, la Tiefematt (*Joset, Montandon*), 1825.

b. Tige simulant une espèce de corymbe racémiforme.

† 6. Esp. S. GRANULATA, L., Dc. 518.
Vivace, Mai, Juin
Se rencontre dans les endroits arides et sablonneux du Jura et du Sundgau : Birsfeld, Gundeldingen, Orbes, Genève, Pontarlier, Penex (*Joset*); Huningue, Mulhouse, Delle, Ferrette (*Montandon*), 1840, 1855.

E. Feuilles presque herbacées, toutes lobées.

a. Tige simple, à peine feuillée.

* Fleurs presqu'en tête.

† 7. Esp. S. MUSCOIDES, Wülfen, Dc. 319.
Vivace, Juin, Août.
Sommités du Reculet (*Joset*), 1822.

** Fleurs en cyme.

† 8. Esp. S. CÆSPITOSA, L. : *S. decipiens*, Ehrh.

Vivace, Juin, Août.
Rochers arides du Jura : Arbois, Salins, Fort-Belin, Nyon, Promenthoux *(Joset)* ; château de Ferrette *(Mont.)*.

b. Tige simple, solitaire et feuillée.

† 9. Esp. **S. CONTROVERSA**, STERN.
Vivace, Juin, Juillet.
Bords du Leman, Nyon *(Joset).*

c. Tige plus ou moins rameuse et feuillée.

10. Esp. **S. TRIDACTYLITES**, **L.**, Dc. 318.
Annuelle, Mai, Juin.
Répandue dans les endroits incultes et sur les murs du Jura et du Sundgau *(Joset, Montandon).*

II. *Ovaire presque libre, calice sur la fin réfléchi.*

† 11. ESP. **S. HIRCULUS**, **L.**, Dc. 519.
Vivace, Juin, Août.
Se rencontre dans les marais tourbeux du Jura : Plaigne, Chaux-d'Abel, le Brassu, les Rousses, Pontarlier *(Joset, Montandon).*

B. *Fruit simulant une baie à une seule loge.*

2. Gen. **Chrysosplenium**, L. *Dorine.*

a. Feuilles alternes.

1. Esp. **C. ALTERNIFOLIUM**, **L.**, Dc. 520.
Vivace, Mai, Juillet.
Se rencontre le long des ruisseaux clairs et limpides et près des sources du Jura et du Sundgau : Wahlenbourg, Couffaivre, Ste-Ursanne, Bief d'Étoz *(Joset)* ; Lucelle, Delémont, Pfetterhausen, Riespach, Delle *(Montandon).*

b. Feuilles opposées.

2. Esp. **C. OPPOSITIFOLIUM**, **L.**, Dc. 520.
Vivace, Mai, Juin.
Lieux ombragés des montagnes du Jura et du Sundgau. Mêmes localités, mais plus rare *(Joset, Montandon).*

9

2. Fam. POMACÉES, Lindl.

I. Endocarpe osseux, fruit à œil très ouvert discoïde·

1. Gen. Mespilus, L. *Neflier.*

1. Esp. M. GERMANICA, L., Dc. 550.
Vivace, Juin, Juillet.
Se rencontre dans les haies et les fossés du Jura et du Sundgau : au Mail, Pierre-à-Bot, Bâle, Besançon, Ferrette (*Joset, Montandon*).

II. Endocarpe osseux, fruit à œil fermé.

a. Arbuste ou arbrisseau épineux.

2. Gen. Cratægus, L. *Aubépine.*

1. Esp. C. OXYACANTHA, L., Dc. 330.
Vivace, Juin, Juillet.
Fréquente dans les forêts, les pâturages boisés et les haies du Jura et du Sundgau (*Joset, Montandon*).
Var. forme *monogyna*, Jacq. Ferrette (*Montandon*).

b. Arbuste ou arbrisseau non épineux.

3. Gen. Cotoneaster, Medk.

1. Esp. C. VULGARIS, Lindl.; *Mespilus*, Dc. 550.
Vivace, Mai, Juin.
Se rencontre sur les rochers du Jura et du Sundgau : Muttenz, Dornach, Istein, Lauffon, Moutier, Salins (*Joset*); Buix, Ferrette (*Montandon*).
Var. forme *tomentosa*, Lindl. Au Wasserfall, Moutier, roches de Court, Vaulion (*Joset*); roches de Buix, Landskron, Thann (*Montandon*).

III. Endocarpe cartilagineux ou membraneux.

A. Inflorescence en cyme simulant une grappe.

4. Gen. Amélanchier, Mœnch.

1. Esp. A. VULGARIS, Mœnch.; *Cratæg.*, Dc. 550.
Vivace, Juin, Juillet.
Se rencontre sur les crêtes rocailleuses du Jura et du

Sundgau : Delémont, Ste-Ursanne (*Joset*) ; Belfort, Buix (*Montandon*).

B. Inflorescence en cyme simulant une ombelle.

AA. Fruit globuleux ou en toupie.

5. Gen. **Sorbus,** L. *Sorbier.*

I. Feuilles ailées, fruits ovoides ou sphériques, rouges.

1. Esp. s. AUCUPARIA, L., Dc. 551.
Vivace, Avril, Juin.
Se rencontre dans les forêts et sur les pâturages montagneux du Jura et du Sundgau (*Joset, Montandon*).

II. Feuilles ailées, fruits pyriformes ou en œuf renversé, verts d'un côté, rouges de l'autre.

2. Esp. s. DOMESTICA, L., Dc. 551.
Vivace, Mai, Juin.
Se rencontre sur les collines du Jura et du Sundgau : Ramstein, Gempen, Oltingen (*Joset*) ; Delle, Mulhouse, Ferrette (*Montandon*).

III. Feuilles simples, lobées, incisées, pinnatifides.

A. Feuilles simples, pétales roses, droits.

† 5. Esp. s. CHAMÆMESPILUS, CRANTZ. ; *Crat.*, Dc. 550.
Vivace, Juin, Août.
Se rencontre sur les crêtes rocailleuses du Jura et du Sundgau : Chasseral, Tête-de-Rang, la Dôle, le Colombier, le Reculet (*Joset*) ; Lucelle, St.-Pierre (*Montandon*).

B. Feuilles simples, pétales blancs, étalés.

† 4. Esp. s. TORMINALIS, CRANTZ., Dc. 550.
Vivace, Avril, Mai.
Se rencontre dans les forêts des montagnes du Jura et du Sundgau : Besançon, Bâle, Neuchâtel, au Mail, Pertuis-du-Soc (*Joset*) ; Grentzingen, Ferrette (*Montandon*).

VAR. forme *eriocarpa*, Dc. La Dôle, le Reculet, le Creux-du-Van (*Joset*) ; Battenheim (*Montandon*).

C. Feuilles tomenteuses à leur face inférieure.

a. Feuilles très lobées.

† 5. Esp. s. **LATIFOLIA**, Pers., Dc. 350. (*Cratæg.*)
Vivace, Mai, Juin.
Se rencontre dans les forêts rocailleuses du Jura : Moutier-Grandval (*Joset*).

Var. forme *pinnatifida*, Schmt.
Se rencontre disséminée sur les crêtes rocailleuses du Jura : à la Dôle, au Reculet, au Creux-du-Van, Genève (*Joset*), rare.

b. Feuilles dentées ou à peine lobées vers le sommet.

6. Esp. s. **ARIA**, Crantz., Dc. 350. (*Cratæg.*)
Vivace, Avril, Mai.
Fréquemment disséminée sur les rochers et les collines calcaires du Jura et du Sundgau (*Joset, Montandon*).

BB. Fruit pyriforme ou globuleux, déprimé.

* *Fruit ombiliqué au sommet seulement.*

6. Gen. **Pyrus**, L. *Poirier.*

1. Esp. p. **COMMUNIS**, L., Dc. 550.
Vivace, Mars, Avril.
Fréquente dans les forêts, les broussailles et les haies du Jura et du Sundgau (*Joset, Montandon*).

** *Fruit ombiliqué au sommet et à la base.*

7. Gen. **Malus**, Dc. *Pommier.*

1. Esp. m. **COMMUNIS**, Dc. 550 ; *Pyrus malus*, L.
Vivace, Mars, Avril.
Fréquemment répandue dans les forêts et les pâturages du Jura et du Sundgau (*Joset, Montandon*).

5. Fam. **GROSSULARIÉES**, Dc.

Gen. **Ribes**, L. *Groseillier.*

A. Arbrisseaux épineux.

1. Esp. r. **UVA-CRISPA**, L., Dc. 525.

Vivace, Mai, Juin.

Fréquente dans les haies et les buissons du Jura et du Sundgau (*Josel, Montandon*).

VAR. forme *grossularia*, L.

Parmi les précédentes, mais plus rare (*Montandon*).

B. Arbrisseaux non épineux.

a. Bractées plus longues que les pédicelles.

† 2. Esp. R. ALPINUM, L., Dc. 525.
Vivace, Mai, Juin.

Se rencontre disséminée sur les collines et dans les endroits montueux du Jura et du Sundgau : Porrentruy, Belfort (*Josel, Montandon*).

b. Bractées plus courtes que les pédicelles.

* Calice velu.

† 3. Esp. R. NIGRUM, L., Dc. 525.
Vivace, Mai, Juin.

Disséminée dans les forêts du Jura et du Sundgau : la Faucille, Gex (*Josel*); Delle, Ferrette (*Montandon*).

** Calice à lobes ciliés.

† 4. Esp. R. PETRÆUM, VULF., Dc. 525.
Vivace, Mai, Août.

Se rencontre disséminée dans les endroits arides, sur les rochers et dans les bois rocailleux du Jura : Valavran, Cul-des-Prés, au Suchet, au Mont-d'or, Trelasse, Pontarlier (*Josel*).

*** Calice à lobes non ciliés.

† 5. Esp. R. RUBRUM, L., Dc. 525.
Vivace, Mai, Juin.

Bords des forêts montueuses du Jura et du Sundgau : Valanvron, la Chaux-de-Fonds, la Brevine, les Couverts (*Josel*); Delle, forêt Belin, Bâle, Grentzach (*Montandon*).

4. Fam. ONAGRARIÉES, Juss.

I. Quatre étamines, corolle souvent avortée.

1. Gen. **Isnardia**, L., *Isnardie.*

† 1. Esp. I PALUSTRIS, L., Dc. 527.

Vivace, Juin, Août.
Se rencontre dans les endroits spongieux du Jura et du
Sundgau : Michelfelden, Montbéliard, Huningue *(Montd.)*.

II. Huit étamines, calice et corolle.

* *Semences nues.*

2. Gen. **Œnothera**, L. *Onagre.*

a. Pétales dépassant les étamines.

1. Esp. OE. BIENNIS, L., Dc. 528.
Bisannuelle, Juin, Août.
Disséminée le long des rivières et parmi les graviers
du Jura et du Sundgau : le Rhin, la Birse, le Doubs,
Bienne, Nyon, Neuchâtel, Besançon *(Joset)* ; Belfort, Mul-
house, Delle *(Montandon).*

b. Pétales ne dépassant pas les étamines.

† 2. Esp. OE. MURICATA, L.
Bisannuelle, Juillet, Octobre.
Disséminée mais moins fréquente que la précédente :
Cernay, Mulhouse *(Montandon).*

** *Semences aigrettées.*

3. Gen. **Epilobium**, L., Dc.

I. Étamines déclinées.

A. Tiges dressées, feuilles lancéolées.

1. Esp. E. GESNERI, VILL. ; *E. spicatum,* Dc. 528.
Vivace, Juin, Juillet.
Se rencontre disséminée dans les forêts et les coupes des
collines calcaires du Jura et du Sundgau *(Joset, Montand.)*

B. Tiges ascendantes, feuilles linéaires.

† 2. Esp. E. DODONÆI, VILL. ; *E. rosmarinifolium,* Dc. 528
Vivace, Juin, Août.
Se rencontre dans les endroits rocailleux et arides du
Jura et du Sundgau : St.-Jacques, Cressier, bois de la
Batie *(Joset)* ; Montbéliard, Huningue *(Montandon).*

II. Étamines dressées.

A. Styles et stigmates connivents ou en massue.

a. Stolons très allongés.

* Stolons de l'épaisseur d'une file ordinaire.

3. Esp. **E. PALUSTRE**, L., Dc. 328.
Vivace, Juin, Juillet.
Se rencontre dans les marais spongieux du Jura et du Sundgau : la Gruyère, Chaux-d'Abel, St.-Cergues, val de Joux, les Rousses, Pontarlier *(Joset)* ; Bonfol, Huningue Mulhouse *(Montandon)*.

** Stolons de l'épaisseur d'une ficelle ordinaire.

† 4. Esp. **E. ALPINUM**, L., Dc. 328.
Vivace, Juillet, Septembre.
Se rencontre disséminée sur les crêtes rocailleuses et humides du Jura : Chasseral, la Dôle, Chaux-d'Abel, le Colombier *(Joset)*.

b. Stolons tout-à-fait nuls.

* Feuilles pétiolées.

† 5. Esp. **E ROSEUM**, SCHREB., Dc. 328.
Vivace, Juin, Juillet.
Se rencontre dans les lieux humides et les fossés du Jura et du Sundgau : St.-Blaise, Neuchâtel *(Joset)* ; Porrentruy, Delle, Ferrette, Mulhouse *(Montandon)*.

** Feuilles sessiles, tige presque simple.

† 6. Esp. **E. TRIGONUM**, SCHRANK.
Vivace, Mai, Août.
Se rencontre disséminée sur les sommités ombragées et couvertes du Jura et du Sundgau : Raimeux. Weissenstein, Chasseral, Creux-du-Van, la Brévine, la Dôle, le Colombier, Mont-d'or *(Joset)* ; bords du Rhin à Huningue *(Montandon)*.

*** Feuilles sessiles, tige très ramifiée.

7. Esp. **E. TETRAGONUM**, L., Dc. 528.
Vivace, Juin, Juillet.

Se rencontre disséminée sur le bord des fossés et dans les endroits humides du Jura et du Sundgau : au Wahlenbourg, au Colombier, Genève, Besançon, Holzberg (*Joset*) ; Bonfol, Delle, Mulhouse, Altkirch, Ferrette (*Montandon*).

B. Styles et stigmates ouverts et divergens.

A. Inflorescence dressée avant l'anthèse.

* Stolons souterrains longs et tracants.

8. Esp. E. HIRSUTUM, L., Dc. 528.
Vivace, Juin, Août.
Se rencontre disséminée le long des rivières et des ruisseaux du Jura et du Sundgau (*Joset, Montandon*).

** Stolons souterrains réduits à des bourgeons foliacés.

9. Esp. E. PARVIFLORUM, Schreb.; E.molle, L., Dc. 328
Vivace, Mai, Août.
Se rencontre dans les mêmes localités que la précédente (*Joset, Montandon*).

B. Inflorescence penchée avant l'anthèse.

10. Esp. E. MONTANUM, L., Dc. 528.
Vivace, Mai, Octobre.
Fréquemment répandue dans les forêts ombragées des montagnes du Jura et du Sundgau (*Joset, Montandon*).
Var. forme *collinum*, Gmel. Ferrette (*Montandon*).
— — *lanceolatum*, Koch. Lucelle (*Montandon*).
— — *alsinefolium*, Vill. Le Reculet, la Dôle (*Jos.*)

5. Fam. **CIRCÉES**, Dc.

Gen. **Circæa**, L. *Circée.*

a. Pédicelles dépourvus de bractées.

1. Esp. C. LUTETIANA, L., Dc. 527.
Vivace, Mai, Juillet.
Répandue dans les bois couverts et humides du Jura et du Sundgau (*Joset, Montandon*).

b. Pédicelles accompagnés de bractées sétacées.

* Pétales aussi longs que le calice.

† 2. Esp. **C. INTERMEDIA**, EHRH.
Vivace, Juin, Juillet.
Sommités ombragées du Jura : Creux-du-Van, la Cornée *(Joset)*; val St.-Amarin *(Montandon).*

** Pétales plus courts que le calice.

† 5. Esp. **C. ALPINA**, L., Dc. 527.
Vivace, Juin, Août.
Se rencontre dans les forêts ombragées et élevées du Jura et du Sundgau : Wasserfall, Haute-Borne, Valavran, la Cornée, Creux-du-Van, Vogelberg *(Jos.)*; Blochmont *(Mont.)*

6. Fam. **HALORAGÉES**, Rb. Br.

I. *Plantes hermaphrodites.*

1. Gen. **Trapa**, L. *Mâcré.*

† 1. Esp. **T. NATANS**, L., Dc. 527.
Vivace, Juin, Juillet.
Se rencontre disséminée dans les eaux stagnantes et les étangs du Jura et du Sundgau : Bonfol *(Joset)*; Belfort, Montbéliard, Bisel *(Montandon).*

II. *Plantes monoïques.*

2. Gen. **Myriophyllum**, L. *Volant d'eau.*

* Fleurs toutes en alternance. ♣

† 1. Esp. **M. ALTERNIFOLIUM**, L., Dc. 527.
Vivace, Juin, Juillet.
Se rencontre dans les eaux tranquilles, les mares et fossés aquatiques du Sundgau : étang de Boron, étang Fourché *(Montandon).*

** Fleurs toutes disposées en verticilles, bractées entières.

2. Esp. **M. SPICATUM**, L., Dc. 527.
Vivace, Juin, Juillet.
Dans les eaux stagnantes du Jura et du Sundgau : Belle-

vie, la Gruyère, Bienne, Nyon (*Joset*) ; Montbéliard, Bonfol, Neudorf, Mulhouse (*Montandon*).

*** Fleurs toutes en verticilles, bractées toutes incisées.

5. Esp. M. VERTICILLATUM, L., Dc. 527.
Vivace, Juin, Juillet.
Se rencontre dans les eaux stagnantes du Jura et du Sundgau : St.-Blaise, Besançon, Bienne (*Joset*) ; Michelfelden, Bonfol, Montbéliard, Mulhouse (*Montandon*).

7. Fam. OMBELLIFÈRES, Dc.

I. Graines planes ou convexes à leur face commissurale

Ire Division, **Orthospermées,** Dc.

A. Ombelles imparfaites ou à inflorescence anormale

Ire Série, Ombellifères à ombelles imparfaites.

a. Fleurs en verticilles, solitaires, ou superposées.

1. Gen. **Hydrocotyle,** L. *Écuelle d'eau.*

† 1. Esp. H. VULGARIS, L., Dc. 516.
Vivace, Juin, Juillet.
Se rencontre dans les marais un peu ombragés du Jura : Soleure, lac de Bienne, Cressier, Colombier, Landeron, Yverdon, Nyon (*Joset*) ; Michelfelden (*Montandon*).

b. Fleurs en capitules, ou en ombelle générale au sommet de la tige, ou en ombelle composée.

* *Feuilles palmatilobées.*

2. Gen. **Sanicula,** L. *Sanicle.*

1. Esp. S. LUROPÆA, L., Dc. 516.
Vivace, Mai, Juillet.
Se rencontre dans les forêts ombragées du Jura et du Sundgau (*Joset, Montandon*).

** *Feuilles radicales, palmatipartites ou entières.*

3. Gen. **Astrantia,** L. *Astrance.*

† 1. Esp. A. MAJOR, L., Dc. 345.
Vivace, Juin, Août.

Se rencontre dans les pâturages montueux du Jura : Wasserfall, Ste.-Ursanne (*Joset*); Asuel, près du château, la vieille verrerie (*Montandon*).

*** *Feuilles à segments lobés et épineux.*
4. Gen. **Eryngium**, L. *Panicaut.*
   a. Feuilles radicales très-entières.

† 1. Esp. **E. ALPINUM**, L., Dc. 516.
Vivace, Août.
Sommités rocailleuses du Jura : le Colombier, le Reculet (*Joset*).
   b. Feuilles radicales bi-pinnées.

† 2. Esp. **E. CAMPESTRE**, L., Dc. 516.
Vivace, Juin, Septembre.
Se rencontre dans les endroits incultes du Jura et du Sundgau : Genève, Montbéliard, Besançon (*Joset*); Mulhouse, Bâle, St.-Louis (*Montandon*).

B. Ombelles parfaites ou à inflorescence normale.
2ᵉ Série, Ombellifères à ombelles parfaites.
AA. Carpelles tout-à-fait dépourvus d'épines.
a. Côtes primaires égales ou presqu'égales.
Iᵉʳ Groupe, **Cicutées,** Nob.
I. *Carpelles ou fruits à coupe horizontale oblongue.*
Iᵉʳ sous-Groupe, **Amminées**, Dc.
A. Fleurs hermaphrodites.
A. *Fleurs blanches ou d'un blanc verdâtre.*
AA. Columelle bipartite ou bifide.
α. Columelle en deux parties.
aa. Vallécules à un seul canal résinifère.
α. Calice à cinq dents très-sensibles.
* *Carpelles ovoïdes oblongs.*
5. Gen. **Sison**, L.
† 1. Esp. **S. AMOMUM**, L.; *Sium*, Dc. 508.
Annuelle, Juin, Août.

Se rencontre dans les haies ombragées du Jura : Genève, Nyon, Aire (*Joset*).

** *Carpelles oblongs, lancéolés.*

6. Gen. **Petroselinum,** HOFF.

† 1. Esp. **P. SEGETUM**, KOCH.; *Sium*, DC. 508.
Bisannuelle, Juillet, Août.
Se rencontre dans les champs un peu humides du Jura : St.-Cergues (*Joset*).

b. Calice à dents nulles ou presque nulles.

* *Carpelles allongés à côtes filiformes.*

7. Gen. **Ammi**, L.

† 1. Esp. **A. MAJUS**, L., DC. 511.
Annuelle, Juin, Juillet.
Se rencontre dans les champs de luzerne du Jura et du Sundgau : Delémont (*Joset*); St.-Louis, Mulhouse, Sierentz (*Montandon*).
VAR. forme *glaucifolium*, DC. Montbéliard (*Mont.*), rare.

** *Carpelles de forme ovale.*

8. Gen. **Ptychotis,** KOCH.

† 1. Esp. **P. HETEROPHYLLA**, KOCH., TASCH. 210.
Bisannuelle, Juin, Août.
Se rencontre dans les endroits sablonneux du Jura : Nyon, Prangin, Promenthoux, Verrier, Copet, Genève (*Joset*).

*** *Carpelles presque globuleux.*

9. Gen. **Cicuta,** L. *Cigue.*

† 1. Esp. **C. VIROSA**, L.; *C. major*, DC. 511.
Vivace, Juin, Juillet.
Se rencontre dans les fossés et les mares profondes du Jura et du Sundgau : Plein-Seigne, Friedelingen (*Joset*); Michelfelden, Huningue, Belfort (*Montandon*).

b. Columelle plus ou moins profondément divisée.

A. Columelle à divisions profondes.

* *Involucre et involucelle à plusieurs folioles.*

10. Gen. **Falcaria**, Host. *Faucillière.*

† 1. Esp. F. **RIVINI**, Host.; *Sium*, Dc. 308.
Vivace, Juin, Septembre.
Se rencontre dans les champs arides et parmi les moissons du Jura et du Sundgau : Galgenfelden, Bâle, Mœnchenstein, Holzberg (*Joset*); Michelfelden, Hegenheim, Bâle, Belfort, Dornach, près Mulhouse (*Montandon*).

** *Involucre et involucelle tout-à-fait nuls.*

11. Gen. **Pimpinella**, L. *Boucage.*

a. Tige anguleuse, sillonnée.

1. Esp. P. **MAGNA**, L., Dc. 505.
Vivace, Juin, Septembre.
Fréquente dans les haies et les bois du Jura et du Sundgau (*Joset, Montandon*).

b. Tige arrondie, nullement anguleuse.

2. Esp. P. **SAXIFRAGA**, L., Dc. 505.
Vivace, Juin, Septembre.
Fréquente dans les prés secs et les pâturages arides du Jura et du Sundgau (*Joset, Montandon*).

B. Columelle seulement divisée au sommet.
* *Vallécules à un seul canal résinifère.*

12. Gen. **Carum**, L. *Cumin.*

a. Pétioles des feuilles inférieures à base bi-foliolée.

1. Esp. C. **CARVI**, L.; *Sésel. id.*, Dc. 505.
Bisannuelle, Juin, Juillet.
Fréquente dans les prairies arides du Jura et du Sundgau (*Joset, Montandon*).

b. Pétioles des feuilles inférieures, sans folioles à leur base.

† 2. Esp. C. **BULBOCASTANUM**, Koch; *Bunium id.*, Dc. 511

Vivace, Juillet, Septembre.

Se rencontre disséminée dans les champs à sol argileux et calcaire du Jura et du Sundgau : Moutier, val de Ruz, Pontarlier, Walbert (*Joset*); Montbéliard, Porrentruy, Delle, Audincourt, Lucelle, Winckel, Ligsdorf (*Montd.*).

** *Vallécules sans canal résinifère.*

13. Gen. **Ægopodium**, L. *Podagraire.*

1. Esp. Æ. **PODAGRARIA**, L., Dc. 504.
Vivace, Juin, Juillet.
Fréquemment répandue dans les endroits ombragés, les haies et sur le bord des bois du Jura et du Sundgau (*Joset, Montandon*).

bb. Vallécules à plusieurs canaux résinifères.

14. Gen. **Sium**, L. *Berle.*

a. Ombelles terminales.

† 1. Esp. s. **LATIFOLIUM**, L., Dc. 507.
Vivace, Juin, Juillet.
Se rencontre dans les mares et les ruisseaux du Jura et du Sundgau : Mœnchenstein, Bienne, Landeron, Yverdon (*Joset*); Grosne, Belfort, Bâle, Michelfelden (*Montandon*).

b. Ombelles latérales, opposées aux feuilles.

2. Esp. s. **AUGUSTIFOLIUM**, L., Dc. 507.
Vivace, Juin, Juillet.
Se rencontre assez répandue dans les ruisseaux de la plaine du Jura et du Sundgau (*Joset, Montandon*).

BB. Columelle indivise, entière.

15. Gen. **Helosciadium**, Koch.

* Involucre nul ou à une seule foliole.

† 1. Esp. **H. NODIFLORUM**, K.; *Sium id.*, Dc. 508.
Vivace, Juin, Juillet.
Se rencontre dans les marais spongieux du Jura et du Sundgau : Duilliers, Besançon (*Joset*); Michelfelden (*Mont.*)

** Involucre de quatre à six folioles.

† 2. Esp. H. REPENS, KOCH ; *Sium*, Dc. 508.
Vivace, Juin, Juillet.
Se trouve disséminée dans les marais caillouteux du Jura
et du Sundgau : Morges, Salins (*Joset*) ; Montbéliard, Hé-
ricourt, Grosne, le canal près de Montreux-château (*Mont.*)

B. *Fleurs jaunes, feuilles très-entières.*

16. Gen. **Buplevrum**, L. *Buplèvre.*

I. Feuilles perfoliées.

† 1. Esp. B. ROTUNDIFOLIUM, L., Dc. 514.
Annuelle, Juin, Août.
Se rencontre assez rarement sur les collines calcaires
du Jura et du Sundgau : Arlesheim, Bruges, Fleurier
(*Joset*); Illfurth (*Montandon*).
VAR. forme *protractum*, LK. Cramans, Chamart, Be-
sançon, Cussi (*Joset*), rare.

II. Feuilles non perfoliées, fruits scabres.

† 2. Esp. B. TENUISSIMUM, L., Dc. 515.
Annuelle, Juin, Août.
Se rencontre dans les graviers du Rhin près de Bâle à
Augst (*Joset*).

III. Feuilles non perfoliées, fruits lisses.

a. Involucelles terminés par une arête dépassant les fleurs.

† 3. Esp. B. RANUNCULOIDES, L., Dc. 515.
Vivace, Juin, Juillet.
Se rencontre dans les pâturages élevés du Jura : Chas-
seral, Creux-du-Van (*Joset, Montandon*).
VAR. forme *angulosum*, N. Suchet, la Dôle (*Joset*).

b. Involucelles nullement terminés en arête.

* Folioles de l'involucelle orbiculaires, de la longueur
des fleurs.

† 4. Esp. B. LONGIFOLIUM, L., Dc. 514.
Vivace, Juin, Août.

Se rencontre disséminée dans les endroits un peu couverts des sommités du Jura : au Chasseral, au Creux-du-Van, au Suchet, au Mont-d'or, à la Dôle, au Reculet (*Joset*).

** Folioles de l'involucelle exiguës, plus courtes que les fleurs.

5. Esp. **B.** **FALCATUM**, L., Dc. 515.
Vivace, Juin, Août.
Fréquemment disséminée sur les collines arides et calcaires du Jura et du Sundgau *(Joset, Montandon)*.

B. Fleurs dioïques d'un blanc rosé.

17. Gen. **Trinia**, Hoff.

† 1. Esp. **T.** **DIOÏCA**, Hof.; *Pimp. id.*, L., Dc. 505.
Bisannuelle, Mai, Juin.
Se rencontre sur les collines arides du Jura et du Sundgau : Bienne, la Dôle, Colombier, le Reculet (*Joset*) ; Rouffach, Orschwihr, Isteinerklotz, Westhalten, Guebwiller, Mulhouse (*Montandon*).

II. *Carpelles ou fruit à coupe horizontale orbiculaire, ou à peu près orbiculaire.*

IIe sous-Groupe, **Séselinées**, Dc.
I. Columelle indistincte, calice à cinq dents.

18. Gen. **Œnanthe**, L. *Enanthe.*
A. Pétioles pleins ou solides.
a. Feuilles trois fois ailées, racines en fuseau.

† 1. Esp. **Œ.** **PHELLANDRIUM**, L., Dc. 507.
Vivace, Juin, Octobre.
Se rencontre dans les eaux stagnantes et les marais spongieux du Jura et du Sundgau : Moron, Soubey, val-de-Travers, Landeron, Pontarlier, Besançon (*Joset*) ; Michelfelden, étangs du Puix, Pfetterhausen, entre Mulhouse et Illzach *(Montandon)*.

b. Feuilles une ou deux fois ailées, racines fasciculées.
* Pétales extérieurs divisés jusqu'au tiers.

2. Esp. **Œ.** **PEUCEDANIFOLIA**, Poll., Dc. 507.

Vivace, Juin, Juillet.
Se rencontre dans les marais, les prés spongieux et les fossés aquatiques du Jura et du Sundgau : Aubonnes, marais Sionnet, Genève (*Joset*); Richwiller, au Nonnenbruch, Ochsenfeld, Cernay, Thann, Guebwiller (*Montd.*).

** Pétales extérieurs divisés jusqu'à la moitié.

††5. Esp. OE.LACHENALII,Gм.;*OE. pimpinelloides*,Dc.507.
Vivace, Juillet, Août.
Se rencontre dans les prés humides et spongieux du Jura et du Sundgau : Nidau (*Joset*); Michelfelden (*Mont.*), 1851.

B. Pétioles fistuleux ou vides.

4. Esp. OE. FISTULOSA, L., Dc. 507.
Vivace, Juin, Août.
Se rencontre dans les fossés aquatiques et sur le bord des étangs du Jura et du Sundgau (*Joset, Montandon*).

II. Columelle en deux parties profondes.

A. Involucelle unilatéral, rejeté en dehors.

19. Gen. **Aethusa**, L. *Ache.*

1. Esp. Æ. CYNAPIUM, L., Dc. 506.
Annuelle, Juin, Octobre.
Fréquente dans toutes les cultures et les jardins du Jura et du Sundgau (*Joset, Montandon*).

B. Involucelle à folioles jamais déjetées en dehors.

AA. *Vallécules à un seul canal résinifère.*

* *Calice à dents allongées, subulées.*

20. Gen. **Libanotis**, CRANTZ.

†.1. Esp. L. MONTANA, CRANTZ.; *Athamantha*, Dc.510.
Vivace, Juin, Août.
Se rencontre sur les collines arides du Jura et du Sundgau : la Dôle, Creux-du-Van, le Suchet, Thoiry, Besançon (*Joset*); Belfort, Porrentruy, Lucelle, Delle (*Montand*).

10

** *Calice à dents courtes et épaisses.*

21. Gen. **Seseli**, L. *Seseli.*

A. Involucelle soudé au sommet.

†† 1. Esp. s. HYPPOMARATHRUM, L., Dc. 505.
Vivace, Juin, Juillet.
Se rencontre sur les collines calcaires du Sundgau : val de Lucelle (*Montandon*).

B. Involucelle à folioles très libres.

* Folioles de l'involucelle égalant l'ombellule.

† 2. Esp. s. MONTANUM, L., Dc. 505.
Vivace, Juin, Juillet.
Se rencontre sur les collines arides et calcaires du Jura et du Sundgau : Besançon, Porrentruy, Montbéliard (*Joset*) ; val St.-Dizier, Boncourt, Belfort, Lucelle, Delle, Bourogne (*Montandon*).

** Folioles de l'involucelle dépassant l'ombellule.

† 5. Esp. s. ANNUUM, L., Dc. 505.
Annuelle, Juin, Juillet.
Se rencontre sur les collines calcaires du Jura et du Sundgau : Grentzach, Prangin, Nyon, Montbéliard (*Joset*) ; Hattstatt, Soultzmatt, Rantzwiller, Michelfelden (*Montd.*).

BB. *Vallécules à plusieurs canaux résinifères.*

A. Involucre et involucelle nuls, indistincts.

22. Gen. **Fœniculum**, L. *Fenouil.*

† 1. Esp. F. OFFICINALE, Gærtn. ; *Anethum*, Dc. 515.
Annuelle, Juin, Juillet.
Se rencontre dans les vignes des collines calcaires' du Jura et du Sundgau : Nyon, Neuchâtel, Genève (*Joset*) ; Istein, Illfurth, Zillisheim (*Montandon*).

B. Involucelle à plusieurs folioles.

A. Calice à cinq dents très-sensibles.

* *Côtes des carpelles aigues, presque ailées.*

23. Gen. **Ligusticum**, L. *Livèche.*

† 1. Esp. L. FERULACEUM, All., Dc. 509.

Vivace, Juin, Juillet.

Se rencontre sur les débris des rochers du Jura : vallon d'Ardran, au Thoiry, au Salève (*Joset*).

** *Côtes des carpelles filiformes sans ailes.*

24. Gen. **Athamantha**, Koch.

† 1. Esp. A. CRETENSIS, L., Dc. 510.
Vivace, Juin, Septembre.

Se rencontre sur les crêtes rocailleuses du Jura et du Sundgau : Lucelle, Delle, Porrentruy, Ste.- Ursanne (*Joset, Montandon*).

VAR. forme *mutellinoïdes*, Lmk.   Mont-d'or (*Joset*).

B. Calice à dents nulles, ou presque insensibles.

* *Fleurs d'un jaune verdâtre, pâle.*

25. Gen. **Silaus**, Bess.

1. Esp. S. PRATENSIS, Bes.; *P. silaus*, L., Dc. 515.
Vivace, Juin, Juillet.

Se rencontre dans les prés humides du Jura et du Sundgau (*Joset, Montandon*).

** *Fleurs d'un beau blanc tirant sur le rose.*

26. Gen. **Meum**, L.

a. Feuilles à segmens capillaires.

† 1. Esp. M. ATHAMANTICUM, Jacq.; *Lig. meum*, Dc. 509.
Vivace, Juin, Juillet.

Se rencontre dans les pâturages montueux du Jura et du Sundgau : à la Sagne, la Cornée, la Fauconnière, les Verrières (*Joset*) ; la Croix, les Rangiers, val de Lucelle (*Montandon*).

b. Feuilles à segmens nullement capillaires.

†† 2. Esp. M. MUTELLINA, Gært., Dc. 509.
Vivace, Juin, Juillet.

Se rencontre dans les pâturages élevés du Jura : au Mittelberg, près de Bienne (*Joset*).

b. Côtes primaires inégales, les deux marginales dilatées ou ailées, ou épaisses, écartées, ou rapprochées en un rebord entourant le fruit.

II° Groupe, SÉLINÉES, Nob.

J. *Côtes dorsales, ailées.*

Ier sous-Groupe, **Angélicées**, Dc.

* *Carpelles à cinq côtes ailées.*

27. Gen. **Selinum**, L. *Selin.*

† 1. Esp. S. CARVIFOLIA, L., Dc. 511.

Vivace, Juillet, Août.

Se rencontre dans les prairies tourbeuses du Jura et du Sundgau : Nidau, Landeron, Duilliers, Yverdun, Besançon (*Josel*); Michelfelden, Belfort, Huningue, Montbéliard, Delémont, Mulhouse (*Montandon*), 1850, 1855.

** *Carpelles à bords ailés, membraneux.*

28. Gen. **Angelica**, L. *Angélique.*

1. Esp. A. SYLVESTRIS, L.; *Imperatoria*, Dc. 505.

Vivace, Juin, Septembre.

Se rencontre sur le bord des ruisseaux dans les vallées du Jura et du Sundgau (*Josel, Montandon*).

VAR. forme *montana*, Dc. Ruz-des-Seignes (*Josel*).

II. *Côtes dorsales, filiformes, ou parfois peu sensibles.*

II° sous-Groupe, **Peucédanées**, Dc.

A. Fleurs d'un beau jaune.

29. Gen. **Pastinaca**, L. *Panais.*

† 1. Esp. P. SYLVESTRIS, Dc. 514.

Bisannuelle, Juillet, Septembre.

Se rencontre dans les prés un peu humides et sur le bord des routes du Jura et du Sundgau : Soleure, Genève (*Josel*); Porrentruy, Delémont, Mulhouse, Ferrette, Delle, Belfort, Bourogne (*Montandon*), 1827. 1855.

B. Fleurs blanches ou jaunâtres, ou d'un blanc verdâtre, ou d'un vert jaunâtre.

a. Pétales extérieurs profondément divisés.

30. Gen. **Heracleum**, L. *Berce.*

* Commissure à deux bandelettes.

1. Esp. **H. SPONDYLIUM**, L., Dc. 310.
Vivace, Mai, Juin.
Fréquente dans les prés et les pâturages du Jura et du Sundgau (*Joset, Montandon*).

VAR. forme *stenophyllum*, LK. St.-Ursanne (*Joset*).
VAR. forme *asperum*, MB.
Se rencontre sur les débris des rochers du Jura : la Dôle, vallon d'Ardran, le Reculet (*Joset*), rare.

** Commissure à bandelettes nulles.

† 2. Esp. **H. ALPINUM**, L., Dc. 310.
Vivace, Juin, Juillet.
Se rencontre dans les endroits pierreux et les éboulemens rocailleux du Jura et du Sundgau : Passevang, Moutier, Undervilliers, Tête-de-Rang, Creux-du-Van (*Joset*) ; St.-Pierre, près de Lucelle (*Montandon*), 1852.

b. Pétales échancrés ou presque entiers.

* *Commissure à bandelettes recouvertes par le péricarpe.*

31. Gen. **Thysselinum**, HOFF.

†† 1. Esp. **T. PALUSTRE**, HOFF.; *Selinum id.*, L., Dc. 310.
Vivace, Juin, Juillet.
Se rencontre dans les marais profonds du Jura et du Sundgau : Soleure, Genève (*Joset*) ; Delémont, Delle, Grosne, Huningue, Mulhouse, Belfort, Montbéliard (*Mont.*)

** *Commissure à bandelettes tout-à-fait superficielles.*

32. Gen. **Peucedanum**, L. *Peucédane.*

a. Involucre universel, nul ou oligophylle.

* Fleurs jaunâtres.

†† 1. Esp. **P. OFFICINALE**, L., Dc. 515.

Vivace, Juin, Août.

Se rencontre dans les prairies humides du Sundgau :
Delle, Altkirch, Carspach, Bettendorf, Belfort, Danjoutin
(*Montandon*).

** Fleurs d'un blanc verdàtre.

† 2. Esp. P. CHABRÆI, REICHB.; *Selinum id.*, Dc. 311.
Vivace, Juin, Septembre.

Se rencontre sur les collines calcaires du Jura et du
Sundgau : Moutier, Cremine, St.-Joseph, Trelex, St.-
Cergues, Gex (*Joset*) ; Delémont, Porrentruy, Delle, Bou-
rogne, Huningue, Lucelle, Ferrette, Bâle, Montbéliard
(*Montandon*).

b. Involucre universel à plusieurs folioles.

* Fleurs d'un vert jaunâtre.

†† 3. Esp. P. ALSATICUM, L., Dc. 313.
Vivace, Juin, Octobre.

Disséminée dans le Sundgau : Rouffach, au canal près
de l'ile Napoléon, fossés de la route d'Illzach à Mulhouse
(*Montandon*).

** Fleurs blanches ou d'un blanc verdàtre.

A. Feuilles glauques, pétioles non flexueux.

† 4. Esp. P. CERVARIA, LAP.; *Selinum id.*, Dc. 510.
Vivace, Juin, Juillet

Se rencontre disséminée sur les collines arides du Jura
et du Sundgau : Muttenz, Grentzach, Bienne, Seyon, la
Batie, Bois-des-Frères (*Joset*) ; Delémont, Belfort, Montbéliard, Ferrette, Didenheim, Bâle (*Montandon*).

B. Feuilles non glauques, pétioles flexueux comme brisés.

†† 5. Esp. P OREOSELINUM, MŒNCH.; *Sel. id.*, Dc. 310.
Vivace, Juin, Juillet.

Se rencontre sur les collines arides et graveleuses du
Jura et du Sundgau : Muttenz, Bienne, Genève, Thoiry
(*Joset*) ; la Harth, Belfort, Ferrette, Bourogne (*Montandon*).

BB. Carpelles à côtes secondaires, ailées, soyeuses ou épineuses.

IIIᵉ Groupe, **Laserpitiées**, Nᴏʙ.

A. Fruit à huit ailes entières, non épineuses.

33. Gen. **Laserpitium**, L.

* Folioles des feuilles entières.

† 1. Esp. ʟ ꜱɪʟᴇʀ, L., Dc. 509.
Vivace, Juin, Juillet.
Se rencontre disséminée sur les crêtes découvertes et arides du Jura et du Sundgau : Rehhag, Wahlenbourg, Chasseral, Creux-du-Van, Moron, la Dôle, le Colombier, le Reculet, Salins (*Joset*); près Huningue, le long du Rhin (*Montandon*).

** Folioles des feuilles dentées à base en cœur.

† 2. Esp. ʟ. ʟᴀᴛɪꜰᴏʟɪᴜᴍ, L., Dc. 509.
Vivace, Juillet, Septembre.
Se rencontre dans les endroits élevés et roeailleux du Jura : Ste.-Ursanne, etc. (*Joset, Montandon*).

*** Folioles des feuilles incisées, pinnatifides.

†† 3. Esp. ʟ. ᴘʀᴜᴛʜᴇɴɪᴄᴜᴍ, L., Dc. 509.
Vivace, Juillet, Octobre.
Se rencontre dans les marais frais et argileux du Jura et du Sundgau : marais Duilliers, bois de la Batie, Divonne (*Joset*); Michelfelden, à la rondelle près Mulhouse (*Mont.*).

B. Fruit chargé d'épines ou de soies par la découpure des 8 ailes.

a. Ombelle à plusieurs rayons.

34. Gen. **Daucus**, L. *Carotte.*

1. Esp. ᴅ. ᴄᴀʀᴏᴛᴀ, L., Dc. 512.
Vivace, Juin, Octobre.
Fréquente dans les prés et les endroits arides du Jura et du Sundgau (*Joset, Montandon*).

b. Ombelle composée de peu de rayons.

35. Gen. **Orlaya**, Hᴏꜰꜰ.

† 1. Esp. ᴏ. ɢʀᴀɴᴅɪꜰʟᴏʀᴀ, Hᴏꜰꜰ.; *Caucalis id.*, Dc. 512.

Annuelle, Juin, Octobre.

Se rencontre dans les champs de la plaine et les cultures du Jura et du Sundgau : Delémont, val de Ruz, Lignères, Thoiry (*Joset*) ; Porrentruy, Ste.-Croix, Guebwiller, Belfort, Montbéliard, Illfurth, Cœuve, Delle (*Mont.*), 1827, 1854.

II. Graines marquées à leur face commissurale d'un canal ou sillon profond, résultant de l'enroulement de ses bords, dans lequel s'enfonce le péricarpe.

IIe Division, **Campylospermées**, Dc.

A. *Carpelles pourvus de canaux résinifères.*

A. Columelle indivise ou à sommet fendu.

36. Gen. **Caucalis**, L. *Caucalide.*

a. Involucre et involucelle à folioles simples.

† 1. Esp. **C. LATIFOLIA**, L., Dc. 312.
Annuelle, Juin, Septembre.
Se rencontre rarement disséminée parmi les moissons du Jura et du Sundgau : vignes de la Bourg et d'Illfurth (*Montandon*), 1840—1854.

b. Involucre tout-à-fait nul.

* Tiges presque glabres, lisses.

† 2. Esp. **C. DAUCOIDES**, L., Dc. 312.
Annuelle, Juin, Juillet.
Se rencontre disséminée dans les champs incultes et arides du Jura et du Sundgau : Delémont, Nyon, Longirod, Besançon (*Joset*); Porrentruy, Delle, Cœuve, Ermont, Audincourt, Illfurth, Ligsdorf (*Montandon*), 1827, 1854.

** Tiges hérissées de poils rudes au toucher.

††3. Esp. **C. LEPTOPHYLLA**, L. ; *C. parviflora*, Dc. 312.
Annuelle, Juillet, Août.
Se rencontre disséminée dans les champs secs et arides du Jura et du Sundgau : Audincourt, Montbéliard (*Joset*); Huningue, Folgensbourg (*Montandon*), 1852.

B. Columelle bifide ou à deux divisions.

AA. *Carpelles épineux ou tuberculeux.*

37. Gen. **Torilis**, Gærtn.

I. Ombelles opposées aux feuilles presque sessiles.

1. Esp. **T. NODOSA**, Gærtn.; *Caucalis*, Dc. 512. *Annuelle, Juillet.*
Se rencontre dans les vignes et les endroits arides du Jura et du Sundgau : Besançon *(Joset)*; Illfurth, Tagolsheim *(Montandon)*, 1841.

II. Ombelles terminales non opposées aux feuilles.

* Involucre de six à douze folioles.

2. Esp. **T. ANTHRISCUS**, Gmel.; *Caucalis*, Dc. 312. *Annuelle, Juin, Septembre.*
Se rencontre assez fréquemment le long des chemins et des haies du Jura et du Sundgau *(Joset, Montandon)*.

** Involucre nul ou à une foliole.

† 3. Esp. **T. HELVETICA**, Gmel.; *C. arvensis*, Dc. 312. *Annuelle, Juin, Juillet.*
Se rencontre dans les champs arides et argileux du Jura et du Sundgau : Delémont, Nyon, Genève *(Joset)*; Hesingen, St.-Louis *(Montandon)*, 1852.

BB. *Carpelles lisses, nullement épineux.*

38. Gen. **Chærophyllum**, L. *Cerfeuil.*

I. Styles recourbés ou réfléchis.

a. Tige égale, peu ou point renflée aux articulations.

† 1. Esp. **C. AUREUM**, L., Dc. 506. *Vivace, Juin, Août.*
Se rencontre disséminée dans les endroits ombragés du Jura : Vaberbin *(Joset)*.
Var. forme *maculatum*, Vild. St-Ursanne *(Montd.)*.

b. Tige renflée sous les articulations.

* Folioles de l'involucelle ciliées, tige pleine.

2. Esp. **C. TEMULUM**, L., Dc. 506.

Annuelle . Juin , Septembre.

Fréquemment répandue dans les haies et les décombres du Jura et du Sundgau (*Josel*, *Montandon*).

** Folioles de l'involucelle non ciliées, tige fistuleuse.

† 5. Esp. **C. BULBOSUM**, L., KIRCH. 559.
Annuelle, *Juin*, *Juillet*.

Se rencontre sur les collines parmi les buissons du Sundgau : Mulhouse, St.-Louis, Oesingen (*Montandon*).

II. Styles dressés, pétales velus ou ciliés.

† 4. Esp. **C. HIRSUTUM**, L., Dc. 506.
Vivace, Mai, Juillet.

Se rencontre dans les forêts ombragées des montagnes du Jura et du Sundgau : Ruz-des-Seignes, cirque de la Caquerelle (*Josel*); Lucelle, St.-Pierre (*Montandon*).

VAR. forme *villarsii*, KOCH. Wasserfall, Mont-terrible (*Josel*, *Montandon*).

B. *Carpelles à canaux résinifères nuls ou peu distincts.*

A. Canaux résinifères à peine sensibles.

39. Gen. **Anthriscus,** HOFF.

* Fruits tous glabres.

1. Esp. **A. SYLVESTRIS**, HOFF.; *Chæroph.*, Dc. 506.
Vivace, Mai, Octobre.

Répandue dans les vergers et les prairies du Jura et du Sundgau (*Josel*, *Montandon*).

VAR. forme *tenuifolia*, NOB.; *Anth. torquata*, THOM.
Rocailles du Lhomond, sous les roches près de Porrentruy (*Josel*); près de Lucelle (*Montandon*), rare.

** Fruit tous hispides.

† 2. Esp. **A. VULGARIS**, PERS.; *Scand. anthriscus*, L.; *Cauc. scandicina*, Dc. 512.
Annuelle, *Mai, Août*.

Se rencontre disséminée dans les haies, les décombres et sur le bord des routes du Jura et du Sundgau : Neuchâtel, Nyon, Genève, Salins, Besançon (*Josel*); St.-Louis, Neuweg, Mulhouse (*Montandon*).

B. Canaux résinifères nullement distincts.

a. Carpelles à bec plus ou moins allongé.

* *Fruits à bec très long.*

40. Gen. **Scandix,** L. *Peigne de Vénus.*

† 1. Esp. s. PECTEN, L. Dc. 306.
Annuelle, Avril, Juillet.
Se rencontre disséminée dans les champs argileux du Jura et du Sundgau : Sissach, Nyon, Genève, Besançon, Montbéliard (*Joset*); St.-Louis, Delle, Mulhouse (*Montandon*).

** *Fruits à bec très court.*

41. Gen. **Myrrhis,** Scop.

† 1. Esp. M. ODORATA, Scop.; *Chœroph. id.*, Dc. 306.
Vivace, Juin, Juillet.
Se rencontre le long des torrens et des rivières du Jura et du Sundgau : Tiefematt, la Brevine, Bec-à-l'Oiseau, val de Joux (*Joset*); val de Lucelle, St.-Pierre (*Montandon*).

b. Carpelles presque globuleux à côtes ondulées.

42. Gen. **Conium,** L. *Ciguë.*

† 1. Esp. C. MACULATUM, L.; *Circuta major*, Dc. 311.
Bisannuelle, Juin, Octobre.
Se rencontre disséminée dans les haies et les lieux vagues du Jura et du Sundgau : Bienne, le Colombier, Nyon, Genève (*Joset*); Delémont, Porrentruy, Delle, Mulhouse, Belfort (*Montandon*).

8. Fam. **HÉDÉRÉES**, Dc.

Gen. **Hedera**, L. *Lierre.*

1. Esp. H. HELIX, L., Dc. 504.
Vivace, Juin, Octobre.
Fréquemment disséminée dans les forêts, sur les arbres et les vieux murs du Jura et du Sundgau (*Joset, Montd.*).

9. Fam. **CORNÉES**, Dc.

Gen. **Cornus**, L. *Cornouiller*.

* Fleurs d'un beau jaune.

1. Esp. C. MASCULA, L., Dc. 304.
Vivace, Mars, Avril.
Se rencontre dans les forêts et sur les collines arides du Jura et du Sundgau : Neuveville, Promenthoux, Augst (*Josel*); Ferrette, Delle, Mulhouse (*Montandon*).

** Fleurs blanches ou blanchâtres.

2. Esp. C. SANGUINEA, L., Dc. 304.
Vivace, Avril, Mai.
Fréquente sur les collines calcaires et dans les forêts du Jura et du Sundgau (*Josel, Montandon*).

10. Fam. **LORANTHACÉES**, Don.

Gen. **Viscum**, L. *Gui*.

1. Esp. V. ALBUM, L. Dc. 305.
Vivace, Février, Mai.
Disséminée et parasite sur les arbres fruitiers, tels que le poirier, le pommier et le sapin, dans tout le Jura et le Sundgau (*Josel, Montandon*).

IIe DIVISION.

DICOTYLÉDONES MONOPÉTALES.

3e CLASSE, **Calycanthées.**

ANALYSE PRATIQUE DES FAMILLES.

1.	*Fleurs* tout-à-fait libres	1
	Fleurs sur un réceptacle commun	6
	Fruit formé d'une capsule ou d'une noix	2
	Fruit formé d'une baie ou d'un drupe	4
2.	*Fruit* formé d'une ou plusieurs noix	5
	Fruit formé d'une capsule s'ouvrant sur les côtés. CAMPANULACÉES, p. 155.	

5.
{ *Fruit* se composant de deux noix.
 Stellatées, p. 149.
 Fruit composé d'une seule noix.
 Valérianées, p. 153.

4.
{ *Étamines* reposant sur un disque hypogyne, stipules nulles. Vacciniées, p. 148.
 Étamines ne reposant pas sur un disque hypogyne quelconque 5

5.
{ *Feuilles* disposées en alternance.
 Cucurbitacées, p. 145.
 Feuilles en opposition. Caprifoliacées, p. 145

6.
{ *Anthères* tout-à-fait libres entre elles ou conniventes. 7
 Anthères soudées et réunies en cylindre.
 Composées, p. 164.

7.
{ *Feuilles* alternes. Ambrosiacées, p. 161.
 Feuilles opposées. Dipsacées, p. 159.

---

1. Fam. CUCURBITACÉES, Dc.

1. Gen. **Bryonia**, L. *Bryone.*

1. Esp. b dioica, L., Dc. 250.
Vivace, Juin, Juillet.
Se rencontre disséminée dans les haies, les clôtures et les buissons du Jura et du Sundgau (*Joset, Mondandon*).

2. Fam. CAPRIFOLIACÉES, Juss.

I. *Corolle régulière en entonnoir ou en roue.*

* *Plantes herbacées.*

1. Gen. **Adoxa**, L. *Moschatelline.*

1. Esp. a. moschatellina, L., Dc. 520.
Vivace, Mars, Avril.
Se rencontre disséminée dans les haies, les lieux ombragés et couverts du Jura et du Sundgau : les Brenets, Genève, Delémont, val de Ruz (*Joset*); Porrentruy, Ferrette, Delle, Belfort, Mulhouse (*Montandon*).

** *Plantes ligneuses ou presque herbacées.*

a. Corolle en roue, feuilles pinnées.

2. Gen. **Sambucus**, L.   *Sureau.*

I. Plantes presque herbacées.

† 1. Esp. s. EBULUS, L., Dc. 504.
Vivace, Juin, Juillet.
Se rencontre disséminée dans les vallées du Jura et du Sundgau (*Joset, Montandon*).

II. Plantes arborescentes.
* Fleurs en grappes.

† 2. Esp. s. RACEMOSUS, L., Dc. 504.
Vivace, Avril, Juin.
Se rencontre disséminée dans.les bois montueux et les coupes du Jura et du Sundgau (*Joset, Montandon*).

** Fleurs en cymes.

5. Esp. s. NIGRA, L., Dc. 504.
Vivace, Juin, Juillet.
Fréquente dans les forêts, les haies et les clôtures du Jura et du Sundgau (*Joset, Montandon*).

b. Corolle en entonnoir, ou tubuloso-campanulée, feuilles simples, entières ou lobées.

3. Gen. **Viburnum**, L.   *Viorne.*

* Feuilles ovales, tomenteuses.

1. Esp. v. LANTANA, L., Dc. 503.
Vivace, Mai, Juin.
Fréquente sur les collines montagneuses du Jura et du Sundgau (*Joset, Montandon*).

** Feuilles lobées, glabres.

2. Esp. v. OPULUS, L., Dc. 503.
Vivace, Mai, Juin.
Fréquemment répandue dans les haies et sur le bord des forêts peu élevées du Jura et du Sundgau (*Joset, Montandon*).

II. *Corolle irrégulière, en entonnoir, ou en tube.*

4. Gen. **Lonicera**, L. *Chèvre-feuille.*

I. Tige volubile, calice persistant.

* Capitules de fleurs sessiles.

† 1. Esp. L. **CAPRIFOLIUM**, L., Dc. 502.
Vivace, Juin, Juillet.
Se rencontre dans les endroits chauds et arides du Jura
et du Sundgau : Neuchâtel, Bévoix, Mœnchenstein (*Joset*) ;
val de Lucelle (*Montandon*).

** Capitules de fleurs pédonculées.

2. Esp. L. **PERICLIMENUM**, L., Dc. 502.
Vivace, Juin, Août.
Se rencontre dans les haies et les forêts du Jura et du
Sundgau : Genève, Besançon, Délemont (*Joset*) ; Delle,
Cœuve, Porrentruy, Ferrette, Altkirch, Mulhouse (*Mon-
tandon*).

II. Tiges dressées, calice caduc.

a. Pédoncules plus courts que les fleurs.

* Fleurs d'un blanc jaunâtre.

† 3. Esp. L **COERULA**, L., Dc. 303.
Vivace, Juin, Août.
Se rencontre dans les marais spongieux du Jura : aux
Pontins, Lignères, Valavron, Chasseral, Creux-du-Van,
Suchet, la Dôle (*Joset*) ; val de Lucelle, St.-Pierre (*Mont.*).

** Fleurs d'un blanc rosé.

4. Esp. L. **XYLOSTEUM**, L., Dc. 305.
Vivace, Juin, Juillet.
Fréquente dans les haies, les bois et sur les collines du
Jura et du Sundgau (*Joset, Montandon*).

b. Pédoncules plus longs que les fleurs.

* Fleurs roses, baies noires.

† 5. Esp. L. **NIGRA**, L., Dc. 305.
Vivace, Mai, Juin.

Se rencontre disséminée dans les forêts des montagnes
du Jura et du Sundgau : Wasserfall, Moron, Raimeux,
Gretery, Chasseral, le Suchet, la Dôle (*Joset*) ; val St.-
Dizier (*Montandon*), 1851.

** Fleurs jaunâtres, baies rouges.

† 6. Esp. L. ALPIGENA, L., Dc. 505.
Vivace, Juillet, Août.
Se rencontre disséminée sur les collines élevées du Jura
et du Sundgau : sous les Roches, Cornol, les Rangiers,
Lucelle, Ferrette, (*Joset, Montandon*), 1827, 1851.

3. Fam. VACCINIÉES, Dc.

1. Gen. **Vaccinium**, L. *Myrtille.*

I. *Tiges couchées, corolle en roue.*

1. Esp. V. OXYCOCCOS, L., Dc. 250.
Vivace, Juin, Juillet.
Se rencontre dans les marais tourbeux du Jura : Bellelay,
Chaux d'Abel, la Seigne (*Joset*).

II. *Tiges droites ou ascendantes, corolle urcéolée.*

a. Rameaux anguleux.

2. Esp. V MYRTILLUS, L., Dc. 250.
Vivace, Mai, Juin.
Se rencontre dans les forêts à sol tourbeux et humide
du Jura et du Sundgau : Delémont (*Joset*) ; Delle, Ferrette
(*Montandon*).

b. Rameaux arrondis.

* Anthères nullement aristées.

† 3. Esp. V. VITIS IDÆA, L., Dc. 250.
Vivace, Mai, Juin.
Se rencontre dans les forêts rocailleuses du Jura et du
Sundgau : val de Joux, les Rousses, Pontarlier (*Joset*) ;
Ferrette, Delle (*Montandon*).

** Anthères munies sur le dos de deux arêtes.

4. Esp. V. ULIGINOSUM, L., Dc. 250.

Vivace, Mai, Juin.

Se rencontre dans les endroits tourbeux du Jura et du Sundgau : la Sagne, val de Joux, les Rousses, Chaux d'A-bel, Bellelay (*Joset*) ; Ferrette, Sondersdorf (*Montandon*).

4. Fam. **STELLATÉES**, Dc.

A. *Fruit couronné par les dents du calice.*

1. Gen. **Sherardia**, L. *Sherarde.*

1. Esp. S. ARVENSIS, L., Dc. 298.
Annuelle, tout l'été.
Se rencontre dans les champs et les cultures du Jura et du Sundgau (*Joset, Montandon*).

B. *Fruit non couronné par les dents du calice.*

a. Corolle en tube évasé en entonnoir.

2. Gen. **Asperula**, L. *Aspérule.*

I. *Fleurs bleues, rouges ou roses.*

* Fleurs roses, corolle rugueuse à l'intérieur.

1. Esp. A. CYNANCHICA, L., Dc. 298.
Vivace, Mai, Juin.
Se rencontre dans les endroits secs et arides du Jura et du Sundgau (*Joset, Montandon*).
VAR. forme *montana* KIT. Westhalten: (*Montandon*).

** Fleurs bleuâtres, corolle lisse à l'extérieur.

†† 2. Esp. A. ARVENSIS, L., Dc. 298.
Annuelle, Mai, Juin.
Se rencontre dans les champs arides du Jura et du Sund-gau : Muttenz, Aesch, Birsfelden, Nyon, Longirod, Delé-mont (*Joset*) ; Audincourt (*Montandon*).

II. *Fleurs blanches.*

* Feuilles lancéolées, huit par verticille.

3. Esp. A. ODORATA, L., Dc. 298.
Vivace, Juin, Juillet.
Se rencontre dans les forêts ombragées du Jura et du Sundgau (*Joset, Montandon*).

11

" Feuilles ovales lancéolées, quatre par verticille.

†† 4. Esp. **A. TAURINA**, L., Dc. 298.
Annuelle, Juin, Juillet.
Se rencontre sur les coteaux secs et arides du Jura :
Orbes (*Joset*).

*** Feuilles linéaires, six à quatre par verticille.

† 5. Esp. **A. TINCTORIA**, L., Dc. 298.
Vivace, Juin, Juillet.
Se rencontre sur les coteaux arides du Jura : Monché-
rand, Orbes (*Joset*) ; Montbéliard (*Montandon*).

VAR. forme *gallioides*, Mb. Westhalten, Orschwihr,
Istein, la Hart, Oltingen, Oberlarg (*Montandon*), rare.

b. Corolle à tube court, à limbe en roue.

3. Gen. **Galium**, *Gaillet.*

I. *Fleurs polygames jaunes ou blanchâtres.*

* Fleurs jaunes.

1. Esp. **G. CRUCIATA**, Scop., Dc. 299.
Vivace, Mai, Juin.
Se rencontre le long des haies et dans les prés du Jura
et du Sundgau (*Joset, Montandon*).

** Fleurs blanchâtres.

†† 2. Esp. **G. SACCHARATUM**, All., Dc. 501.
Annuelle, Juin, Juillet.
Se rencontre disséminée parmi les céréales du Jura et
du Sundgau : Porrentruy (*Joset*); St.-Louis (*Montandon*).

II. *Fleurs hermaphrodites jaunes, blanches ou
rougeâtres.*

A. Fruit glabre non tuberculeux.

* Fleurs jaunes.

5. Esp. **G. VERUM**, L., Dc. 299.
Vivace, Juin, Septembre.
Se rencontre dans les prés secs et arides du Jura (*Joset,
Montandon*).

VAR. forme *ochroleucum*, WULF. Au Rückenmatten (*Joset*) ; Ligsdorf (*Montandon*), rare.

** Fleurs blanches.

I. Feuilles à trois nervures.

a. Tige couchée, feuilles ovales mucronées.

† 4. Esp. G. ROTUNDIFOLIUM, L., Dc. 301.
Vivace, Juin, Juillet.
Se rencontre dans les forêts élevées du Jura et du Sundgau : Peuchapatte, la Joux, Pontarlier (*Joset*); Landskron, Massevaux (*Montandon*).

b. Tige dressée, feuilles lancéolées non mucronées.

† 5. Esp. G. BOREALE, L., Dc. 301.
Vivace, Juillet, Août.
Se rencontre dans les prés et les vallées humides du Jura et du Sundgau : Corendelin, Lignères, Nyon, Salins, Pontarlier (*Joset*); Michelfelden (*Montandon*).

II. Feuilles à une seule nervure.

a. Tige à peu près cylindrique, plante glauque.

6. Esp. G. SYLVATICUM, L., Dc. 299.
Vivace, Mai, Juillet.
Se rencontre dans les forêts ombragées du Jura et du Sundgau (*Joset, Montandon*).

b Tige quadrangulaire à articulations renflées.

7. Esp. G. MOLLUGO, L., Dc. 300.
Vivace, Mai, Août.
Fréquente dans les prés, les haies et les pâturages du Jura et du Sundgau (*Joset, Montandon*).

c. Tige non renflée, glabre, feuilles non aiguillonnées.

8. Esp. G SYLVESTRE, POLL.; *Gal. supinum*, Dc. 300.
Vivace, Mai, Septembre.
Se rencontre dans les pâturages du Jura et du Sundgau (*Joset, Montandon*).

Var. forme *alpestre*, Gaud. Au Reculet (*Joset*).
— — *pumilum*, Dc. Au Chasseral (*Joset*).
— — *helveticum*, Weig. A Huningue (*Montand.*)

d. Tige couchée inférieurement, souche rampante.

† 9. Esp. G. **saxatile**, L., Dc. 301.
Vivace, Juin, Juillet.
Se rencontre sur les hautes sommités du Jura : au Weissenstein (*Joset*).

e. Tige diffuse, rude de bas en haut, surtout vers les angles.

10. Esp. G. **palustre**, L., Dc. 300.
Vivace, Juin, Juillet.
Se rencontre fréquemment dans les marais et les fossés du Jura et du Sundgau (*Joset, Montandon*).

B. Fruit tuberculeux non poilu.

a. Fruit tuberculeux, pédicelles solitaires ou géminés.

††11. Esp. G. **anglicum**, Huds., Dc. 500.
Annuelle, Juillet, Septembre.
Se rencontre dans les champs arides du Jura et du Sundgau : Muttenz, Nyon, Prangin, Genthod, Atschwiller *Joset*); Huningue (*Montandon*).

b. Fruit verruqueux, pédicelles fructifères, horizontalement étalés.

† 12. Esp. G. **ulliginosum**, L., Dc. 300.
Annuelle, Juillet, Août.
Se rencontre dans les marais tourbeux du Jura et du Sundgau : Muttenz, Augst, la Brevine, Besançon (*Joset*); Michelfelden, Grosne, Mulhouse (*Montandon*).

c. Fruit verruqueux, pédicelles recourbés après la floraison.

† 13. Esp. G. **tricorne**, Wither., Dc. 301.
Annuelle, Mai, Juin.
Se rencontre dans les champs arides du Jura et du Sundgau : Rheinach, Aesch, Morges, Nyon (*Joset*); Audincourt, Delle, Mulhouse (*Montandon*).

C. Fruit hérissé et poilu.

14. Esp. G. APARINE, L., Dc. 301.
Annuelle, Juin, Juillet.
Fréquente dans les haies, les champs et les cultures du Jura et du Sundgau (*Joset, Montandon*).

VAR. forme *agreste*, WALR. Mulhouse (*Montandon*).

5. Fam. **VALÉRIANÉES**, Dc.

I. *Corolle pourvue d'un éperon vers sa base.*

1. Gen. **Centranthus**, Dc. *Centranthe.*

* Feuilles linéaires lancéolées.

† 1. Esp. C. ANGUSTIFOLIUS, ALL., Dc. 297.
Vivace, Juin, Août.
Se rencontre au milieu des débris rocailleux du Jura : Salins, Regenfluh, au Hasenmatt, Noiraigne, Creux-du-Van (*Joset*).

** Feuilles ovales lancéolées.

† 2. Esp. C. RUBER, L., Dc. 297.
Vivace, Juin, Août.
Se rencontre sur les rochers secs et arides du Jura : Neuchâtel, Salins (*Joset*).

II. *Eperon nul ou à peine sensible, aigrette plumeuse.*

2. Gen. **Valeriana**, L. *Valériane.*

A. Fleurs hermaphrodites.

1. Esp. V. OFFICINALIS, L., Dc. 296.
Vivace, Mai, Juillet.
Assez répandue dans les haies, les bois et les coupes du Jura et du Sundgau (*Joset, Montandon*).

B. Fleurs dioiques ou polygames.

a. Feuilles caulinaires entières.

† 2. Esp. V. MONTANA, L., Dc. 296.
Vivace, Juillet, Août.

Se rencontre dans les endroits rocailleux du Jura : le Reculet (*Joset*).

b. Feuilles caulinaires trifides ou ternées.

† 5. Esp. **v. TRIPTERIS**, L., Dc. 296.
Vivace, Juin, Juillet.
Se rencontre dans les endroits rocailleux et élevés du Jura : Wasserfall, Schaafmatt, Dornach, Joux, Salins (*Joset*).

c. Feuilles caulinaires ailées ou pinnées.

4. Esp. **v. DIOICA**, L., Dc. 297.
Vivace, Juin, Juillet.
Fréquemment disséminée dans les prairies et les fossés humides du Jura et du Sundgau (*Joset, Montandon*).

III. *Éperon nul, aigrette nulle, calice ni enroulé ni plumeux.*

3. Gen. **Valerianella**, TOURN. *Doucette.*

a. Dents calicinales à peine sensibles.

· Loges stériles jointes par une cloison incomplète.

1. Esp. **v. OLITORIA**, POLL., Dc. 297.
Annuelle, Mars, Avril.
Se rencontre dans les cultures du Jura et du Sundgau (*Joset, Montandon*).

** Loges séparées par une cloison complète.

† 2. Esp. **v. CARINATA**, LOIS., Dc. 297.
Annuelle, Mars, Avril.
Se rencontre disséminée dans les cultures du Jura et du Sundgau ; plus rare que la précédente (*Joset, Montandon*).

b. Limbe calicinal tronqué obliquement comme campanulé.

* Loges stériles, très étroites et filiformes.

† 3. Esp. **v. ERIOCARPA**, DESV.
Annuelle, Mai, Juin.
Cultures du Jura et du Sundgau : Neuchâtel (*Joset*); Guebwiller, Belfort (*Montandon*).

Var. forme *morisonii*, Dc. Genève (*Joset*).
Var. forme *lasiocarpa*, Dc. Neuchâtel (*Joset*).

** Loges stériles égalant ou dépassant les loges fertiles.

† 4. Esp. v. dentata, Dc. 297.
Annuelle, Juin, Août.
Se rencontre dans les champs arides du Jura et du Sundgau : Delémont, Besançon (*Joset*); Porrentruy, Delle, Mulhouse (*Montandon*).

6. Fam. CAMPANULACÉES, Dc.

I. *Fleurs disposées en ombelles globuleuses.*

1. Gen. Jasione, L.

1. Esp. j. MONTANA, L., Dc. 255.
Annuelle, Juin, Juillet.
Se rencontre disséminée dans les champs incultes et sur les collines arides du Jura et du Sundgau : Boudry, Joli-mont, Nyon (*Joset*); Villars-le-Sec, Faverois, Florimont, Cœuve, Beurnevaisin, Rüderbach, Bisel, Porrentruy, Delle, Huningue, Ferrette, Mulhouse (*Montandon*).

II. *Fleurs disposées en épis compactes ou en capitules.*

2. Gen. Phytheuma, L. *Raiponce.*

* Fleurs en épis allongé, bractées linéaires.

1. Esp. P. SPICATA, L., Dc. 254.
Vivace, Juin, Juillet.
Se rencontre dans les bois ombragés, les prés et les pâturages élevés du Jura et du Sundgau (*Joset, Montandon*).

Var. forme *nigra*, SCHMIDT. Genève (*Joset*).

** Fleurs en capitules arrondis, bractées ovales.

† 2. Esp. P. ORBICULARIS, L., Dc. 254.
Vivace, Juin, Juillet.
Se rencontre dans les mêmes localités, mais plus rarement : Delémont (*Joset*); Belfort, Ferrette (*Montandon*).

Var. forme *elliptica*, VILL. Chasseral (*Joset*).

III. *Fleurs en panicule, en thyrse, en corymbe serré ou solitaires.*

a. Corolle en roue.

3. Gen. **Specularia,** Heist. *Miroir de Vénus.*

* Lanières calicinales égalant la corolle et l'ovaire.

1. Esp. **s.arvensis**, Dod.; *Prismat. speculum,* Dc. 254. *Annuelle, Mai, Juin.*
Se rencontre fréquemment dans les céréales du Jura et du Sundgau (*Joset, Montandon*).

** Lanières calicinales de la demi-longueur de l'ovaire.

†† 2. Esp. **s. hybrida**, Dod.; *Prismat. hybridus,* Dc. 254. *Annuelle, Juin, Juillet.*
Parmi les précédentes mais plus rare : Besançon, Saint-Jacques (*Joset*) ; Hegenheim, Rouffach, Westhalten, Orschwihr, Bergholtz, Mulhouse (*Montandon*).

b. Corolle campanulée.

4. Gen. **Campanula,** L. *Campanule.*

I. *Fleurs en grappe ou en panicule.*

A. Feuilles inférieures, orbiculaires en cœur, les supérieures linéaires ou lancéolées linéaires.

a. Tige à une seule fleur.

† 1. Esp. **c. scheuchzeri**, Vill.; *C. linifolia,* Dc. 252. *Vivace, Juillet.*
Se rencontre sur les hautes sommités du Jura et du Sundgau : Soleure (*Joset*) ; le Blochmont (*Montandon*).

b. Plusieurs fleurs, tige ramifiée.

2. Esp. **c. rotondifolia**, L., Dc. 252. *Vivace, Juin, Août.*
Fréquemment répandue dans les prairies de la plaine et des montagnes du Jura et du Sundgau (*Joset, Montand.*).

c. Plusieurs fleurs, tige tout-à-fait simple.

3. Esp. **c. pusilla**, Hænk., Dc. 252.

Vivace, Juin, Août.

Se rencontre dans les endroits ombragés, parmi les rochers et les graviers mouvants du Jura et du Sundgau : Porrentruy, Ferrette, Blochmont (*Joset, Montandon*).

B. Feuilles inférieures presque rhomboïdes, les caulinaires ovales, aiguës.

† 4. Esp. **C. RHOMBOIDALIS**, L., Dc. 252.

Vivace, Juillet, Août.

Se trouve le long des ruisseaux des forêts montueuses du Jura : Creux-du-Van, val de Joux, Mont-d'or, la Faucille, la Dôle, le Reculet (*Joset*).

C. Feuilles inférieures oblongues ou en spatules, les supérieures lancéolées ou linéaires.

a. Plantes tout-à-fait glabres.

† 5. Esp. **C. PERSICIFOLIA**, L., Dc. 252.

Vivace, Juin, Juillet.

Se rencontre disséminée dans les forêts et les broussailles du Jura et du Sundgau : Genève, Besançon (*Joset*) ; Ferrette, Mulhouse (*Montandon*).

b. Plantes à feuilles poilues ou presque pubescentes.

* Grappe de fleurs étalées, larges, feuilles planes.

† 6. Esp. **C. PATULA**, L., Dc. 252.

Vivace, Juin, Juillet.

Se trouve dans les endroits incultes des vallées du Jura et du Sundgau : Grentzach, Bâle, Chatillon, Cerlier, Nyon, Montbéliard (*Joset*) ; val de Lucelle, Azuel (*Montandon*).

** Grappe de fleurs serrées, étroites ; feuilles à bords ondulés.

7. Esp. **RAPONCULUS**, L., Dc. 252.

Vivace, Juin, Août.

Assez repandue sur les collines arides du Jura et du Sundgau (*Joset, Montandon*)

D. Feuilles inférieures longuement pétiolées, à base en cœur, ovalaire ou tronquée, les supérieures oblongues ou ovales.

    a. Tige anguleuse, corolle à angles ciliés.

8. Esp. C. TRACHELIUM, L., Dc. 255.
Vivace, Juin, Juillet.
Se rencontre dans les bois et sur les collines du Jura et du Sundgau (*Joset, Montandon*).

    VAR. forme *urticifolia,* SCHMIDT. St.-Imier (*Joset*).

b. Tige cylindrique, corolle velue sur le bord des lobes.

    * Feuilles inférieures en cœur à la base, racine stolonifère.

9. Esp. C. RAPUNCULOIDES, L., Dc. 252.
Vivace, Juin, Septembre.
Se rencontre dans les bois, les champs et sur les collines incultes du Jura et du Sundgau (*Joset, Montandon*).

** Feuilles inférieures atténuées à la base, racine sans stolons.
†† 10. Esp. C. LATIFOLIA, L., Dc. 252.
Vivace, Juin, Septembre.
Se rencontre dans les endroits frais et ombragés du Jura : Weissenstein, Chasseral, près de Valavron, aux Brenets, Mont-d'or, la Dôle (*Joset*) ; la Hart près Mulhouse (*Mont.*).

    II. *Fleurs sessiles en épis ou en capitules.*

    a. Fleurs formant une grappe simple.

† 11. Esp. C. THYRSOIDEA, L., Dc. 255.
Vivace, Juin, Juillet.
Se trouve disséminée sur les crêtes rocailleuses du Jura : la Dôle, le Reculet, le Colombier (*Joset*).

    b. Fleurs ramassées ou agrégées en capitules.

    * Lobes calicinaux à sommet arrondi.

†† 12. Esp. C. CERVICARIA, L., Dc. 255.
Vivace, Juin, Juillet.
Se rencontre dans les bois et sur les collines arides du Jura et du Sundgau : Rheinfelden, Holzberg, Nyon, la Batie (*Joset*) ; Guebwiller, Ottmarsheim, la Hardt près Sierentz (*Montandon*).

** Lobes calicinaux à sommet acuminé, aigu.

13. Esp. C. GLOMERATA, L., Dc. 255.
Vivace, Juillet, Septembre.
. Assez fréquemment disséminée sur les collines et dans les prés secs et arides du Jura et du Sundgau (*Joset, Mont.*)
VAR. forme *agregata*, WILD. Mulhouse (*Montandon*).

7. Fam. DIPSACÉES, Dc.

I. *Réceptacle hérissé de poils.*

1. Gen. Knautia, COULT.

a. Feuilles de la tige pinnatifides.

1. Esp. K. ARVENSIS, COULT., SCAB., Dc. 295.
Vivace, Juin, Août.
Fréquemment répandue dans les prairies du Jura et du Sundgau (*Joset, Montandon*).

b. Feuilles de la tige entières ou dentées.

2. Esp. K. SYLVATICA, DUB., SCAB., Dc. 295.
Vivace, Juin, Août.
Bois et pâturages du Sundgau (*Joset, Montandon*).
VAR. forme *longifolia*, KOCH. Creux-du-Van, Tête-de-Rang, St.-Imier (*Joset*), rare.

II. *Réceptacle chargé de paillettes.*

A. Involucre à plusieurs folioles.

* *Limbe du calice extérieur à quatre lobes.*

2. Gen. Succisa, MERT., KOCH.

1. Esp. S. PRATENSIS, MŒNCH., SCAB., Dc. 295.
Vivace, Juin, Juillet.
Fréquente dans les prés humides du Jura et du Sundgau (*Joset, Montandon*).

** *Limbe du calice extérieur campanulé ou en roue.*

3. Gen. Scabiosa, L. *Scabieuse.*

a. Feuilles radicales entières.

† 1. Esp. S. SUAVEOLENS, DESF., Dc. 296.

Vivace, Juin, Juillet.

Se rencontre dans les endroits gramineux des pâturages du Jura et du Sundgau : Felsmühl (*Joset*); Kembs, St.-Louis, Mulhouse (*Montandon*).

b. Feuilles radicales dentées, incisées ou pinnatifides.

* Feuilles presque glabres, luisantes.

† 2. Esp. s. LUCIDA, VILL., Dc. 295.
Vivace, Juillet, Août.

Se rencontre dans les escarpemens et sur les crêtes rocailleuses du Jura et du Sundgau : St.-Georges, Moutier, Chasseral, la Dôle, Creux-du-Van, le Reculet (*Joset*); au Blochmont, près de Lucelle (*Montandon*).

** Feuilles velues non luisantes.

5. Esp. s. COLOMBARIA, L., Dc. 295.
Vivace, Juin, Octobre.

Assez répandue sur les pâturages et les collines arides du Jura et du Sundgau (*Joset, Montandon*).

B. Involucre composé de peu de folioles.

* *Folioles extérieures plus courtes que l'involucre.*

4. Gen. **Cephalaria**, SCHRD.

† 1. Esp. C. ALPINA, SCHRD., SCAB., Dc. 294.
Vivace, Juin, Juillet.

Se rencontre disséminée sur les crêtes élevées du Jura : la Dôle, le Reculet, St.-Cergues (*Joset*).

** *Folioles extérieures dépassant l'involucre.*

5. Gen. **Dipsacus**, L. *Cardère.*

1. Feuilles de la tige laciniées ou pinnatifides.

† 1. Esp. D. LACINIATUS, L., Dc. 294.
Bisannuelle, Juin, Août.

Se rencontre dans les endroits humides et sur le bord des chemins du Jura et du Sundgau : St.-Cergues, Fernay (*Joset*); Neuweg, Mulhouse (*Montandon*).

II. Feuilles de la tige entières ou dentées.

* Feuilles soudées vers leur base.

2. Esp. s. SYLVESTRIS, L., Dc. 294.
Vivace, Juin, Octobre.
Assez répandue dans les lieux incultes du Jura et du Sundgau (*Joset, Montandon*).

** Feuilles pétiolées, capitules sphériques.

† 5. Esp. D. PILOSUS, L., Dc. 294.
Vivace, Juin, Juillet.
Se rencontre disséminée sur les collines un peu humides et argileuses du Jura et du Sundgau : la Hardt, Muttenz (*Joset*); Porrentruy, val St.-Dizier, Mulhouse, Illfurth (*Montandon*).

8. Fam. AMBROSIACÉES, Link.

1. Gen. Xanthium, L. *Lampourde.*

* Tige fleurie sans épines.

† 1. Esp. X. STRUMARIUM, L., Dc. 185.
Annuelle, Juin, Octobre.
Dans les lieux vagues du Jura et du Sundgau : Genève, Nyon (*Joset*); Porrentruy, Montbéliard, Delémont, Bâle, Mulhouse, Illzach (*Montandon*).

** Tige fleurie épineuse.

†† 2. Esp. X. SPINOSUM, L., Dc. 185.
Annuelle, Juin, Août.
Lieux vagues du Jura et du Sundgau : Porrentruy (*Joset*); Mulhouse, Colmar (*Montandon*).

9. Fam. COMPOSÉES, Dc.

I. Capitules à fleurons tubuleux, au moins ceux du centre.

Ier Groupe, **Tubuliflores**, Nob.

A. *Fleurons tous tubuleux, style renflé vers le sommet.*

Ire Division, **Cynarocéphalées**, Dc.

J. *Aigrettes caduques se détachant d'une seule pièce.*

A. Réceptacle alvéolé, dépourvu de soies.

1. Gen. **Onopordum**, L. *Chardon aux ânes.*

† 1. Esp. **O. ACANTHIUM**, L., Dc. 268.
Vivace, Juin, Octobre.
Se rencontre dans les lieux incultes du Jura et du Sundgau : Bienne, Neuchâtel (*Joset*); Altkirch, Mulhouse, Zillisheim, Battenheim (*Montandon*).

B. Réceptacle hérissé de soies.

AA. *Folioles intérieures, scarieuses et rayonnantes.*

2. Gen. **Carlina**, L. *Carline.*

* Un seul capitule terminal.

† 1. Esp. **C. SUBACAULIS**, Dc. 276; *C. acaulis*, L.
Vivace, Juin, Septembre.
Se rencontre disséminée dans les pâturages arides du Jura et du Sundgau : Porrentruy, Florimont, Delle, Ferrette, Montbéliard, Belfort (*Joset, Montandon*).

** Tige chargée de plusieurs capitules.

2 Esp. **C. VULGARIS**, L., Dc. 276.
Annuelle, Juin, Septembre.
Disséminée dans les endroits incultes et arides du Jura et du Sundgau (*Joset, Montandon*).

BB. *Folioles intérieures nullement rayonnantes.*

a. Feuilles marbrées de blanc.

3. Gen. **Silybum**, Gært. *Chardon Marie.*

† 1. Esp. **S. MARIANUM**, Gært., Dc. 259.
Bisannuelle, Juillet, Octobre.
Se rencontre parfois dans les décombres du Jura et du Sundgau : Porrentruy, Ferrette, Delle, Mulhouse (*Joset, Montandon*).

b. Feuilles vertes nullement tachées de blanc.

* *Aigrettes à soies plumeuses.*

4. Gen. **Cirsium**, T. *Cirse.*

I. *Feuilles épineuses vers leur partie supérieure.*

a. Feuilles amplexicaules, capitules globuleux.

† 1. Esp. **C. ERIOPHORUM**, SCOP., Dc. 275; *Carduus*, L. *Vivace, Juin, Octobre.*
Se rencontre dans les pâturages montueux du Jura et du Sundgau : Porrentruy, Villars-sur-Fontenais, Chaulis, près de Lucelle, Ferrette, Montbéliard, la Loue, côtes du Dessoubre (*Joset, Montandon*).

b. Feuilles décurrentes, capitules ovales.

2. Esp. **C. LANCEOLATUM**, SCOP., Dc. 275; *Carduus*, L. *Vivace, Juillet, Septembre.*
Se rencontre fréquemment le long des routes du Jura et du Sundgau (*Joset, Montandon*).

II. *Feuilles nullement épineuses en leur partie supérieure.*

A. Capitules à fleurs dioiques par avortement.

3. Esp. **C. ARVENSE**, SCOP. 275; *Serratula*, L. *Annuelle, Juin, Octobre.*
Se rencontre dans les cultures et les lieux vagues du Jura et du Sundgau (*Joset, Montandon*).

B. Capitules à fleurs hermaphrodites.

A. Tige nulle, feuilles glabres.

† 4. Esp. **C. ACAULE**, ALL, Dc. 275; *Carduus*, L. *Vivace, Juin, Juillet.*
Se rencontre dans les prés et les pâturages arides du Jura et du Sundgau (*Joset, Montandon*).

B. Une tige simple ou ramifiée.

AA. *Feuilles à peine ou tout-à-fait décurrentes.*

* Fleurs jaunâtres, styles violets.

† 5. Esp. **C. HYBRIDUM**, KOCH, Dc., *Fl. fr.* 3, 463.

Vivace, Juin, Juillet.

Se rencontre dans les prés humides du Jura et du Sundgau : Nyon, Divonne (*Joset*) ; Huningue, Vendelincourt,
Bonfol (*Montandon*).

** Fleurs toutes purpurines.

6. Esp. **C. PALUSTRE**, Scop., Dc. 274.
Vivace, Juin, Juillet.
Se rencontre dans les bois et les prés humides du Jura
et du Sundgau (*Joset, Montandon*).

BB. *Feuilles nullement décurrentes.*

a. Tige à peine feuillée.

* Tige nue vers le sommet.

† 7. Esp. **C. RIVULARE**, Lmk. ; *C. tricephalodes*, Dc. 275.
Vivace, Juin, Août.
Se rencontre dans les prés humides des montagnes du
Jura et du Sundgau : Delémont, Chaux-d'Abel, Chasseral,
la Brevine, val de Travers, de Joux (*Joset*) ; Sondersdorf,
Delle (*Montandon*).

** Tige nue vers leur partie moyenne.

† 8. Esp. **C. BULBOSUM**, Dc. 275.
Vivace, Juin, Septembre.
Se rencontre dans les prés humides du Jura et du Sund-
gau : au Hasenmatt, au Bruckliberg (*Joset*) ; Huningue
(*Montandon*).

b. Tige ordinairement feuillée.

aa. Involucre à folioles appliquées.

††9. Esp. **C. PRAEMORSUM**, Michl., Koch. 292.
Vivace, Juin, Juillet.
Pâturages humides du Jura : la Boveresse, val de Tra-
vers (*Joset*).

bb. Involucre à folioles toutes étalées.

a. Feuilles pubescentes.

† 10. Esp. **C. ERISITHALES**, Scop.
Vivace, Juin, Août.

Se rencontre dans les forêts pierreuses des hautes montagnes du Jura et du Sundgau : la Dôle, la Faucille, le Colombier (*Joset*) ; au Blochmont *(Montandon)*.

b. Feuilles glabres, bractées extérieures linéaires.

† 11. Esp. c. **LACHENALII**, Koch, Tasch. 295.

Vivace, Juin, Juillet.

Se rencontre dans les prés humides du Jura et du Sundgau : Langenbruck, au Wasserfall, Lauffon, Valangin, Divonne (*Joset*) ; Porrentruy, val de Lucelle (*Montandon*).

c. Feuilles glabres, bractées extérieures ovales.

12. Esp. c. **OLERACEUM**, Scop., Dc. 274.

Vivace, Juin, Juillet.

Se rencontre dans les bois humides et les prairies spongieuses du Jura et du Sundgau (*Joset, Montandon*).

** *Aigrettes à soies scabres.*

5. Gen. **Carduus**, L. *Chardon.*

I. Involucre à folioles appliquées non réfléchies.

A. *Folioles de l'involucre terminées par une épine molle.*

a. Pédoncules tout-à-fait nus.

† 1. Esp. c. **DEFLORATUS**, L., Dc. 269.

Vivace, Juin, Juillet.

Se rencontre sur les rochers découverts du Jura et du Sundgau : Dietisberg, Wasserfall, Chasseral, Weissenstein, Creux-du-Van, le Reculet, Salins, Arbois (*Joset*) ; val de Lucelle, Cornol, les Rangiers, Ferrette (*Montandon*).

b. Pédoncules ailés.

a. Folioles de l'involucre dressées vers le sommet.

2. Esp. c. **CRISPUS**, L., Dc. 269.

Vivace, Juin, Septembre.

Fréquemment répandue dans les lieux vagues et les terrains incultes du Jura et du Sundgau (*Joset, Montd.*).

Var. forme *multiflorus*, Gaud. Nyon (*Joset*).

b. Folioles de l'involucre courbées au sommet.

* Feuilles vertes en-dessus, les inférieures pinnatipartites.

† 5. Esp. **C. PERSONATA**, JACQ., Dc. 269.

Annuelle, Juin, Juillet.

Se rencontre dans les prés humides et sur le bord des torrens du Jura et du Sundgau : la Brevine, Creux-du-Van, Combe-Biosse, Weissenstein, Chasseral (*Josel*); Porrentruy, Delle, le Pont-d'Able (*Montandon*).

** Feuilles blanches cotonneuses des deux côtés, les inférieures pinnatifides.

† 4. Esp. **C. TENUIFLORUS**, CURT., Dc. 269.

Annuelle, Juin, Juillet.

Se rencontre dans les lieux incultes du Jura : Genève, sur les remparts (*Josel*).

B. *Folioles de l'involucre terminées par une épine vulnérante.*

† 5. Esp. **C. ACANTHOIDES**, L., Dc. 269.

Vivace, Juin, Octobre.

Se rencontre dans les lieux vagues et incultes du Jura et du Sundgau : Besançon (*Josel*); Delle (*Montandon*).

II. Involucre à folioles comme pliées par le milieu.

6. Esp. **C NUTANS**, L., Dc. 269.

Vivace, Juin, Juillet.

Se rencontre répandu dans les lieux vagues et incultes du Jura et du Sundgau (*Josel, Montandon*).

II. *Aigrettes persistantes rarement nulles.*

1. Involucre à une seule fleur formant une tête sphérique.

6. Gen. **Echinops**, L. *Echinope.*

† 4. Esp. **E. SPHEROCEPHALUS**, L., Dc. 267.

Vivace, Juin, Octobre.

Bords de la Birse près de Dornach (*Josel*).

II. Involucre renfermant plusieurs fleurs.

A. Fleurs dioïques, fleurons égaux entre eux.
7. Gen. **Serratula**, L. *Sarrête.*

† 1. Esp. s. TINCTORIA, L., Dc. 270.
Vivace, Juillet, Septembre.
Se rencontre disséminée dans les endroits humides du
Jura et du Sundgau : la Dôle, le Colombier, le Reculet,
Champagnolles, Besançon (*Joset*) ; Michelfelden (*Montand.*).

B. Fleurs du bord femelles, neutres ou hermaphrodites.
a. Fleurons tous hermaphrodites.
* *Fleurs d'un jaune clair ou citron.*
8. Gen. **Kentrophyllum**, Neck.

† 1. Esp. K. LANATUM, Neck.; *Cent. lanata*, Dc. 272.
Annuelle, Juin, Septembre.
Se rencontre dans les endroits sablonneux du Jura :
Nyon, Versoix, Bellegarde, Fort-l'Écluse (*Joset*).

** *Fleurs de couleurs purpurines.*
9. Gen. **Lappa**, L. *Bardane.*

* Involucre laineux, à folioles intérieures d'un rose clair.

1. Esp. L. TOMENTOSA, Lmk., Dc. 268.
Vivace, Juin, Septembre.
Se rencontre disséminée autour des habitations et dans
les lieux vagues du Jura et du Sundgau : Porrentruy, Delle,
Mulhouse (*Joset, Montandon*).

** Involucre presque glabre, à folioles toutes vertes, inflorescence corymboïde.

2. Esp. L. MAJOR, Gært, Dc. 268.
Bisannuelle, Juin, Octobre.
Se rencontre dans les lieux vagues et incultes du Jura
et du Sundgau (*Joset, Montandon*).

*** Involucre glabre à folioles toutes vertes, inflorescence
racémiforme.

† 3. Esp. L. MINOR, Dc. 268.
Bisannuelle, Juin, Octobre.

Se rencontre dans les mêmes localités, mais moins fréquemment (*Joset, Montandon*).

b. Fleurons marginaux, femelles ou neutres.

* *Fleurs marginales femelles.*

10. Gen. **Xeranthemum**, L.

††1. Esp. x. INAPERTUM, WILD, Dc. 277.
Annuelle, Juin, Septembre.
Se rencontre près de Nyon (*Joset*).

** *Fleurs marginales neutres.*

11. Gen. **Centaurea**, L. *Centaurée.*

A. Involucre à folioles épineuses.

* Feuilles décurrentes, fleurs jaunes.

† 1. Esp. c. SOLSTITIALIS, L., Dc. 272.
Annuelle, Juillet, Août.
Se rencontre disséminée dans les endroits sablonneux du Jura et du Sundgau : Porrentruy, Delle, Mulhouse, Illfurth, Rouffach, Belfort, Montbéliard, Bâle, Audincourt (*Joset, Montandon*).

** Feuilles nullement décurrentes, fleurs d'un pourpre clair.

† 2. Esp. c. CALCITRAPA, L., Dc. 272.
Annuelle, Juin, Juillet.
Se rencontre dans les lieux vagues du Jura et du Sundgau : Orbes, Genève, Besançon (*Joset*); Huningue, St.-Louis, Mulhouse, Belfort, Montbéliard (*Montandon*).

B. Involucre à folioles nullement épineuses.

a. Fleurs d'un beau bleu d'azur.

* Tige à une seule fleur, feuilles décurrentes.

††5. Esp. c. MONTANA, L., Dc. 271.
Vivace, Juillet, Août.
Se rencontre disséminée dans les forêts et les pâturages ombragés des montagnes du Jura : Clos du Doubs (*Joset*); val de Lucelle (*Montandon*).

** Tige à plusieurs fleurs, feuilles à peine décurrentes.

4. Esp. C. CYANUS, L., Dc. 271.
Annuelle, Juin, Septembre.
Fréquemment répandue parmi les céréales du Jura et du Sundgau (*Joset, Montandon*).

b. Fleurs d'un rose purpurin plus ou moins prononcé.

a Fleurons tous hermaphrodites et égaux entre eux.

5. Esp. C. NIGRA, L., Dc. 271.
Vivace, Juin, Juillet.
Se rencontre dans les forêts arides et sur les collines calcaires du Jura et du Sundgau : Porrentruy, la Brevine, Rolliers, les Verreries, Besançon, Montbéliard (*Joset*) ; Faverois, Delle, Bartenheim, Mulhouse, St.-Louis (*Montand.*)

b. Fleurons extérieurs stériles et plus grands.

' Fruits ou akènes tous dépourvus d'aigrettes.

6. Esp. C. JACEA, L., Dc. 271.
Vivace, Juin, Septembre.
Fréquente dans les prairies sèches du Jura et du Sundgau (*Joset, Montandon*).
VAR. forme *amara*, L. Illfurth (*Montandon*), rare.
VAR. forme *nigrescens*, WILD. Lucelle (*Montand.*), id.
VAR. forme *pratensis*, THUIL. Mulhouse (*Montd.*), id.

** Fruits du centre aigrettés, feuilles à segmens un peu décurrents.

7. Esp. C. SCABIOSA, L., Dc. 271.
Vivace, Juin, Juillet.
Se rencontre sur les collines et le bord des champs du Jura et du Sundgau (*Joset, Montandon*).

*** Fruits du centre aigrettés, feuilles à segmens non décurrents.

† **8. Esp. C. PANICULATA. L., Dc. 271.**
Bisannuelle, Juin, Septembre.
Se rencontre disséminée dans les endroits incultes et arides du Jura et du Sundgau : Nyon (*Joset*) ; St.-Louis,

Mulhouse, Rouffach, Montbéliard, Marckolsheim, Bâle, Ottmarsheim (*Montandon*).

B. *Fleurons du centre tous tubuleux, ceux de la circonférence plus ou moins ligulés parfois tous identiquement tubuleux.*

IIᵉ Division, **Corymbifères**, Dᴄ.

I. *Fleurettes du centre et du bord comme tubuleuses.*

Iʳᵉ Sous-Division, **Discoïdes**, Nᴏʙ.

A. Réceptacle muni de paillettes.

1. Gen. **Bidens**, L. *Bident.*

* Capitules dressés.

1 Esp. ʙ. ᴛʀɪᴘᴀʀᴛɪᴛᴀ, L., Dᴄ. 293.
Vivace, Juin, Juillet.
Fréquente dans les marais et les fossés aquatiques du Jura et du Sundgau (*Joset, Montandon*).

** Capitules penchés.

2. Esp. ʙ. ᴄᴇʀɴᴜᴀ, L., Dᴄ. 294.
Vivace, Juin, Juillet.
Disséminée dans les fossés aquatiques et les marais spongieux du Jura et du Sundgau : Bienne, Nyon, Montbéliard (*Joset*); Porrentruy, Bonfol, Grosne, Mulhouse, Delle, Seppois (*Montandon*).

B. Réceptacle dépourvu de paillettes.

a. Fruits ou graines nues à aigrettes nulles.

aa. Anthères dépourvues d'appendices basilaires.

* *Calathides disposées en corymbe nivelé.*

2. Gen. **Tanacetum**, L. *Tanaisie.*

1. Esp. ᴛ. ᴠᴜʟɢᴀʀᴇ, L., Dᴄ. 288.
Vivace, Juin, Juillet.
Se rencontre disséminée dans les endroits arides et incultes du Jura et du Sundgau : Bienne, Besançon (*Joset*); Mulhouse, St.-Louis (*Montandon*).

** *Calathides petites disposées en panicule.*

3. Gen. **Arthemisia**, L. *Armoise.*

I. Feuilles auriculées à la base, réceptacle velu.

†† 1. Esp. A. CAMPHORATA, VILL., Dc. 288.

Vivace, Juin, Juillet.

Se rencontre sur les collines calcaires du Sundgau :
Rouffach, Westhalten (*Montandon*), rare.

II. Feuilles auriculées à la base, réceptacle glabre.

* Involucre tout-à-fait glabre.

† 2. Esp. A. CAMPESTRIS, L., Dc. 289.

Vivace, Juin, Juillet.

Se rencontre sur les collines arides du Jura et du Sundgau : Nyon, Grentzach (*Joset*); Mulhouse, Habsheim, Huningue, Rixheim (*Montandon*).

** Involucre plus ou moins tomenteux.

3. Esp. A. VULGARIS, L., Dc. 289.

Vivace, Juin, Août.

Se rencontre fréquemment dans les endroits incultes du
Jura et du Sundgau (*Joset, Montandon*).

III. Feuilles nullement pourvues d'oreillettes.

ʹ Réceptacle nu ou glabre.

† 4. Esp. A. PONTICA, L., Dc. 288.

Vivace, Juin, Juillet.

Se rencontre disséminée dans les endroits arides et incultes du Jura : Bienne, Nyon (*Joset*).

** Réceptacle pourvu de villosités.

† 5. Esp. A. ABSINTHIUM, L., Dc. 288.

Vivace, Juin, Juillet.

Se rencontre dans les endroits chauds et incultes du
Jura et du Sundgau : Boveresse, la Batie (*Joset*); Illfurth
(*Montandon*).

bb. Anthères pourvues d'appendices basilaires.

* *Fleurs presque sessiles toutes lanugineuses.*

4. Gen. **Micropus**, L.

† 1. Esp. M. ERECTUS, L., Dc. 290.
Annuelle, Juin, Juillet.
Se rencontre dans les graviers du lac de Genève, Nyon, Promenthoux, Fort-l'Écluse (*Joset*).

* *Fleurs pédonculées, solitaires, penchées et terminales.*

5. Gen. **Carpesium**, L.

††1. Esp. C. CERNUUM, L., Dc. 287.
Vivace, Juin, Juillet.
Se rencontre dans les endroits humides du Jura et du Sundgau : Divonne, Genève (*Joset*); Michelfelden, Mulhouse, Ottmarsheim (*Montandon*).

b. Fruits ou akènes pourvus d'une aigrette.

I. *Anthères pourvues d'appendices basilaires.*

A. Tiges vertes ou d'une couleur verdâtre.

* *Aigrettes de forme semblable.*

6. Gen. **Conyza**, L. *Conyze.*

1. Esp. C. SQUAROSA, L., Dc. 279.
Vivace, Juin, Juillet.
Disséminée dans les bois et les lieux incultes du Jura et du Sundgau (*Joset, Montandon*).

** *Aigrettes de deux sortes ou dissemblables.*

7. Gen. **Pulicaria**, GÆRT.

1. Esp. P. VULGARIS, GÆRT.; *Inul. id.*, Dc. 281.
Annuelle, Juin, Juillet.
Se rencontre dans les endroits humides et sur le bord des fossés du Jura et du Sundgau : Attwiller, Genève, Granson (*Joset*); Lugniez, Montbéliard, St.-Louis, Mulhouse (*Montandon*).

B. Tiges d'un blanc tomenteux ou cotonneux.

a. *Réceptacle presque filiforme.*

8. Gen. **Filago**, L. *Cotonnière.*

A. Glomérules composées de trois à sept calathides.

a. Capitules à cinq angles saillants.

† 1. Esp. F. MINIMA, FRIES; *Gn. montanum*, Dc. 278.
Annuelle, Juin, Octobre.
Se rencontre dans les champs arides et incultes du Jura
et du Sundgau : Nyon, Prangins *(Joset)*; Huningue *(Montandon)*.

b. Capitules ovoïdes à huit côtés peu prononcés.

2. Esp. F. ARVENSIS, KOCH; *Gn. id.*, Dc. 278.
Annuelle, Juin, Août.
Se rencontre dans les endroits arides du Jura et du
Sundgau : Galgenfelden, Nyon, Prangins, Genève, Montbéliard *(Joset)*; Huningue, Ferrette, Mulhouse *(Montandon)*.

B. Glomérules composées de douze à vingt-cinq calathides.

˙ Calathides à cinq angles très aigus, saillants.

† 3. Esp. F. JUSSIÆI. Coss. et GERM.
Annuelle, Juin, Juillet.
Se rencontre dans les champs arides du Jura et du
Sundgau : Ermont, Ferrette, Bisel *(Montandon)*.

** Calathides à cinq angles peu marqués.

4. Esp. F. GERMANICA, LAMK.; *Gn. id.*, L., Dc. 278.
Annuelle, Juin, Octobre.
Répandue dans les champs argileux et les lieux incultes
et humides du Jura et du Sundgau *(Joset, Montandon)*.

b. *Réceptacle court ou presque plan.*

aa. Réceptacle court aplani.

9. Gen. **Logfia**, CASS.

1. Esp. L. GALLICA, Coss. et GERM.; *Gn. id.*, Dc. 278.
Annuelle, Juin, Juillet.
Se rencontre dans les champs de la plaine du Jura et du

Sundgau : Bruderholz, Oltingen, Nyon, Penex, Genève
(*Joset*); Bonfol, Vendelincourt, Rouffach, Bergholz, Bâle,
Delle, Porrentruy, Belfort, Montbéliard (*Montandon*).

bb. Réceptacle convexe ou plan.

* *Réceptacle presque plan.*

10. Gen. **Antennaria**, Gært.

1. Esp. **A. DIOICA**, Gært.; *Gnaph. id.*, Dc. 278.
Vivace, Juin, Juillet.
Se rencontre sur les pâturages arides du Jura et du
Sundgau (*Joset, Montandon*).

** *Réceptacle très convexe.*

11. Gen. **Gnaphalium**, L. *Gnaphale.*

A. Aigrettes épaissies au sommet.

† 1. Esp. **G. LEONTOPODIUM**, L., Dc. 279.
Vivace, Août, Septembre.
Crêtes rocailleuses de la Dôle (*Joset*).

B. Aigrettes filiformes toutes semblables.

a. Tige simple effilée, feuilles à nervure saillante.

2. Esp. **G. SYLVATICUM**, L., Dc. 278.
Vivace, Mai, Octobre.
Se rencontre sur les pâturages et dans les bois taillis du
Jura et du Sundgau (*Joset, Montandon*).

b. Tige ramifiée, feuilles atténuées à la base.

3. Esp. **G. ULICINOSUM**, L., Dc. 278.
Annuelle, Juin, Octobre.
Se rencontre dans les champs humides du Jura et du
Sundgau (*Joset, Montandon*).

c. Tige rameuse, feuilles légèrement embrassantes.

† 4. Esp. **G. LUTEO-ALBUM**, L., Dc. 278.
Annuelle, Juin, Juillet.
Se rencontre disséminée dans les forêts et les endroits
humides du Jura et du Sundgau : Neuchâtel, Bienne, Cerlier (*Joset*); Huningue, Mulhouse (*Montandon*).

II. *Anthères dépourvues d'appendices basilaires.*

A. Fleurs dioiques ou polygames.

aa. Fleurons disposés sur plusieurs rangs.

12. Gen. **Petasites**, Gærtn. *Tussilage.*

* Fleurs roses ou purpurines.

1. Esp. p. OFFICINALIS, Mœnch.; *Tussil.*, Dc. 282.
Vivace, Mars, Mai.
Se rencontre dans les prés humides et le long des rivières
du Jura et du Sundgau (*Josel, Montandon*).

** Fleurs blanches ou blanchâtres.

† 2. Esp. p. ALBUS, Gærtn.; *Tuss.*, Dc. 282.
Vivace, Mai, Juin.
Se rencontre dans les endroits humides et ombragés du
Jura et du Sundgau : Salins (*Josel*); Cornol, en-dessus des
carrières à plâtre, Ferrette (*Montandon*).

bb. Fleurons disposés sur un seul rang.

13. Gen. **Homogyne**, Cas.

† 1. Esp. H. ALPINA, Cas.; *Tuss.*, Dc. 282.
Vivace, Juillet, Août.
Se rencontre dans les pâturages élevés du Jura : la Dôle,
le Colombier, le Reculet, Weissenstein, Creux-du-Van
(*Josel*).

B. Fleurs toutes hermaphrodites.

a. Involucre à folioles sur une seule série.

* *Styles allongés à sommet scabre.*

14. Gen. **Adenostyles**, Cass.

a. Feuilles tomenteuses en-dessous, inégalement dentées.

† 1. Esp. A ALBIFRONS, Reichb.; *Cacal. petasites*, Dc. 277.
Vivace, Juin, Juillet.
Se rencontre dans les forêts élevées du Jura et du Sund-
gau : Wasserfall (*Josel*); les Rangiers, Lucelle, St.-Pierre
(*Montandon*).

b. Feuilles pubescentes en leurs nervures seulement, également dentées.

† 2. Esp. A. ALPINA. Cas.: *Cacal. id.*. Dc. 277.

Se rencontre dans les endroits rocailleux du Jura : Weissenstein, Hasenmatt, Moron, Boudry, la Dôle, la Faucille (*Joset*); Pichoux-d'Undervilliers, gorges de Moutier, de Court, Chasseral (*Montandon*).

** *Styles tout-à-fait glabres vers le sommet.*

15. Gen. **Senecio**, L. *Senecon.*

1. Esp. S. VULGARIS, L., Dc. 285.
Annuelle, Mars, Septembre.
Très répandue dans les cultures du Jura et du Sundgau (*Joset, Montandon*).

b. Involucre à folioles imbriquées.

a. Fleurons d'une belle couleur jaune.

16. Gen. **Linosyris**, Dc. *Lin d'or.*

† 1. Esp. L. VULGARIS, Dc.; *Chrysoc.*, Dc. 279.
Vivace, Août, Septembre.
Se rencontre disséminée dans les endroits rocailleux et arides du Jura et du Sundgau : Rheinfelden, Bienne, Neuchâtel (*Joset*); Isteinerklotz, la Hardt près de Kembs, Westhalten, Soultzmatt, Lucelle (*Montandon*).

b. Fleurons purpurins ou d'un blanc jaunâtre.

* *Fleurons d'un blanc tirant sur le jaune.*

17. Gen. **Erigeron**, L. *Vergerette.*

1. Esp. E. CANADENSE, L., Dc. 279.
Annuelle, Juin, Octobre.
Très répandue dans les lieux vagues, les coupes et sur les collines boisées du Jura et du Sundgau (*Joset, Mont.*).

** *Fleurons d'un rose purpurin.*

18. Gen. **Eupatorium**, L. *Eupatoire.*

1. Esp. E. CANNABINUM, L., Dc. 277.

Vivace, Juin, Octobre.
Se rencontre dans les endroits humides des forêts du Jura et du Sundgau (*Joset, Montandon*).

II. *Fleurettes du centre tubuleuses, celles du bord évidemment ligulées.*

IIe Sous-Division, **Radiées**, Nob.

A. Réceptacle garni de paillettes.

a. *Fleurettes de même couleur que le disque.*

aa. Calathides d'un beau blanc ou rose.

19. Gen. **Achillæa**, L. *Achillée.*

a. Rayons composés de six à dix fleurettes.
1. Esp. **A. ptarmica**, L., Dc. 292.
Vivace, Juin, Octobre.
Se rencontre dans les prés humides du Jura et du Sundgau : Porrentruy, Ferrette, Delle, Mulhouse (*Joset, Mont.*).

b. Rayons composés de trois fleurettes.

* Feuilles à pinnules linéaires.

2. Esp. **A. millefolium**, L., Dc. 293.
Vivace, Juin, Octobre.
Fréquemment répandue dans les prés secs, les terrains arides et incultes du Jura et du Sundgau (*Joset, Montd.*).

** Feuilles à pinnules ovales.

† 3. Esp. **A. nobilis**, L., Dc. 295.
Vivace, Juin, Octobre.
Collines chaudes et stériles du Jura et du Sundgau : Istein, la Brevine, St.-Blaise, Cornaux (*Joset*); Huningue, Hegenheim, Mulhouse, Delle (*Montandon*).

bb. Calathides d'un beau jaune doré.
a. Fruits ou akènes pourvus de deux à cinq dents.
Voyez Gen. 1. **Bidens**, p. 170.

b. Fruits ou akènes nullement dentés.

* *Fruits presque tétragones.*

20. Gen. **Buphthalmum**, L. *Ocil-de-bœuf.*

††1. Esp. B SALICIFOLIUM, L., Dc. 295.
Vivace, Juin, Septembre.
Se rencontre disséminée dans les pâturages et sur le bord des bois du Jura et du Sundgau : Wahlenbourg, Dietisberg, Passavang, Thoiry (*Josel*) ; collines d'Oltingen, Hombourg, Lucelle, Oberlarg (*Montandon*).

** *Fruits presque cylindriques.*

21. Gen. **Cota**, GAY. *Camomille.*

††1. Esp. C TINCTORIA, L., Dc. 292.
Vivace, Juillet, Septembre. .
Se rencontre dans les endroits secs et arides du Jura et du Sundgau : Rheinfelden, Galgenfelden, Gempen, la Croisée (*Josel*); Delémont, Audincourt, Bâle, Delle, Florimont, Blotzheim, Mulhouse (*Montandon*).

b. *Fleurettes du centre de couleur différente du disque.*

aa. Réceptacle tout-à-fait convexe.

22. Gen. **Anthemis**, L. *Camomille.*

* Feuilles à peu près glabres.

1. Esp. A. COTULA, L., Dc. 291.
Annuelle, Juin, Juillet.
Se rencontre dans les lieux vagues et les endroits incultes du Jura et du Sundgau (*Josel, Montandon*).

** Feuilles pubescentes ou tout au moins les inférieures.

2. Esp. A. ARVENSIS, L., Dc. 291.
Annuelle, Juin, Septembre.
Partout dans les cultures et le long des chemins du Jura et du Sundgau (*Josel, Montandon*).

bb. Réceptacle presque cylindrique.

23. Gen. **Ornemis**, GAY.

††1. Esp. O. NOBILIS, GAY.; *Anth.*, Dc. 291.

Vivace, Juin, Août.
Se rencontre sur les pelouses sèches et arides d'Arbois (*Joset*).

B. Réceptacle dépourvu de paillettes.

A. *Fruits nullement aigrettés, parfois membraneux.*

a. Anthères munies d'appendices basilaires.

24. Gen. **Calendula**, L. *Souci.*

† 1. Esp. **C. ARVENSIS**, L., Dc. 286.
Annuelle, Juillet, Septembre.
Se rencontre dans les vignes du Jura et du Sundgau : Bienne (*Joset*); Bourgfelden, Uffheim (*Montandon*).

b. Anthères dépourvues d'appendices basilaires.

A. *Plantes glabres ou velues, demi fleurons étalés.*

aa. Feuilles plus ou moins pubescentes, toutes radicales.

25. Gen **Bellis**, L. *Paquerette.*

1. Esp. **B. PERENNIS**, L., Dc. 287.
Vivace, Mai, Octobre.
Fréquente sur toutes les pelouses et les prairies du Jura et du Sundgau (*Joset, Montandon*).

bb. Feuilles glabres, fruits tous droits non membraneux.

26. Gen. **Chrysanthemum**, L. *Chrysanthème.*

* Fleurs d'un jaune pur à la circonférence, plus pâles au centre.

†† 1. Esp. **C. SEGETUM**, L., Dc. 286.
Annuelle, Mai, Août.
Dans les moissons d'Audincourt (*Joset*); Albevillers (*Montandon*).

** Fleurs d'un beau blanc à la circonférence.

2. Esp. **C LEUCANTHEMUM**, L., Dc. 286.
Vivace, Juin, Octobre.
Dans les prairies du Jura et du Sundgau (*Joset, Montandon*).

VAR. forme *montanum*, Dc. Chasseral (*Joset*).

cc. Feuilles velues, fruits un peu membraneux au sommet.

27. Gen. **Leucanthemum**, L.

a. Involucre velu.

1. Esp. L. PARTHENIUM, GREN., GODR.; *Pyreth.*, Dc. 287.
Annuelle, Juin, Juillet.
Disséminée dans les lieux vagues du Jura et du Sundgau : Genève, Porrentruy, Pfeffingen *(Joset)* ; Grentzingen, Ferrette, Mulhouse *(Montandon)*.

b. Involucre glabre.

* Graines couronnées de cinq dents, feuilles à divisions dentées.

† 2. Esp. L. CORYMBONUM, GREN., GODR.; *Pyrethr.*, Dc. 287.
Vivace, Juin, Octobre.
Se rencontre disséminée sur les collines calcaires du Jura et du Sundgau : Grentzach, Muttenz, la Batie *(Joset)* ; Isteinerklotz, la Hardt près la rondelle *(Montandon)*.

** Graines couronnées d'une membrane entière, feuilles à divisions linéaires.

5. Esp. L. INODORUM, GREN., GODR.; *Pyrethr.*, Dc. 287.
Annuelle, Juin, Septembre.
Se rencontre disséminée dans les endroits incultes et sur le bord des chemins du Jura et du Sundgau : Nyon, Genève, Delémont *(Joset)* ; Neudorf, Mœrnach, Werentzhausen, Durmenach, Altkirch, Mulhouse *(Montandon)*.

B. *Plantes glabres, demi-fleurons réfléchis.*

28. Gen. **Matricaria**, L. *Matricaire.*

1. Esp. M. CHAMOMILLA, L., Dc. 287.
Annuelle, Juin, Septembre.
Se rencontre disséminée dans les champs, parmi les céréales du Jura et du Sundgau *(Joset, Montandon)*.

B. *Fruits ou akènes pourvus d'aigrettes.*

A. Anthères pourvues d'appendices basilaires.

29. Gen. **Inula**, L. *Inule.*

a. Involucre à folioles internes spatulées.

1. Esp. I. HELENIUM, L., Dc. 280.

Vivace, Mai, Juin.

Se rencontre dans les lieux vagues du Jura et du Sund-gau : Couroux, Bâle (*Joset*) ; Michelfelden, Roppentzwiller (*Montandon*).

b. Involucre à folioles internes nullement spatulées.

aa. Feuilles à base dilatée, embrassante.

a. Aigrettes simples, non précédées par une coronule membraneuse.

* Fruits ou akènes glabres.

† 2. Esp. I. HIRTA . L., Dc. 280.

Vivace, Juin, Juillet.

Endroits gramineux de la Hardt entre Ensisheim et Bantzenheim et sur les collines arides de Lucelle à St.-Pierre (*Montandon*), 1840.

** Fruits ou akènes velus.

† 5. Esp. I. BRITANNICA . L., Dc. 281.

Vivace, Juillet, Août.

Prés humides du Sundgau : Huningue, Montbéliard, Grosne (*Montandon*) 1852.

b. Aigrettes doubles. l'extérieure coroniforme, ciliée.

4. Esp. I. DYSENTERICA , L., Dc. 284.

Vivace, Juin, Octobre.

Dans les endroits humides. le long des routes et des fossés du Jura et du Sundgau (*Joset, Montandon*).

bb. Feuilles caulinaires à Jpeine embrassantes.

5. Esp. I. SALICINA, L., Dc. 281.

Vivace, Juin, Octobre.

Dans les endroits secs et arides, et sur les collines calcaires du Jura et du Sundgau : Delémont, Muttenz, Lauffon, Grentzach (*Joset*) ; Porrentruy, Delle, Ferrette, Illfurth, Mulhouse (*Montandon*).

13

B. Anthères dépourvues d'appendices basilaires.

I. Involucre tout-à-fait simple.

A. *Involucre avec ou sans calicule à sa base.*

a. Involucre à folioles nullement caliculées.

30. Gen. **Cineraria**, L. *Cinéraire.*

† 1. Esp. C. CAMPESTRIS, Dc. 284.

Vivace, Juin, Août.

Se rencontre dans les lieux couverts et humides du Jura et du Sundgau : Pechbourg. Chaux-d'Abel, la Brevine, Ballstall, Pontarlier (*Josel*); Landskron (*Montd.*) ! 1852.

b. Involucre entouré d'un calicule à sa base.

* *Calicule à folioles à peine sensibles.*

31. Gen. **Tussilago**, L. *Tussilage.*

1. Esp. T. FARFARA, L., Dc. 282.

Vivace, Février, Mai.

Se rencontre dans les endroits argileux et humides du Jura et du Sundgau (*Josel, Montandon*).

** *Calicule à folioles très apparentes.*

32. Gen. **Senecio**, L. *Seneçon.*

I. *Fleurettes du bord filiformes et enroulées.*

* *Plantes toutes visqueuses.*

† 1. Esp. S. VISCOSUS, L., Dc. 285.

Annuelle, Juin, Août.

Se rencontre dans les endroits sablonneux et incultes du Jura et du Sundgau : la Birse, la Wiese. Soleure. Boudry, Nyon, Thoiry, Besançon (*Josel*); Mulhouse, Huningue, Altkirch, Delle, Belfort, Cernay (*Montandon*) ! 1840. 55.

** *Plantes nullement ou à peine visqueuses.*

† 2. Esp. S. SYLVATICUS, L., Dc. 285.

Annuelle, Juin, Août.

Se rencontre dans les bois taillis et les coupes du Jura et du Sundgau : Seyon (*Josel*); Mulhouse, Delle, Ferrette, Belfort (*Montandon*) ! 1859. 55.

11. *Fleurettes du bord à ligules étalées.*

A. Feuilles lobées ou diversement découpées.

a. Lobes des feuilles souvent parallèles.

3. Esp. s. ERUCÆFOLIUS, L., Dc. 285.·
Vivace, Juin, Juillet.
Se rencontre dans les terrains argileux du Jura et du Sundgau *(Josel. Montandon)*.

b. Lobes des feuilles à peu près égaux.

4. Esp. s. JACOBÆA. L.. Dc. 283.
Vivace, Juin, Septembre.
Se rencontre dans les bois et sur le bord des chemins du Jura et du Sundgau *(Josel, Montandon)*.

c. Lobes des feuilles, surtout le terminal grand, ovale.

† 5. Esp. s. AQUATICUS. Huds., Dc. 285.
Vivace, Juin, Septembre.
Disséminée dans les prés humides du Jura et du Sundgau : Rheinfelden, Bienne, Bougie (*Josel*) ; Michelfelden (*Montandon*) ! 1874.
VAR. forme *lyratifolius*, REICHB. Tiefematt (*Josel*).
VAR. forme *adonidifolius*, LOIS. Salins (*Josel*).

B. Feuilles entières. dentées ou crenelées.

a. Feuilles presque décurrentes.

† 6. Esp. s. DORONICUM. L., Dc. 284.
Vivace, Juin, Septembre.
Se rencontre sur les crètes rocailleuses du Jura : au Reculet (*Josel*) ! 1827.

b. Feuilles demi-embrassantes sur la tige.

† 7. Esp. s. PALUDOSUS, L., Dc. 285.
Vivace, Juillet, Août.
Se rencontre dans les marais et les fossés aquatiques du Jura et du Sundgau : Soleure, Cressier, Landeron, Colombier (*Josel*) ; Michelfelden, Huningue. Belfort (*Montandon*) ! 1850. 55.

c. Feuilles inférieures pétiolées. fruits plus courts que l'aigrette.

† 8. Esp. S. NEMORENSIS, JACQ., Dc. 284.
Vivace, Juin, Septembre.
Se rencontre dans les forêts et les lieux couverts du Jura: Mont-d'or, la Dôle, le Reculet, Chasseral (*Joset*).

d. Feuilles inférieures pétiolées, fruits égalant l'aigrette.

9. Esp. S. SARACENICUS. L., Dc. 284.
Vivace, Juin, Septembre.
Se rencontre dans les bois du Jura et du Sundgau : Ste.-Ursanne (*Joset*): Huningue, Neudorf (*Montandon*).

B. *Involucre à folioles égales ou presque égales.*

a. Involucre à folioles presque égales.

33. Gen. **Stenactis**, Cass.

† 1. Esp. S. ANNUA, Cass.: *Aster*, Dc. 280.
Annuelle, Juin, Juillet.
Se rencontre disséminée dans les décombres et les prés sablonneux du Jura et du Sundgau : Birseck, Rheinfelden (*Joset*); Michelfelden, Huningue (*Montandon*) ! 1852.

b. Involucre à folioles inégales entre elles.

aa. Involucre à folioles disposées sur trois rangs.

34. Gen. **Doronicum**, L. *Doronique.*

† 1. Esp. D. PARDALIANCHES, L., Dc. 285.
Vivace, Mai, Juin.
Se rencontre dans les forêts et les bois taillis du Jura et du Sundgau : Bienne, St.-Blaise, Loquiat (*Joset*): Besançon (*Montandon*) ! 1845.

bb. Involucre à folioles placées sur deux rangs.

* *Fleurettes d'une seule sorte.*

35. Gen. **Arnica**, L. *Arnique.*

† 1. Esp. A. MONTANA, L., Dc. 285: *tabac des Vosges.*
Vivace, Juin, Juillet.
Se rencontre dans les pâturages du Jura : Boudry (*Joset*).

** *Fleurettes de deux sortes.*

36. Gen. **Bellidiastrum**, Cass.

† 1. Esp. B. MICHELII, Cass.; *Arn. bellid.*, Dc. 285.
Vivace, Juin, Juillet.
Se rencontre dans les endroits rocailleux et humides
du Jura : Chasseral, Schaafmatt (*Joset*); Mont-terrible,
Lomont, côtes du Doubs (*Montandon*)! 1829.

II. Involucre à folioles toutes imbriquées.

A. *Fleurettes de même couleur.*

37. Gen. **Solidago**, L. *Verge d'or.*

* Fleurs d'un beau jaune presque discoïdes.

1. Esp. S. VIRGA AUREA, L., Dc. 282.
Vivace, Juillet, Septembre.
Fréquente sur les collines calcaires du Jura et du Sund-
gau (*Joset, Montandon*).

** Fleurs d'un blanc tirant sur le jaunâtre.

Voy. **Erigeron**, page 176.

B. *Fleurettes de couleur différente.*
a. Fleurs à rayons d'un bleu azuré.

38. Gen. **Aster**, L. *Aster.*

* Tige à une seule fleur.

† 1. Esp. A. ALPINUS, L., Dc. 280.
Vivace, Juillet, Août.
Se rencontre sur les pâturages élevés du Jura : **Creux-
du-Van**, le Colombier, la Dôle (*Joset*) ! 1827.

** Tige à plusieurs fleurs.

† 2. Esp. A. AMELLUS, L., Dc. 280.
Vivace, Juillet, Septembre.
Disséminée sur les collines arides du Jura et du Sund-
gau : Delémont, Bienne, Soleure, Nyon, Thoiry (*Joset*);
Porrentruy, Ferrette, Mulhouse (*Montandon*) ! 1855.

b. Fleurs à rayons purpurins ou blancs.

39. Gen. **Erigeron**, L. *Vergerette.*

* Fleurs en corymbe paniculé.

1. Esp. E. ACRE, L., Dc. 279.
Vivace, Juin, Septembre.
Disséminée sur les collines arides du Jura et du Sund-
gau (*Josel, Montandon*).

** Tige composée d'une à trois fleurs.

2. Esp. E. ALPINUS, L., Dc. 279.
Vivace, Juillet, Octobre.
Se rencontre sur les crêtes rocailleuses du Jura : le Re-
culet (*Josel*); Chasseral. Weissenstein (*Montandon*)! 1827.

II. **Capitules à fleurons tous ligulés hermaphrodites.**

IIe Groupe. **Liguliflores** (*Chicoracées*). Dc.

I. *Fruits ou akènes à aigrettes nulles, ou tronquées ou
paléiformes.*

a. Fruits ou akènes sans aigrettes.

1. Gen. **Lapsana**, L. *Lapsane.*

1. Esp. L. COMMUNIS. L., Dc. 256.
Annuelle, Juin, Juillet.
Assez répandue parmi les décombres, les cultures et les
lieux vagues du Jura et du Sundgau (*Josel, Montand.*).

b. Fruits ou akènes terminés par un rebord court.

2. Gen. **Arnoseris**, GÆRT.

† 1. Esp. A. MINIMA, Koch., Dc. 256.
Annuelle, Juillet, Août.
Se rencontre dans les champs arides et sablonneux du
Jura et du Sundgau : Yverdun. Grentzach. Wyhl (*Josel*);
Ochsenfeld près Cernay (*Montandon*). 1854.

c. Fruits ou akènes à aigrettes courtes, membraneuses,
paléiformes.

3. Gen. **Cichorium**, L. *Chicorée.*

1. Esp. C. INTYBUS, L., Dc. 267.

Vivace, Juin, Octobre.

Assez répandue le long des chemins et sur le bord des champs du Jura et du Sundgau (*Josel, Montandon*).

II. *Fruits ou akènes du centre à aigrettes capillaires, plumeuses.*

A. Réceptacle chargé de paillettes.

4. Gen. **Hypochœris**, L. *Hypochœride.*

a. Tige hérissée surtout à la base.

† 1. Esp. **H. MACULATA**. L., Dc. 263.

Vivace, Juin, Juillet.

Pâturages arides du Jura : Weissenstein, Thoiry, St.-Cergues (*Josel*) ! 1827.

b. Tige glabre, demi-fleurons plus longs que les folioles de l'involucre.

2. Esp. **H. RADICATA**. L., Dc. 263.

Vivace, Juillet, Septembre.

Fréquente dans les prés et les pâturages du Jura et du Sundgau (*Josel, Montandon*).

c. Tige glabre, demi-fleurons ne dépassant point l'involucre.

† 3. Esp. **H. GLABRA**, L., Dc. 264.

Vivace, Juin, Juillet.

Disséminée dans les champs et les endroits incultes du Jura et du Sundgau : Neubourg, la Ferrière (*Josel*) ; Bâle, Attenschwiller (*Montandon*) ! 1835.

B. Réceptacle nu non paléacé.

a. Involucre à folioles toutes égales entre elles.

5. Gen. **Tragopogon**, L. *Salsifix.*

* Pédoncules à sommet renflé.

† 1. Esp. **T. MAJUS**. L., Dc. 266.

Vivace, Juin, Juillet.

Se rencontre disséminée dans les endroits incultes du Sundgau : Altkirch (*Josel*) ; Belfort (*collines de Leupe*), St.-Louis (*Montandon*) ! 1852.

** Pédoncules peu ou point renflé au sommet.

2. Esp. T. PRATENSE, L., Dc. 265.
Vivace, Juin, Août.
Fréquente dans les prairies du Jura et du Sundgau *(Josel, Montandon)*.

VAR. forme *orientale*. Koch. Mandeure *(Mont.)* ! 1854.

b. Involucre à folioles inégales entre elles.

A. *Aigrettes soudées en anneau à la base.*

6. Gen. **Picris**, L. *Picride.*

* Aigrettes sessiles ou presque sessiles.

1. Esp. P. HIERACIOIDES, L., Dc. 264.
Vivace, Juin, Octobre.
Disséminée sur le bord des chemins et dans les endroits arides du Jura et du Sundgau *(Josel, Montandon)*.

** Aigrettes pédicellées.

† 2. Esp. P. ECHIOIDES. L.: *Helminthia*, Dc. 265.
Annuelle, Juin, Juillet.
Se rencontre dans les champs argileux du Sundgau : Sochaux, Altkirch ! *(Josel)*; Rouffach. Mulhouse *(Montd.)* ! 1840.

B. *Aigrettes nullement soudées vers leur base.*

a. Aigrettes à barbes entrecroisées.
* *Fruits sessiles ou articulés sur une assise très-courte.*

7. Gen. **Scorzonera**, L. *Scorzonère.*

† 1. Esp. S HUMILIS. L., Dc. 265.
Vivace, Juin, Août.
Disséminée dans les prés secs du Jura : Pontarlier *(Josel)*.

** *Fruits pédiculés, ou reposant sur une assise allongée plus épaisse que le fruit lui-même.*

8. Gen. **Podospermum**, Dc.

†† 1. Esp. P. LACINIATUM, Dc. 266; *Scorz.*, L., 750.
Bisannuelle, Juin, Juillet.
Champs argileux entre Delle et Belfort *(Montandon)*.

VAR. forme *jacquinianum*, KOCH (*Montandon, litt. ad amicos*), terres argileuses et remuées entre Montreux-Château et Belfort.

Cette espèce rare et sa variété encore plus rare, controversées l'une et l'autre eu égard à leur indigénat, par MM. Parisot et Contejean, dans l'énumération des végétaux vasculaires de Montbéliard, p. 163, ont été observées et récoltées par moi, savoir :

L'*espèce* dans les terrains argiloso-ferrugineux provenant des mines de fer situées entre les Fontenelles et Belfort en 1848.

La *variété* dans les terrains argileux entre Essert et Vezelois, en 1851, retrouvées toutes deux en 1853 (*Montandon*).

b. Aigrettes à barbes nullement entrecroisées.

aa. Fruits ou akènes légèrement striées.

9. Gen. **Leontodon**, L. *Liondent.*

a. Tige ou hampe à plusieurs capitules.

1. Esp. **L. AUTUMNALE**. L., Dc. 264.
Vivace, Juin, Octobre.
Se rencontre assez répandue dans les prairies, les lieux vagues et incultes du Jura et du Sundgau (*Josel, Montandon*).

b. Tige ou hampe à une seule capitule.

* Aigrette plus courte que le fruit.

† 2. Esp. **L. PYRENAICUM**, GOUAN.; *L. squamosum*, LAMK., Dc. 264.
Vivace, Juillet, Septembre.
Se rencontre disséminée dans les pâturages élevés du Jura : Vogelberg (*Josel*) 1827.

** Aigrette égalant le fruit.

3. Esp. **L. PROTEIFORME**. WILL.; *id. hastile*, Dc. 264.
Vivace, Juin. Juillet.
Assez répandue dans les prés secs du Jura et du Sundgau (*Josel, Montandon*).

VAR. forme *hispidum*, L. Partout (*Montandon*).
— — *hastile*, L. Partout (*Montandon*).
— — *canescens*, KIRSCHL. Illfurth (*Mont.*) ! 1841.
— — *crispum*, NOB. Blochmont (*Mont.*) ! 1851.
— — *pygmœum*, NOB. Mulhouse (*Mont.*) ! 1854.

bb. Fruits ou akènes arquées et scabres.

10. Gen. **Thrincia**, Roth.

* Involucre glabre, écailleux.

† 1. Esp. **T. HIRTA**, Roth., Dc. 264.
Vivace, Juin, Août.
Se rencontre dans les champs arides et les graviers humides du Jura et du Sundgau : Besançon, Genève, Neuchâtel (*Josel*) ; Oesingen, Folgensbourg, Allanjoie, Sochaux. (*Montandon*) ! 1854.

** Involucre blanchâtre nu à la base.

† 2. Esp. **T. HISPIDA**, Roth., Dc. 264.
Vivace, Juin, Juillet.
Se rencontre dans les champs humides du Jura : Nyon, Genève (*Josel*) ! 1827.

III. *Fruits ou akènes à aigrettes lisses, parfois un peu rudes, non plumeuses.*

A. Réceptacle tout-à-fait nu.

a. Plantes à tige nulle, hampe fistuleuse.

11. Gen. **Taraxacum**, Juss. *Pissenlit.*

* Involucre à folioles extérieures réfléchies.

4. Esp. **T. OFFICINALE**, Wig., Dc. 262.
Vivace, Juin, Octobre.
Fréquente dans les prés fertiles et un peu humides du Jura et du Sundgau (*Josel, Montandon*).

** Involucre à folioles extérieures appliquées.

† 2 Esp. **T. PALUSTRE**, Dc. 262.
Vivace, Juin, Août.
Se rencontre dans les marais spongieux du Jura et du Sundgau : Mulhouse, Grosne, Bonfol (*Josel, Montandon*).

*** Involucre à folioles extérieures étalées.

† 3. Esp. **T. CORNICULATUM**, Koch. ; *T. lævigatum*, Dc.
Vivace, Juillet, Août.
Se rencontre dans les lieux secs et sur les collines calcaires du Jura et du Sundgau : Porrentruy (*Josel*) ; St.-Louis, Mulhouse, Ferrette (*Montandon*).

b. Plantes formées d'une tige.

A. *Involucre à folioles très nombreuses.*

* *Aigrettes disposées sur un seul rang.*

12. Gen. **Lactuca**. L. *Laitue.*

a. Fleurs d'un bleu purpurin.

† 1. Esp. **L. PERENNIS**. L., Dc. 257.
Vivace, Juin, Juillet.
Se rencontre dans les endroits arides et rocailleux du
Jura : au Vorbourg près de Delémont, Bienne, Neuchâtel
(*Josel*); St.-Hypolite (Doubs), Brechaumont (*Mont.*) ! 1853.

b. Feuilles de la tige entières, fleurs jaunes.

† 2. Esp. **L. SALIGNA**. L., Dc. 257.
Annuelle. Juin, Août.
Se rencontre dans les champs arides du Jura et du
Sundgau : la Wiese, Nyon, Duilliers, Bâle, Salins, Genève
(*Josel*); Hatstatt, Guebcrswihr, Ferrette, St.-Louis (*Mon-
tandon*) ! 1852.

c. Feuilles de la tige dentées ou découpées, fleurs jaunâtres.

* Feuilles dentées, verticales.

† 3. Esp. **L. VIROSA**. L., Dc. 257.
Annuelle, Juillet, Octobre.
Se rencontre dans les lieux vagues du Jura et du Sund-
gau : Genève, Orbey, Besançon (*Josel*); collines d'Illfurth
(*Montandon*) ! 1845.

** Feuilles horizontales, lobées ou pinnatifides

4. Esp. **L. SCARIOLA**. L.; *L. sylvestris*. Dc. 257.
Annuelle, Juin, Août.
Se rencontre dans les endroits incultes et arides du Jura
et du Sundgau : Muttenz, Neuchâtel, Arlesheim, Moutier
(*Josel*); Montbéliard, Huningue, Belfort, Mulhouse (*Mont.*)

** *Aigrettes disposées sur plusieurs rangs.*

13. Gen. **Sonchus**, L. *Laitron.*

a. Fleurs d'un bleu tendre.

† 4. Esp. **S. ALPINUS**, L., Dc. 258.
Vivace, Juillet, Août.

Se rencontre dans les endroits frais et ombragés du
Jura : Muttenz, Dornach, Chasseral, Weissenstein, Raimeux, Mont-d'or, le Suchet, la Dôle (Josel, Montandon).

b. Fleurs d'un jaune plus ou moins foncé.

A. Involucre hispide et glanduleux.

* Feuilles sagittées vers leur base.

† 2. Esp. S. PALUSTRIS, L., Dc. 257.
Annuelle, Juin, Octobre.
Se rencontre dans les marais spongieux du Sundgau :
Seppois, Bisel (*Montandon*) ! 1852.

** Feuilles en cœur vers la base.

† 3. Esp. S. ARVENSIS, L., Dc. 257.
Annuelle, Juin, Juillet.
Se rencontre dans les champs argileux et calcaires du
Jura et du Sundgau : Delémont, Porrentruy (*Josel*) ; Grosne,
Grentzingen, Mulhouse (*Montandon*).

B. Involucre tout-à-fait glabre.

* Fruits ruguleux, rudes sur les faces et leurs bords

4. Esp. S. LÆVIS, Dod.; *S. oleraceus*, L., Dc. 257.
Annuelle, Juin, Août.
Fréquente dans toutes les cultures et les lieux vagues
du Jura et du Sundgau (*Josel, Montandon*).
VAR. forme *dentatus*, Nob. Altkirch (*Montand.*) ! 1855.
— — *lyratus*, Nob. Belfort (*Montand.*) ! 1848.
— — *lacerus*, Wild. Mulhouse (*Montd.*) ! 1855.
— — *pygmeus*, Nob. Ferrette (*Montand.*) ! 1852.

** Fruits lisses non ruguleux, à faces striées.

5. Esp. S. ASPER, Vill.; *S. fallax*, Vall.
Annuelle, Juin, Septembre.
Se rencontre dans les cultures et les endroits arides du
Jura et du Sundgau (*Josel, Montandon*).

B. *Involucre à folioles peu nombreuses.*

a. Fleurs d'un pourpre violet.

14. Gen. **Prœnanthes**, L. *Prœnanthe.*

1. Esp. P. PURPUREA, L., Dc. 256.

Annuelle, Juin, Septembre.
Se rencontre dans les forêts des montagnes du Jura et du Sundgau : Porrentruy, Ferrette (*Josel, Montandon*).

b. Fleurs jaunes, involucre de trois à cinq folioles.

15. Gen. **Phœnixopus,** Cass.

1. Esp. **P. MURALIS**, Cass.; *Chond. id.*, Dc. 256.
Annuelle, Juin, Août.
Fréquente dans les forêts, sur les murs et les rochers du Jura et du Sundgau (*Josel, Montandon*).

c. Fleurs jaunes, involucre de sept à dix folioles.

16. Gen. **Chondrilla**, L. *Chondrille.*

† 1. Esp. **C. JONCEA**, L.; Dc. 256.
Annuelle, Juin, Août.
Se rencontre dans les champs arides et sur les collines incultes du Jura et du Sundgau : Nyon, Genève, Grentzach (*Josel*); Huningue, Ferrette, Delle, Mulhouse, Altkirch, Allonjoie, Sochaux (*Montandon*) ! 1854.
VAR. forme *acanthophylla*, REICHB. Ferrette (*Montand.*) ! 1851.

B. Réceptacle plus ou moins velu.

AA. *Aigrettes à soies sur plusieurs rangs.*

aa. Fruits ou akènes à bec plus ou moins allongé.

17. Gen. **Barkhausia**, Mœnch.

a. Involucre couvert d'un léger duvet grisâtre.
1. Esp. **B. TARAXACIFOLIA**, Dc. 262.
Annuelle, Mai, Juin.
Se rencontre dans les endroits incultes et arides du Jura et du Sundgau (*Josel, Montandon*).

b. Involucre hérissé de poils très saillants.

* Plante d'une odeur d'amandes amères.

2. Esp. **B. FOETIDA**, Dc. 262.
Annuelle, Juin, Août.
Se rencontre disséminée dans les endroits arides et incultes du Jura et du Sundgau : Muttenz, Landeron, Nyon,

Genève (*Josel*); St.-Louis. Huningue, Michelfelden, Porrentruy, Cornol, Delle, Mulhouse (*Montandon*) ! 1855.

** Plante inodore d'un vert clair.

3. Esp. B. SETOSA. Dc. 262.
Annuelle, Juin, Aoùt.
Se rencontre disséminée dans les jachères et les cultures du Jura et du Sundgau : Bâle (*Josel*); Boncourt, Porrentruy, Habsheim. Mulhouse. Feldbach. Blamont . Sochaux; (*Montandon*) ! 1852.

bb. Fruits ou akènes non terminés en bec allongé.

* *Aigrettes à poils épaissis vers la base.*

18. Gen. **Soyeria**, MONN.

1. Esp. S MONTANA, MONN.: *Hier. id.*, Dc. 260.
Vivace, Juin, Juillet.
Sur les crêtes rocailleuses de la Dôle (*Josel*) ! 1827.

** *Aigrettes à poils filiformes et égaux.*

19. Gen. **Crepis**, L. *Crepide.*

1. *Fruits ou akènes de dix à treize stries. aigrettes molles blanchâtres.*

a. Hampe à une seule capitule.

1. Esp. C. AUREA, CASS.: *Hier.*, Dc. 258.
Vivace, Juin. Septembre.
Se rencontre sur les pâturage élevés du Jura : Chasseral. Creux-du-Van, Weissenstein, la Tourne (*Josel*) ! 1827.

b. Hampe composée de plusieurs capitules.

† 2. Esp. C PRÆMORSA, TAUSCH.: *Hier. id.*, Dc. 258.
Vivace, Mai. Juin.
Se rencontre sur les collines arides du Jura et du Sundgau : Grentzach, Muttenz, Lauffon . Weissenstein, Delémont (*Josel*); Zillisheim , Obersteinbrunn (*Mont.*) ! 1846.

c. Hampe nulle, tige feuillée. fleurs en corymbe.

A. *Graines à côtes tout-à-fait lisses.*

A. Tige comme étalée sur le sol.

3. Esp. C DIFFUSA, WALLR.; *C. dioscoridis*, Dc. Syn. 261.

Annuelle, Juin, Septembre.

Se rencontre dans les champs et les fossés du Jura et du Sundgau : Porrentruy, Mulhouse (*Joset, Montandon*).

B. Tige dressée, feuilles glabres.

a. Tige presque nue, feuilles de la tige presqu'entières.

4. Esp. **C. STRICTA**. Dc. V. 447.

Annuelle, Juin, Août.

Se rencontre assez fréquemment parmi les moissons du Jura et du Sundgau (*Joset, Montandon*).

b. Tige feuillée, feuilles caulinaires, dentées et sagittées.

5. Esp. **C. VIRENS**. Dc. 261.

Annuelle, Juin, Août.

Se rencontre parmi les herbages, dans les prés caillouteux et sablonneux du Jura et du Sundgau (*Joset, Mont.*).

C. Tige dressée, à feuilles velues, hispides ou visqueuses.

a. Tige sillonnée, rameaux floraux rudes et hérissés de poils.

6. Esp. **C. BIENNIS**. L.. Dc. 261.

Vivace, Juin, Juillet.

Très répandue dans les prés du Jura et du Sundgau (*Joset, Montandon*).

VAR. forme *nicœensis*, PERS. Mulhouse (*Mont.*) ! 1854.

b. Tige striée, rameaux floraux lisses et glabres.

† 7. Esp. **C. SCABRA**, WILLD.: *C. agrestis*, KITB.

Annuelle, Juin. Août.

Dans les jachères près de Mulhouse (*Montandon*) ! 1854.

c. Tige striée à rameaux glanduleux, visqueux.

† 8. Esp. **C. PULCHRA**, L., *Prœnanthes*: Dc. 256.

Vivace, Juin, Juillet.

Se rencontre dans les terrains argileux du Jura et du Sundgau : Delémont, Salins (*Joset*); Illfurth, Mulhouse (*Montandon*) ! 1841. 52.

B. *Graines à côtes très sensiblement tuberculeuses.*

† 9. Esp. **c. tectorum**, L., De. 261.

Annuelle, Juin, Août.

Se rencontre dans les endroits arides et les champs argileux du Jura et du Sundgau : la Wiese (*Josel*) ; St.-Louis, Belfort, Huningue, Mulhouse (*Montandon*) ! 1853.

II. *Fruits ou akènes de dix à treize stries, aigrettes roides, fragiles et jaunâtres.*

† 10. Esp. **c. paludosa**, Moench. ; *Hier.*, De. 261.

Vivace, Juin, Août.

Se rencontre dans les prés et les bois humides du Jura et du Sundgau : Chasseral (*Josel*) ; Riespach, Waltighoffen Roche-d'or, Grandvillars, Fêche-l'Église (*Montand.*) ! 1852.

III. *Fruits ou akènes à vingt stries, aigrettes blanches, molles un peu fragiles.*

a. Tige simple, légèrement rude.

† 11. Esp. **c. succisæfolia**, All. ; *Hier.*, De. 260.

Vivace, Juin, Juillet.

Se rencontre dans les pâturages montueux du Jura : au Reculet, Ramstein, Wasserfall, au Vogelberg, Passevang, Weissenstein (*Josel*); Charquemont, sous les Roches, Valbert (*Montandon*) ! 1852.

b. Tige très simple, sillonnée, légèrement glabre.

† 12. Esp. **c. blattarioides**, Gmel. ; *Hier.*, De. 261.

Vivace, Juin, Août.

Se rencontre dans les endroits ombragés et frais du Jura : Hasenmatt, Chasseron, Reculet, Weissenstein, Creux-du-Van, la Dôle (*Josel*).

BB. *Aigrettes à soies disposées sur un seul rang.*

20. Gen. **Hieracium**, L. *Eperrière.*

1. *Tige très feuillée sans rejets, stérile à la base.*

A. Feuilles supérieures nullement embrassantes.

a. Feuilles supérieures arrondies ou échancrées à la base.

† 1. Esp. **h. boreale**, Fries. ; Kirsch. 424.

Vivace, Juin, Juillet.

Se rencontre dans les forêts ombragées du Jura et du Sundgau : Chasseral *(Josel)* ; val de Lucelle *(Montandon)*.

VAR. forme *brevifolium*, TAUSCH. Ferrette *(Montandon)*.

    b. Feuilles supérieures atténuées à la base.

* Folioles extérieures de l'involucre, réfléchies au sommet.

2. Esp. H. UMBELLATUM, L., DC. 260.
Vivace, Juillet, Septembre.
Se rencontre assez fréquemment sur les pâturages et les collines arides du Jura et du Sundgau *(Josel, Montandon)*.

    ** Folioles de l'involucre toutes dressées.

† 3. Esp. **H. RIGIDUM**, HARTM., KOCH 337.
Vivace, Juin, Août.
Dans les prairies élevées du Jura et du Sundgau : **Mi**landre, Ferrette, Landskron *(Montandon)*, 1855.

    B. Feuilles supérieures toutes embrassantes.

    a. Pédoncules et involucres blanchâtres ou hérissés.

† 4. Esp. **H SABAUDUM**, L., DC. 260.
Vivace, Juin, Août.
Se rencontre sur les collines arides et le bord des forêts du Jura et du Sundgau : Soleure, Neuchâtel, Prangins, Nyon, Genève, Mulhouse *(Josel)* ; Ferrette, Porrentruy, Bonfol, Delémont *(Montandon)*, 1827, 1854.

    b. Pédoncules et involucres chargés de poils glanduleux.

† 5. Esp. **H. PRENANTHOIDES**, WILL., DC. 260.
Vivace, Juillet, Septembre.
Se rencontre dans les endroits secs et arides du Jura et du Sundgau : au Suchet, au Chasseral, Creux-du-Van, la Dôle *(Josel)* ; au Blochmont *(Montandon)*, 1852.

VAR. forme *lycopifolium*, DŒLL. Sondersdorf, Landskron *(Montandon)*, 1852.

VAR. forme *denticulatum*, NOR. Les Rangiers à St.-Pierre *(Montandon)*, 1852.

VAR. forme *lævigatum*, WILLD. La Bourg, Ferrette *(Montandon)*, 1851.

14

II. *Tige nue ou plus ou moins feuillée ou écailleuse.*

A. Tige le plus souvent tout-à-fait nue.

a. Hampe ne portant qu'une seule capitule.

6. Esp. **H. PILOSELLA**, L., Dc. 259.
Vivace, Juin, Août.
Se rencontre dans les endroits arides du Jura et du Sundgau (*Joset, Montandon*).
VAR. forme *discolor*, NOB. Altkirch (*Montandon*), 1851.
VAR. forme *farinaceum*, NOB. Delle (*Montandon*), 1850.
VAR. forme *virescens*, NOB. Boncourt (*Montand.*), 1851.
VAR. forme *pelleterianum*, MER. Buix (*Montand.*), 1850.
VAR. forme *bifurcum*, MB. Lucelle, St.-Pierre (*M.*) 1852.

b. Hampe de deux à cinq capitules.

7. Esp. **H. AURICULA**, L., Dc. 259.
Vivace, Juin, Août.
Se rencontre sur les pâturages, dans les prés secs et le long des chemins du Jura et du Sundgau (*Joset, Mont.*).

c. Hampe à plusieurs capitules.

* Corolle de couleur pourpre doré.

† **8.** Esp. **H. AURANTIACUM** L., Dc. 258.
Vivace, Juillet, Août.
Pâturages élevés du Jura : Chasseral, Moron, Tête-de-Rang (*Joset*), 1827.

** Corolle d'un jaune plus ou moins foncé.

† **9.** Esp. **H. PRÆALTUM**, KOCH 526.
Vivace, Juin, Octobre.
Se rencontre sur les pâturages et les collines arides du Jura et du Sundgau : Azuel, Delémont, Ferrette, Landskron (*Joset, Montandon*), 1852.
VAR. forme *ambiguum*, NOB. Huningue (*Montd.*), 1852.
VAR. forme *pleiocephalum*, NOB. Illfurth, Ferrettes (*Montandon*), 1852.
VAR. forme *polycephalum*, NOB. Delle, Mulhouse (*Montandon*), 1854.

555

VAR. forme *cymosum*, DC. Illfurth, Belfort (*Mont.*), 1854.

VAR. forme *paradoxum*, SPEN. Ferrette, Landskron (*Montandon*), 1852.

VAR. forme *setigerum*, FRIES. Huningue, Illfurth (*Montandon*), 1854.

VAR. forme *pratense*, TAUSCH. St.-Louis, Delle (*Montandon*), 1852.

B. Tige feuillée, feuilles tout-à-fait glauques.

a. Feuilles tout-à-fait glabres, tige à peine feuillée.

† 10. Esp. H. STATICEFOLIUM, VILL., DC. 259.
Vivace, Juin, Juillet.
Dans les endroits sablonneux et stériles du Jura : bois de la Batie, le Thoiry, bords du Rhône (*Joset*), 1827.

b. Tige feuillée, un peu poilue vers la base, feuilles parsemées de poils rares.

† 11. Esp. H. GLAUCUM, ALL., DC. 259.
Vivace, Juin, Septembre.
Se rencontre sur les crêtes rocailleuses du Jura et du Sundgau : Lauffon, Moutiers (*Joset*); Blochmont (*M.*), 1852.

c. Tige feuillée, feuilles glanduloso-pubescentes, parfois un peu visqueuses.

† 12. Esp. H. SAXATILE, WILL., DC. 259.
Vivace, Juin, Juillet.
Se rencontre sur les rochers et les crêtes rocailleuses du Jura et du Sundgau : Ramstein, Weissenstein, Creux-du-Van (*Joset*); Ferrette, Lucelle (*Montandon*), 1852.

d. Tige feuillée, feuilles à poils longs et abondants, involucres très-velus.

† 13. Esp. H. VILLOSUM, L., DC. 259.
Vivace, Juillet, Août.
Se rencontre sur les crêtes rocailleuses et élevées du Jura : Creux-du-Van, Sonnenberg, Chasseral, la Dôle, le Colombier, le Reculet (*Joset*), 1825; crets des roches (*M.*), 1854.

VAR. forme *longifolium*, TROEL. Wasserfall, Chasseral, St.-Brais, le Suchet, la Dôle, le Colombier (*Joset*), 1822.

III. *Tige feuillée, feuilles vertes, tomenteuses ou à poils glanduleux.*

A. Feuilles toutes d'un beau vert.

14. Esp. H. **MURORUM**, L., Dc. 260.
Vivace, Juin, Juillet.
Fréquemment répandue dans les forêts caillouteuses et sur les vieux murs du Jura et du Sundgau (*Josel, Mont.*).

VAR. forme *subintegrum*, NOB. Partout (*Josel, Montd.*).
VAR. forme *laciniatum*, NOB. Partout (*Josel, Montandon*).
VAR. forme *lachenalii*, GMEL. Partout (*Josel, Mont.*).
VAR. forme *Schmidtii*, TAUSCH. Blochmont (*M.*), 1852.
VAR. forme *flexuosum*, KIRSCH. Moutiers. Wasserfall, Dornacherberg (*Josel*), 1827.
VAR. forme *ramosum*, NOB. Val de Ruz (*Josel*), 1822.

B. Feuilles tomenteuses ou à poils glanduleux.

a. Feuilles cendrées comme tomenteuses.

† 15. Esp. H. **LANATUM**, WILL., Dc. 259.
Vivace, Juin, Août.
Rochers couverts du Jura : Salins. Arbois (*Josel*), 1827.

b. Feuilles parsemées de poils glanduleux.

* Feuilles glanduloso-pubescentes.

† 16. Esp. H. **JACQUINI**, VILL., Dc. 261.
Vivace, Juin, Septembre.
Se rencontre disséminée sur les roches découverts du Jura et du Sundgau : Chasseral, Porrentruy (*Josel*), 1827; Ruz-des-Seignes, Ferrette (*Montandon*), 1852.

** Feuilles glanduloso-visqueuses à poils jaunâtres.

† 17. Esp. H. **AMPLEXICAULE**. L., Dc. 260.
Vivace, Juin, Août.
Se rencontre dans les endroits rocailleux des montagnes du Jura et du Sundgau : Dietisberg, au Wahlenberg. Creux-du-Van, Orbey, Lauffon (*Josel*); Blochmont, Bremoncourt, St.-Ursanne (*Montandon*), 1852.

4e CLASSE, **Thalamanthées.**

ANALYSE PRATIQUE DES FAMILLES.

1. Fam. ÉRICACÉES, Dc.

I. *Fruit simulant une baie.*

1. Gen. **Arctostaphylos**, Adans. *Busserole.*

A. Feuilles grossièrement dentées.

† 1. Esp. A. **ALPINA**, Spreng.; *Arb. id.*, Dc. 249.
Vivace, Juin, Juillet.
Se rencontre sur les crêtes rocailleuses de la Dôle (*Joset*), 1827.

B. Feuilles très-entières.

† 2. Esp. A. **OFFICINALIS**, Vimm.; *Arb. uva-ursi*, Dc. 249.
Vivace, Juin, Juillet.
Rochers et crêtes rocailleuses des montagnes du Jura : St.-Joseph, Weissenstein, Thoiry, le Reculet (*Joset*), 1845.

II. *Fruit formé d'une capsule.*

a. Capsule s'ouvrant en cinq valves.

2. Gen. **Andromeda**, L. *Andromède.*

†† 1. Esp. A. **POLIFOLIA**, L., Dc. 249.
Vivace, Juin, Juillet.
Marais tourbeux du Jura : Gruyères, les Pontins', la Brevine, les Rousses (*Joset*), 1827.

b. Capsule à quatre loges.

3. Gen. **Calluna**, Salis. *Bruyère.*

1. Esp. C. **VULGARIS**, Sal.; *C. erica*, Dc. 249.
Vivace, Juin, Juillet.
Assez répandue sur les collines arides du Jura et du Sundgau (*Joset, Montandon*).

c. Capsule à double cloison.

4. Gen. **Rhododendron**, L. *Rosage.*

† 1. Esp. R. **FERRUGINEUM**, L., Dc. 248.
Vivace, Juin, Juillet.
Sur les rochers escarpés du Jura : Creux-du-Van, la Dôle, la Faucille, le Reculet (*Joset*), 1845.

(204)

2. Fam. GENTIANÉES, Dc.

I. *Corolle à préfloraison valvaire.*

a. Feuilles à trois folioles.

1. Gen. Menyanthes, L. *Trèfle d'eau.*

† 1. Esp. M. TRIFOLIATA, L., Dc. 245.
Vivace, Mai, Juin.
Marais et ruisseaux du Jura et du Sundgau : Delémont (*Josel*), 1827 ; Bonfol, Grosne, Montreux, Bourogne, Audincourt (*Montandon*), 1852, 1854.

b. Feuilles presque orbiculaires en cœur.

2. Gen. Villarsia, GMEL. *Villarsie.*

†† 1. Esp. V. NYMPHOIDES, GM., Dc. 245.
Vivace, Juin, Août.
Michelfelden (*Montandon*), 1852.

II. *Corolle à préfloraison contournée.*

A. *Style court parfois nul.*

a. Style tout-à-fait nul, capsule uniloculaire.

3. Gen. Swertia, L. *Swertie.*

† 1. Esp. S. PERENNIS, L., Dc. 243.
Vivace, Juin, Juillet.
Marais tourbeux du Jura: la Brevine, Lignères, les Rousses, les Pontins, la Dôle, Pontarlier (*Josel*), 1827.

b. Style très-court à peine sensible.

4. Gen. Gentiana, L. *Gentiane.*

1. Corolle à gorge tout-à-fait nue.

a. Fleurs en verticilles de couleur jaune.

† 1. Esp. G. LUTEA, L., Dc. 244.
Vivace, Juin, Juillet.
Pâturages élevés du Jura et du Sundgau: les Rangiers, (*Josel*), 1825 ; St.-Pierre, Lucelle, Chaulis (*Mont.*), 1842.

b. Fleurs en verticilles d'un beau bleu d'azur.

2. Esp. G. CRUCIATA, L., Dc. 244.
Vivace, Juin, Septembre.
Dans les endroits arides et sur les collines incultes du Jura et du Sundgau (*Josel, Montandon*).

c. Fleurs solitaires ou axillaires ou deux à deux.

A. Feuilles linéaires ou linéaires lancéolées.

† 5. Esp. G. PNEUMONANTHE, L., Dc. 244.
Vivace, Juillet, Octobre.
Se rencontre dans les marais tourbeux du Jura et du Sundgau : Bellevie, Delémont, Bellelay, Landeron, Lignères (*Joset*), 1827; Michelfelden (*Montandon*), 1852.

B. Feuilles ovales ou ovales lancéolées.

a. Calice renflé à cinq angles très-saillants.

†† 4. Esp. G. UTRICULOSA, L., Dc. 245.
Annuelle, Juin, Juillet.
Se rencontre dans les endroits humides du Sundgau : Michelfelden (*Montandon*), 1852.

b. Calice non renflé à angles peu saillants.

* Tige nulle, fleur solitaire, presque en cloche.

† 5. Esp. G. ACAULIS, L. Dc. 244.
Vivace, Mai, Juin.
Pâturages élevés du Jura et du Sundgau : Moutier, Undervilliers, Roggenbourg (*Joset*), 1827; val de Lucelle (*Montandon*), 1854.

**Tige simple, fleur solitaire à tube cylindrique ou un peu renflé.

† 6. Esp. G. VERNA, L., Dc. 244.
Vivace, Mai, Juin.
Se rencontre sur les pâturages élevés du Jura et du Sundgau : les Rangiers (*Joset*), 1827; Asuel, Lucelle, la Caquerelle, Courtemautrui (*Montandon*), 1857.

*** Tiges et fleurs plus ou moins nombreuses.

†† 7. Esp. G. ASCLEPIADEA, L., Dc. 244.
Vivace, Juin, Juillet.
Se rencontre sur les pâturages élevés du Jura : au Vogelberg, Wasserfall, Weissenstein, Rolberg, Rutifluh (*Joset*), 1827.

II. Corolle à gorge ou à tube barbu ou cilié.
a. Calice de quatre à cinq lobes dont deux plus grands.
† 8. Esp. G. CAMPESTRIS, L., Dc. 245.

15

Vivace, Juin, Juillet.

Pâturages élevés du Jura et du Sundgau : les Rangiers (*Joset*) ; Blochmont (*Montand.*), 1854.

b. Calice à lobes presque aussi longs que le tube de la corolle.

† 9. Esp. G. AMARELLA., L., KOCH 356.
Vivace, Juin, Octobre.
Se rencontre sur les collines arides dù Jura et du Sundgau : Porrentruy (*Joset*) ; Ferrette, Illfurth (*Mont.*), 1854.

c. Calice à lobes ne dépassant pas le milieu du tube de la corolle.

10. Esp. G. GERMANICA, L., Dc. 245.
Vivace, Juin, Juillet.
Collines sèches du Jura et du Sundgau : Porrentruy (*Joset*) ; Mulhouse, Delle, Ferrette (*Montandon*), 1852.
VAR. forme *chloræfolia*, RB., Mulhouse, Delle (*Mont.*) 1852.

III. Corolle à lobes ou divisions ciliés.

11. Esp. G. CILIATA, L., Dc. 245.
Vivace, Juillet, Octobre.
Se rencontre sur les pâturages et les collines arides et argileuses du Jura et du Sundgau (*Joset, Montandon*).

B. *Style tout filiforme ou simulant un fil.*

a. Fleurs d'un beau rose, anthères en spirale.

5. Gen. **Erythræa**, RICH.

* Calice égalant la longueur du tube de la corolle.

1. Esp. E. PULCHELLA, FRIES ; *Chironia*, Dc. 245.
Annuelle, Juin, Juillet.
Se rencontre dans les endroits humides et argileux du Jura et du Sundgau (*Joset, Montandon*).

** Calice de moitié plus court que le tube de la corolle.

2. Esp. E. CENTAURIUM, PERS. ; *Chir. cent*, Dc. 245.
Petite-Centaurée.
Vivace, Juin, Septembre.
Se rencontre sur les collines incultes du Jura et du Sundgau (*Joset, Montandon*).

b. Fleurs d'un beau jaune, six à huit étamines.

6. Gen. **Chlora**, Dc. *Chlorette.*

* Feuilles caulinaires à base perfoliée.

† 1. Esp. c. PERFOLIATA, L.; *Gentiana*, Dc. 243.
Annuelle, Juin, Juillet.
Se rencontre dans les lieux humides du Jura et du Sundgau : Chasseral, la Sagne, Schartenfluh, Meltingen (*Joset*); Michelfelden, Bonfol (*Montandon*), 1852, 1854.

** Feuilles caulinaires nullement perfoliées.

† 2. Esp. c. SEROTINA, Koch 552.
Annuelle, Juin, Juillet.
Se rencontre dans les endroits humides du Jura et du Sundgau : les Verrières (*Joset*); Michelfelden (*Mont.*), 1852.

c. Fleurs jaunes, quatre étamines, stigmate en tête.

7. Gen. **Cicendia**, Ads.

††1. Esp. c. FILIFORMIS, Del.; *Exacum id.*, Dc. 246.
Annuelle, Juin, Juillet.
Bois marchand près de Salins (*Joset*), 1827.

5. Fam. APOCYNÉES, Dc.

1. Gen. **Vinca**, L. *Pervenche.*

* Feuilles en cœur ciliées.

† 1. Esp. v. MAJOR, L., Dc. 246.
Vivace, Mai, Juin.
Dans les endroits couverts du Jura : Château de la Neuville, Genève (*Joset*), 1827.

** Feuilles lancéolées glabres.

2. Esp. v. MINOR, L., Dc. 246.
Vivace, Mai, Juin.
Fréquemment disséminée sur les basses montagnes du Jura et du Sundgau (*Joset, Montandon*).

4. Fam. ASCLÉPIADÉES, Dc.

1. Gen. **Cynanchum**, R. Brown.

1. Esp. C. VINCETOXICUM, Brow.; *Asclep. id.*, L., Dc. 247. *Dompte-venin.*
Vivace, Mai, Juin.
Parmi les rocailles des collines du Jura et du Sundgau (*Joset, Montandon*).

5. Fam. CONVOLVULACÉES, Dc.

I. Feuilles préflorales grandes, rapprochées.

1. Gen. **Calystegia**, R. Brow. *Liseron.*

1. Esp. C. VOLUBILIS, Nob.; *Convol. sep.*, L.,Dc.242.
Vivace, Juin, Août.
Fréquente dans les haies et les forêts du Jura et du Sundgau (*Joset, Montandon*).

II. Feuilles préflorales petites, éloignées.

2. Gen. **Cissampelos**, Fuchs. *Liseron.*

1. Esp. C. HELXINOIDES, Nob.; *C. arvens.*, L.,Dc. 242.
Annuelle, Juin, Août.
Fréquemment répandue dans les cultures et parmi les moissons du Jura et du Sundgau (*Joset, Montandon*).

6. Fam. CUSCUTACÉES, Bart.

1. Gen. **Cuscuta**, L. *Cuscute.*

* Styles inclus, corolle à quatre divisions.
1. Esp. C. MAJOR, Dc. 242; *C. europæa*, L.
Annuelle, Mai, Juillet.
Assez fréquemment disséminée dans les haies, sur les orties, liserons, etc. dans le Jura et le Sundgau (*Jos., Mont.*).

** Styles inclus, corolle souvent à cinq divisions.
† **2. Esp. C. EPILINUM**, Weihe, Koch 358.
Annuelle, Juin, Août.
Se rencontre sur le lin, dans le Jura et le Sundgau: Porrentruy (*Joset*); Delle (*Montandon*), 1852.

VAR. forme *corymbosa*, RUIZ. Landser, Habsheim, Sierentz (*Montandon*), 1854.

*** Styles très saillants.

3. Esp. C EPITHYMUM, MURR.; *C. minor*, DC. 242.
Annuelle, Juin, Août.
Sur le serpolet et les bruyères, dans le Jura et le Sundgau : près de Porrentruy (*Joset*) ; Grosne, Ferrette, Belfort (*Montandon*), 1852.

VAR. forme *trifolii*, GOD. Mulhouse (*Montandon*), 1855.

7. Fam. POLÉMONIACÉES, LIND.

Gen. Polémonium, L. *Polémoine*.

† 1. Esp. P. COERULEUM, L., DC. 242.
Vivace, Juin, Juillet.
Se rencontre dans les endroits couverts du Jura et du Sundgau : la Brevine, val de Travers, aux Buttes, Birsfelden, Kembs (*Joset*), 1827 ; Ferrette, Sondersdorf, Fuan, Oberdorf (*Montandon*), 1852, 1854.

8. Fam. SOLANÉES, DC.

I. *Fruit indéhiscent, succulent.*

A. Corolle en roue étalée, calice renflé en vessie.

1. Gen. Physalis, L. *Coqueret*.

† 1. Esp. P. ALKEKENGI, L., DC. 237.
Annuelle, Juin, Juillet.
Se rencontre dans les haies, les broussailles et les vignes du Jura et du Sundgau : Muttenz, Lauffon, Colombier, Corneaux, Boudry, Bâle, Neuchâtel (*Joset*), 1827 ; Bremoncourt, Uffheim, Mulhouse (*Montandon*), 1827, 1854.

B. Corolle en roue étalée, calice non renflé.

2. Gen. Solanum, L. *Morelle*.

* Plantes ligneuses, grimpantes.

1. Esp. S. DULCAMARA, L., DC. 237. *Douce-amère.*
Vivace, Juin, Juillet.
Se rencontre disséminée dans les haies et les buissons humides du Jura et du Sundgau (*Joset, Montandon*).

" Plantes de consistance herbacée.

2. Esp. s. NIGRUM, L., Dc. 257.
Annuelle, Juin, Octobre.
Fréquente dans les décombres, les lieux vagues et cou-
verts du Jura et du Sundgau (*Joset, Montandon*).

VAR. forme *villosum*, LAMK. (baies jaunâtres). Illfurth
(*Montandon*), 1854.
VAR. forme *miniatum*, KOCH (baies rouges). Riedesheim
(*Montandon*), 1854.
VAR. forme *chlorocarpum*, A. BRAUN (baies verdâtres).
Mulhouse, St.-Louis (*Montandon*), 1854.

C. Corolle en tube, campanulée.

3. Gen. **Atropa**, L. *Belladone.*

† 1. Esp. A BELLADONA, L., Dc. 257.
Vivace, Juin, Juillet.
Se rencontre dans les haies, les taillis et les coupes des
collines du Jura et du Sundgau : Pratelen, Schauenbourg
(*Joset*), 1827; le Fahy, près de Porrentruy, Buix, Ferrette
(*Montandon*), 1859, 1854.

II. *Fruit capsulaire s'ouvrant de lui-même.*

a. Fruit à déhiscence prixidaire ou transversale.

4. Gen. **Hyosciamus**, L. *Jusquiame.*

† 1. Esp. H. NIGER, L., Dc. 236.
Annuelle, Juin, Juillet.
Se rencontre dans les lieux vagues et le long des habi-
tations du Jura et du Sundgau : St. Brais, Montfaucon,
Delémont (*Joset*), 1827; Boncourt, Porrentruy, Feldbach,
Delle, Mulhouse, (*Montandon*); 1829, 1854.

b. Fruit à déhiscence longitudinale.

5. Gen. **Datura**, L. *Stramoine.*

† 1. Esp. D. STRAMONIUM, L., Dc. 236. *Pomme épineuse.*
Annuelle, Juin, Juillet.
Se trouve disséminée dans les lieux vagues du Jura et
du Sundgau : Porrentruy (*Joset*), 1827; Delle, Belfort,
Mulhouse, Altkirch, Ferrette, St.-Louis (*Montand.*), 1852..

9. Fam. VERBASCÉES, BART.

1. Gen. **Verbascum**, L. *Molène.*

I. *Feuilles laineuses décurrentes ou semi-décurrentes.*

A. Tige ailée d'une feuille à l'autre sans interruption.

a. Tige simple, épi serré, corolle en entonnoir.

1. Esp. V. SCHRADERI, MEY.; *V. thapsus*, Dc. 235.
Vivace, Juin, Juillet.
Se rencontre dans les lieux incultes et sur les vieux murs du Jura et du Sundgau (*Joset, Montandon*).

b. Epi très allongé, corolle étalée en roue, tige ramifiée.

2. Esp. V. THAPSIFORME, SCHRD.; *V. thapsoides,* Dc. 235.
Vivace, Juin, Juillet.
Se rencontre dans les endroits incultes et sur le bord des chemins du Jura et du Sundgau : Delémont, Porrentruy, Neuchâtel (*Joset*); Besançon, Mulhouse, Delle (*Montandon*), 1837, 1854.

B. Tige à feuilles semi-décurrentes.

a. Étamines à filets couverts d'un duvet blanc.

aa. Pédicelles plus longs que les calices.

† **3. Esp. V. RAMIGERUM, SCHRD., KOCH** 369.
Vivace, Juin, Juillet.
Près de Neuchâtel, à la prise Chaillet (*Joset*), 1827.

bb. Pédicelles plus courts que les calices.

* Feuilles inférieures subitement rétrécies en pétiole.

† **4. Esp. V. MONTANUM, SCHRD., KOCH** 369.
Vivace, Juin, Août.
Lieux arides et incultes du Jura et du Sundgau : Nyon, Promenthoux (*Joset*), 1825; St.-Louis, Neudorf (*Montandon*), 1852.

** Feuilles inférieures non rétrécies en pétiole.

5. Esp. V. PHLOMOIDES, L., Dc. 235.
Vivace, Juin, Juillet.

Se rencontre dans les décombres du Jura et du Sund-gau : Besançon *(Joset)*, 1850; St.-Louis, Bourgfelden *(Montandon)*, 1852.

    b. Étamines à filets couverts d'un duvet violet.

      * Anthères égales, non décurrentes.

† 6. Esp. **v. COLLINUM**, SCHRD. 569.
Vivace, Juin, Juillet.
Graviers du Rhin près de St.-Louis, *(Montandon)*, 1851.

   ** Deux des anthères décurrentes, feuilles blanchâtres.

    7. Esp. **v. ADULTERINUM**, KOCH 370.
Vivace, Juin, Juillet.
Graviers de la Doller près de Mulhouse *(Montand.)*, 1854.

    II. *Feuilles nullement décurrentes.*

    A. Fleurs en faisceau, feuilles tomenteuses.

  a. Filets recouverts d'un duvet blanc ou blanchâtre.

aa. Feuilles presque glabres en dessus, fleurs blanchâtres, tige cylindrique ou à angles obtus.

    8. Esp. **v. LYCHNITIS**, L., Dc. 235.
Vivace, Juin, Juillet.
Se rencontre sur les collines arides du Jura et du Sund-gau *(Joset, Montandon)*.

bb. Feuilles cotonneuses des deux côtés, fleurs jaunes, tige à angles saillants.

    * Feuilles supérieures demi-embrassantes.

† 9. Esp. **v. FLOCOSUM**, WK., KOCH 570.
Vivace, Juin, Juillet.
Se rencontre parmi les graviers arides et le long des routes du Jura et du Sundgau : Nyon, Genève, Longirod *(Joset)*, 1827; Michelfelden, Huningue, St.-Louis, Bâle, Delle *(Montandon)*, 1829, 1854.

   ** Feuilles supérieures, nullement embrassantes.

    10. Esp. **v. PULVERULENTUM**, L., Dc. 235.

Vivace, Juillet, Août.

Se rencontre sur les collines calcaires du Jura et du Sundgau (*Joset, Montandon*).

Var. forme *album*, Mill. (fleurs blanchâtres). Illfurth (*Montandon*), 1846.

b. Filets recouverts d'un duvet de couleur purpurine.

* Feuilles tomenteuses sur les deux faces.

† 12. Esp. **v. schottianum**, Schrd., Koch 571.
Vivace, Juillet, Août.

Se rencontre dans les lieux vagues et incultes du Jura et du Sundgau, Bâle (*Joset*), 1825 ; Delle (*Montandon*), 1855.

** Feuilles presque glabres en dessus.

13. Esp. **v. nigrum**, L., Dc. 255.
Vivace, Juin, Juillet.

Se rencontre dans les lieux incultes et sur le bord des chemins du Jura et du Sundgau (*Joset, Montandon*).

B. Fleurs solitaires ou géminées, feuilles glabres.

† 14. Esp. **v. blattaria**, L., Dc. 235.
Annuelle, Juin, Septembre.

Se rencontre dans les endroits humides et sablonneux du Jura et du Sundgau : Boudry, Genève, Besançon (*Joset*), 1827 ; Mulhouse, St.-Louis, Montbéliard, Delle, Grand-villars, Altkirch, Ferrette (*Montandon*), 1829, 1854.

Var. forme *rubiginosum*, W., K. Genève (*Joset*), 1827.

Var. forme *blattarioides*, Gaud., Dc. 255. Cernay (*Montandon*), 1854.

10. Fam. **BORRAGINÉES**, Dc.

I. *Carpelles distincts dans toute leur longueur*

A. Corolle infundibuliforme ou tubuloso-campanulée,

AA. *Corolle en entonnoir ou infondibuliforme.*

a. Corolle à tube coudé ou courbé.

1. Gen. **Lycopsis**, L. *Lycopside.*

1. Esp. **l. arvensis**, L., Dc. 240.

Annuelle, Juin, Août.

Disséminée dans les champs et les vignes du Jura et du Sundgau : Nyon, Bâle, Neuchâtel (*Joset*), 1827 ; Mulhouse, Delle, Altkirch, Ferrette (*Montandon*), 1852.

b. Corolle à tube droit.

aa. Corolle à gorge nullement écailleuse.

2. Gen. **Pulmonaria**, L. *Pulmonaire.*

* Feuilles radicales en cœur à la base.

1. Esp. P. OFFICINALIS, L., Dc. 259.

Vivace, Avril, Mai.

Se rencontre sur les collines et dans les forêts du Jura et du Sundgau (*Joset, Montandon*).

** Feuilles radicales lancéolées non en cœur.

† 2. Esp. P. ANGUSTIFOLIA, L., Dc. 259.

Vivace, Avril, Mai.

Se rencontre dans les forêts humides du Jura et du Sundgau : Porrentruy (*Joset*) ; Ferrette, Lucelle (*Montandon*), 1852.

bb. Corolle à gorge pourvue de tubercules ou d'écailles.

a. Écailles courtes et obtuses.

3. Gen. **Lithospermum**, L. *Gremil.*

I. Fleurs d'un blanc un peu livide.

a. Graines lisses très luisantes.

1. Esp. L. OFFICINALE, L., Dc. 239.

Vivace, Juin, Juillet.

Se trouve sur les collines sèches et arides du Jura et du Sundgau (*Joset, Montandon*).

b. Graines difformes et toutes rugueuses.

2. Esp. L. ARVENSE, L., Dc. 239.

Annuelle, Juin, Août.

Répandue dans les moissons et les champs du Jura et du Sundgau (*Joset, Montandon*).

11. Fleurs d'un bleu purpurin.

††3. **Esp. l. purpureo coeruleum**, L., Dc. 259.

Vivace, Juin, Juillet.

Se rencontre sur les collines chaudes et arides du Jura et du Sundgau : Muttenz, Mœnchenstein, Moutier, bois de Labatie. Besançon (*Joset*), 1827; Porrentruy. Ferrette. Delle, Isteinerklotz, Réchésy, Bourogne, Montbéliard, Illfurth (*Montandon*), 1827, 1854.

b. Écailles allongées, aigues ou obtuses.

4. Gen. **Anchusa**, L. *Buglosse.*

† 1. **Esp. a. italica**, Retz, Dc. 240.

Annuelle, Juin, Juillet.

Se rencontre disséminée parmi les décombres et les lieux vagues du Jura et du Sundgau : Thoiry, Nyon (*Joset*), 1827; St.-Louis, Hatstatt (*Montandon*), 1852.

BB. *Corolle simulant un tube, s'évasant en cloche.*

a. Corolle à limbe presque à deux lèvres.

5. Gen. **Echium**, L. *Vipérine.*

1. **Esp. e. vulgare**, L., Dc. 238.

Vivace, Juin, Juillet.

Collines incultes du Jura et du Sundgau (*Joset, Mont.*)

b. Corolle à limbe régulier tubuloso-campanulé.

6. Gen. **Cerinthe**, L. *Melinet.*

* Corolle à cinq divisions.

††1. **Esp. c. minor**, L., Dc. 258.

Vivace, Juin, Juillet.

Collines arides de Ferrette (*Lachenal*). (Je ne l'y ai jamais rencontrée, *Montandon*)??

** Corolle à cinq dents.

† 2. **Esp. c. alpina**, Koch 362; *C. glabra*, Dc. 238.

Vivace, Juin, Août.

Pâturages et broussailles du Valanvron : Neuchâtelet, la Sagne, Fleurier, la Sèche, Boveresse (*Joset*), 1825.

c. Corolle tubuleuse tenant de l'entonnoir et de la roue.

7. Gen. Symphytum, L. *Consoude.*

1. Esp. S. OFFICINALE, L., Dc. 239.
Vivace, Mai, Juin.
Prés et fossés humides du Jura et du Sundgau (*Joset*, *Montandon*).

B. Corolle en roue ou en soucoupe.

a. Corolle tout en roue, profondément divisée.

8. Gen. Borrago, L. *Bourrache.*

1. Esp. B. OFFICINALIS, L., Dc. 241.
Annuelle, Mai, Juin.
Lieux vagues et incultes du Jura et du Sundgau (*Joset*, *Montandon*).

b. Corolle en soucoupe à divisions obtuses et courtes.

9. Gen. Myosotis, L. *Scorpionne.*

I. Poils du calice très appliqués.

* Tige cylindrique, racine fibreuse.

† 1. Esp. M. CÆSPITOSA, SCHULZ, KOCH 365.
Vivace, Juin, Juillet.
Se rencontre dans les prés humides du Jura et du Sundgau : Promenthoux, Nyon, Genève, val de Ruz (*Joset*), 1828; Galfingen, Ferrette, Bonfol, Bâle, Mulhouse, Belfort (*Montandon*), 1827, 1854.

** Tige anguleuse, racine rampante.

2. Esp. M. PALUSTRIS, WITH.; *M. perennis*, Dc. 240.
Vivace, Mai, Août.
Se trouve sur le bord des fossés et dans les prés humides du Jura et du Sundgau (*Joset*, *Montandon*).

VAR. forme *strigulosa*, REICHB. Grosne (*Montand.*), 1852.
— — *laxiflora*, REICHB. Bonfol (*Montand.*), 1851.
— — *repens*, REICHB. Delle (*Montandon*), 1850.

II. Poils du calice étalés, à la fin recourbés en crochet.

A. Pédicelles plus longs que le calice.

* Corolle à limbe plane, calice à divisions dressées.

3. Esp. M. SYLVATICA, HOFF., KOCH 365.
Vivace, Juin, Juillet.
Prés, bois et collines ombragées du Jura et du Sundgau
(*Joset, Montandon*).

VAR. forme *alpestris*, SCHM. Le Reculet, le Colombier
(*Joset*), 1827.

** Corolle à limbe concave, calice fermé à la maturité.

4. Esp. M. INTERMEDIA, LINK.; *M. annua*, DC. 240.
Annuelle, Juillet, Août.
Répandue dans les champs et les cultures du Jura et du
Sundgau (*Joset, Montandon*).

B. Pédicelles plus courts que le calice.

a. Calice fermé à la maturité.

* Grappes de fleurs feuillées à la base.

† 5. Esp. M. STRICTA, LINK., KOCH 565.
Annuelle, Juin, Juillet.
Se rencontre dans les terrains arides du Jura et du Sund-
gau : Porrentruy, Lorette (*Joset*), 1827 ; Belfort, Altkirch,
St.-Louis (*Montandon*), 1854.

** Grappes de fleurs nues à la base.

6. Esp. M. VERSICOLOR, PERS., KOCH 565.
Annuelle, Juin, Septembre.
Se rencontre dans les champs, les jachères et sur le bord
des rivières du Jura et du Sundgau : Porrentruy, Bâle,
Ferrette, Altkirch, Mulhouse (*Joset, Montandon*).

b. Calice non fermé à la maturité.

† 7. Esp. M. HISPIDA, SCHLET., KOCH 365.
Annuelle, Juin, Septembre.
Lieux arides après la moisson dans le Jura et le Sund-
gau : Porrentruy, la Batie (*Joset*), 1827 ; Ferrette, Delle,
Mathey, Bourogne (*Montandon*), 1852.

ÌI. *Carpelles étroitement rapprochées au sommet.*

A. Styles courts.

a. Carpelles triquêtres, à faces dorsales épineuses.

10. Gen. **Echinospermum**, Swärtz.

† 1. Esp. **E. lappula**, Lehm.; *Myosotis*, Dc. 240.
Annuelle, Juin, Septembre.
Se rencontre dans les lieux incultes, les graviers et sur les vieux murs du Jura et du Sundgau : val de Ruz, Neuchâtel (*Joset*), 1827; St.-Louis, Landskron, Huningue, Brisach (*Mont.*), 1852, 1854.

b. Carpelles comprimées latéralement et chagrinées.

11. Gen. **Asperugo**, L. *Rapette.*

††1. Esp. **a. procumbens**, L., Dc. 240.
Annuelle, Juin, Juillet.
Se rencontre dans les champs et les vignes du Jura et du Sundgau : Landeron, la Brevine (*Joset*), 1827; St.-Louis, Bollwiller, Wittelsheim (*Montandon*), 1851, 1854.

B. Styles allongés.

a. Carpelles ovoides, triquêtres et chagrinées.

12. Gen. **Heliotropium**, L. *Héliotrope.*

† 1. Esp. **H. europæum**, L., Dc. 258.
Annuelle, Juin, Août.
Se rencontre dans les champs et les vignes du Jura et du Sundgau : Boudry, Nyon, Genève, Bâle (*Joset*), 1817; Mulhouse, St.-Louis, Illfurth, Montbéliard (*Montandon*), 1851, 1854.

b. Carpelles déprimées, chargées de tubercules épineux.

13. Gen. **Cynoglossum**, L. *Cynoglosse.*

* Feuilles molles, cotonneuses des deux côtés.

† 1. Esp. **C. officinale**, L., Dc. 241.
Vivace, Juin, Juillet.
Se rencontre sur les collines calcaires du Jura et du Sundgau : Bienne (*Joset*), 1827; Delle, Mulhouse, St.-Louis (*Montandon*), 1831, 1854.

** Feuilles rudes en-dessus, presque glabres en-dessous.

†† 2. Esp. C. MONTANUM, L., Dc. 244.
Vivace, Mai, Août.
Se rencontre dans les endroits couverts du Jura et du Sundgau : Moutier, Weissenstein, Creux-du-Van, Combe-grède, Muttenz, Chevenez (*Joset*), 1827 ; Montbéliard, Lomont, Ferrette, Vacherie-Dessus, Château-de-la-Roche, (*Montandon*), 1852, 1855.

11. Fam. PRIMULACÉES, Dc.

I. *Calice à cinq divisions ou à cinq dents.*

A. *Calice à cinq divisions plus ou moins profondes.*

a. Corolle en soucoupe ou en forme de roue.

aa. Corolle en soucoupe ou hippocratériforme.

1. Gen. Hottonia, L. *Hottonie.*

† 1. Esp. H. PALUSTRIS, L., Dc. 205.
Vivace, Mai, Juin.
Se rencontre dans les eaux tranquilles et profondes du Jura et du Sundgau : Bienne, Landeron, Loquiat (*Joset*), 1827 ; Michelfelden, Huningue, Kembs (*Mont.*), 1851, 1854.

bb. Corolle en roue ou presque rotacée.

2. Gen. Lysimachia, L. *Lysimachie.*

A. Fleurs disposées en panicule.

1. Esp. L. VULGARIS, L., Dc. 205.
Vivace, Juin, Juillet.
Disséminée dans les lieux humides, les fossés et le long du bord des ruisseaux du Jura et du Sundgau (*Joset, Mont.*).

B. Fleurs en grappes denses et serrées.

†† 2. Esp. L. THYRSIFLORA, L., Dc. 205.
Vivace, Juin, Juillet.
Ruisseaux et marais profonds du Jura : Loquiat, Neuchâtel, Soleure (*Joset*), 1827.

C. Fleurs axillaires ou solitaires.
* Feuilles orbiculaires obtuses.

3. Esp. L. NUMMULARIA, L., Dc. 205.

Vivace, Juin, Août.

Se rencontre disséminée dans les marais et les endroits humides du Jura et du Sundgau (*Joset, Montandon*).

** Feuilles ovales, très aigues.

4. Esp. L. NEMORUM, L., Dc. 205.
Vivace, Juin, Juillet.
Se rencontre dans les forêts ombragées et couvertes du Jura et du Sundgau (*Joset, Montandon*).

b. Corolle campanulée à limbe tout-à-fait réfléchi.

3. Gen. **Cyclamen**, L.

††1. Esp. C. EUROPÆUM, L., Dc. 208. *Pain de pourceau.*
Vivace, Juin, Juillet.
Se rencontre dans les endroits rocailleux du Jura : Neuchâtel, Mont-d'or, Morteaux, Cressier (*Joset*), 1825.

B. *Calice couronné de cinq dents ou fissures.*

4. Gen. **Androsacea**, L. *Androsace.*

* Fleurs d'un rose plus ou moins prononcé.

† 1. Esp. A. VILLOSA, L., Dc. 206.
Vivace, Juillet, Août.
Se rencontre sur les rochers et les crêtes rocailleuses du Jura : la Dôle (*Joset*), 1827.

** Fleurs d'un blanc mat à gorge jaunâtre.

† 2. Esp. A. LACTEA, L., Dc. 206.
Vivace, Juin, Juillet.
Se rencontre dans les graviers et sur les crêtes rocailleuses du Jura : Wasserfall, Chasseral, Weissenstein, Undervilliers, Creux-du-Van, Suchet, Chasseron (*Joset, Mont.*), 1827, 1857

II. *Calice prismatico-campanulé ou tubuleux.*

A. Capsule s'ouvrant par des valves.

aa. Fleurs solitaires ou disposées en ombelle.

5. Gen. **Primula**, L. *Primevère.*

I. Gorge à écailles courtes un peu colorées.

† 1. Esp. P. FARINOSA, L., Dc. 207.

Vivace, Juin, Juillet.
Se rencontre dans les marais tourbeux du Jura et du Sundgau : Courtemelon. Delémont, Orbes, Longirod, Voiron (*Josel*), 1827 ; Landskron (*Montandon*), 1841.

II. Gorge à écailles courtes, le plus souvent concolores.

* Hampe ne portant qu'une seule fleur.

† 2. Esp. P. GRANDIFLORA, L., Dc. 207.
Vivace, Mars, Avril.
Se rencontre dans les bois couverts du Jura : Liestall, Vogelberg. Soleure, Genève (*Josel, Mont.*), 1827—1837.

** Hampe portant plusieurs fleurs.

a. Calice renflé, corolle comme plissée.

3. Esp. P. OFFICINALIS, Dc. 207.
Vivace, Mai, Juillet.
Disséminée sur les pâturages du Jura et du Sundgau (*Josel, Montandon*).

b. Calice non renflé, corolle nullement plissée.

4. Esp. P. ELATIOR, L., Dc. 207.
Vivace, Mars, Mai.
Se rencontre fréquemment dans les bois du Jura et du Sundgau (*Josel, Montandon*).

III. Gorge de la corolle dépourvue d'écailles.

† 5. Esp. P. AURICULA, L., Dc. 207. *Oreille d'ours.*
Vivace, Mars, Juin.
Se rencontre disséminée sur les crêtes rocailleuses du Jura : Geisfluh, Hornfluh, Vogelberg, Weissenstein. Moutiers, roches de Vorbourg et d'Undervilliers (*Josel. Montandon*), 1837, 1834.

bb. Fleurs formant une grappe terminale.

6. Gen. **Samolus**, L. *Samole.*

† 1. Esp. S. VALERANDI, L., Dc. 208.
Vivace, Juin, Juillet.
Se rencontre dans les marais spongieux et argileux du.
16

Jura et du Sundgau : Sionnet, Genève, Pontarlier (*Joset*), 1827 ; Froidefontaine, Hundsbach (*Montandon*), 1852.

B.. Capsule s'ouvrant circulairement par une opercule.

A. *Corolle simulant une roue ou rotacée.*

a. Corolle à quatre lobes.

7. Gen. **Centunculus**, L. *Centenille.*

†† 1. Esp. c. MINIMUS, L., Dc. 204.

Annuelle, Mai, Juillet.

Se rencontre dans les champs argileux et les sables humides du Jura et du Sundgau : Bottmingen, St.-Georges. Bienne (*Joset*), 1827 ; Porrentruy, Belfort, Huningue, Mulhouse. Montbéliard, Fèche-les-Prés (*Mont.*), 1852, 1855.

b. Corolle à cinq lobes, pourpre ou bleue.

8. Gen. **Anagallis**, L. *Mouron.*

* Corolle d'un rouge feu.

1. Esp. A. PHOENICEA, L., Dc. 205.

Annuelle, Mars, Mai.

Se rencontre disséminée dans les cultures et les lieux vagues du Jura et du Sundgau (*Joset, Montandon*).

** Corolle d'un beau bleu d'azur.

2. Esp. A. COERULEA, L., Dc. 204.

Annuelle, Mars, Avril.

Comme la précédente, mais plus rare (*Joset, Mont.*).

B. *Corolle à lobes dressés, multifides.*

9. Gen. **Soldanella**, L. *Soldanelle.*

† 1. Esp. S. ALPINA, L., Dc. 207.

Vivace, Mai, Juillet.

Se rencontre sur les hautes sommités du Jura : le Reculet, le Colombier, le Mont-tendre, la Dôle (*Joset*), 1827.

12. Fam. GLOBULARIÉES, Dc.

1. Gen. Globularia, L. *Globulaire.*

* Tige de consistance herbacée.

† 1. Esp. G. VULGARIS, L., Dc. 204.
Vivace, Mai, Juillet

Se rencontre sur les pâturages arides du Jura et du Sundgau : Dietisberg, Dornach, Bienne, Lauffon, Neuchâtel,
Genève (*Joset*), 1825; val de Lucelle, Porrentruy, les Rangiers, Mathey, Audincourt (*Montandon*), 1852, 1855.

** Tige de consistance ligneuse.

†† 2. Esp. G. CORDIFOLIA, L., Dc. 204.
Vivace, Juin, Juillet.

Se rencontre sur les pâturages et les rochers arides du
Jura : Lauffon, Ramstein, Vorbourg, Weissenstein, Chasseral, Creux-du-Van, la Dôle, le Mont-d'or, le Colombier,
le Reculet (*Joset*), 1827.

15. Fam. OLÉACÉES, Lind.

* *Fruit formé d'une baie.*

1. Gen. Ligustrum, L. *Troëne.*

1. Esp. L. VULGARE, L. Dc. 216.
Vivace, Mai, Juillet.

Répandue dans les haies et les buissons du Jura et du
Sundgau (*Joset, Montandon*).

** *Fruit formé d'une samare ailée.*

2. Gen. Fraxinus, L. *Frêne.*

1. Esp. F. EXCELSIOR, L., Dc. 216.
Vivace, Mars, Avril.

Répandue sur nos pâturages et dans les forêts du Jura
et du Sundgau (*Joset, Montandon*).

14. Fam. AQUIFOLIACÉES, Dc.

Gen. Ilex, L. *Iloux.*

† 1. Esp. I. AQUIFOLIUM, L., Dc. 566.

Vivace, Mars, Juin.

Se rencontre dans les forêts élevées du Jura et du Sundgau : Porrentruy *(Josel)*, 1827 ; Ferrette *(Montd.)*. 1851.

45. Fam. **VERONICACÉES**, Nob.

1. Gen. **Veronica**, L. *Véronique.*

I. Grappes de fleurs axillaires.

A. *Calice à quatre divisions profondes.*

A. Feuilles plus ou moins pétiolées ou atténuées.

a. Feuilles portées sur de longs pétioles.

* Fleurs d'un bleu pâle ou livide.

† 1. Esp. v. **MONTANA**, L, Dc. 209.
Vivace, Mai. Juin.
Se rencontre dans les bois et les forêts ombragées du Jura et du Sundgau : Valanvron, Porrentruy *(Josel)*. 1825 ; Mulhouse. Delle, Montbéliard *(Montandon)*. 1850. 1855.

** Fleurs d'un beau bleu d'azur.

2. Esp. v. **BECCABUNGA**, L., Dc. 209.
Vivace, Juin. Juillet.
Marais et fossés humides du Jura et du Sundgau *(Josel, Montandon)*.

b. Feuilles portées sur de courts pétioles.

aa. Grappe composée de peu de fleurs.

† 3. Esp. v. **APHYLLA**, L., Dc. 209.
Vivace. Juin, Juillet.
Se rencontre sur les rochers et les hautes sommités du Jura : la Dôle, Veau-Lion, le Reculet, le Colombier *(Josel. Montandon)*, 1827, 1857.

bb. Grappe composée de plusieurs fleurs.

* Fleurs d'un bleu pâle ou livide.

4. Esp. v. **OFFICINALIS**, L., Dc. 209.
Vivace, Mai, Août.
Se rencontre dans les bois, taillis et bruyères du Jura et du Sundgau *(Josel, Montandon)*.

** Fleurs d'un beau bleu d'azur.

5. Esp. **v. CHAMOEDRYS**. L., Dc. 209.
Vivace, Mai, Juillet.
Fréquemment répandue dans les haies et sur les collines
boisées du Jura et du Sundgau (*Josel, Montandon*).

B. Feuilles reposant sur la tige ou sessiles.

a. Feuilles lancéolées linéaires.

† 6. Esp. **v. SCUTELLATA**, L., Dc. 209.
Vivace, Juin, Septembre.
Se rencontre dans les marais spongieux du Jura et du Sundgau : Grosne, Michelfelden, Bonfol, Nyon, Genève, Bellelay, la Gruyère, Mulhouse (*Josel, Montandon*), 1827, 1855.

b. Feuilles ovales ou ovales lancéolées.

* Feuilles simplement ovales.

† 7. Esp. **v. URTICÆFOLIA**. L., Dc. 209.
Vivace, Juin, Avril.
Se rencontre disséminée dans les forêts ombragées du
Jura : Muttenz, Liestall, la Dôle, Boudry, la Faucille, le
Reculet (*Josel*), 1827.

** Feuilles ovales lancéolées.

8. Esp. **v. ANAGALLIS**. L., Dc. 209.
Vivace, Juin, Juillet.
Répandue dans les fossés aquatiques et les fontaines lim-
pides du Jura et du Sundgau (*Josel, Montandon*).

B. *Calice à cinq divisions profondes.*

a. Tiges stériles couchées.

† 9. Esp. **v. PROSTRATA**, L., Dc. 209.
Vivace, Mai, Juin.
Se rencontre sur les collines sèches et arides du Jura et
du Sundgau : le Colombier, Montbéliard (*Josel*), 1827;
St.-Louis, Delle, Mulhouse (*Montandon*), 1852, 1855.

b. Tiges dressées ou ascendantes.

* Feuilles sessiles comme demi embrassantes.

† 10. Esp. **v. LATIFOLIA**, L.; *M. leucrium*, Dc. 209.

Vivace, Mai, Juin.

Se rencontre disséminée dans les pâturages et sur les collines sèches et gramineuses du Jura et du Sundgau : Soleure, Delémont, Porrentruy *(Joset)*, 1827; Didenheim, Mulhouse, Brubach *(Montandon)*, 1848, 1854.

VAR. forme *angustifolium*, NOB. Mulhouse *(Mont.)*, 1854.

** Feuilles légèrement pétiolées.

††11. Esp. **v. AUSTRIACA**, L., KOCH 380.

Vivace, Juin, Août.

Se rencontre sur les pelouses rocailleuses du Jura : la Brevine, la Cornée *(Joset)*, 1827.

II. Grappes de fleurs terminales, rarement latérales.

† 12. Esp. **v. SPICATA**, L., Dc. 210.

Vivace, Juin, Juillet.

Se rencontre dans les endroits secs et arides du Jura et du Sundgau : Bienne, Neuchâtel, au Mail, Genthod *(Joset)*, 1827; au Maira, Audincourt *(Montandon)*, 1851, 1855.

III. Grappes de fleurs terminant la tige et les rameaux.

A. Graines concaves ou en godet.

* Capsule ovale en cœur renversé.

† 13. Esp. **v. PRÆCOX**, ALL., Dc. 210.

Annuelle, Mars, Avril.

Se rencontre dans les champs parmi les céréales du Jura et du Sundgau : Nyon, Bougie *(Joset)*, 1825; Saint-Louis, Bourgfelden, Bâle, Altkirch *(Montandon)*, 1853.

** Capsule orbiculaire en cœur renversé.

† 14. Esp. **v. TRIPHYLLOS**, L., Dc. 210.

Annuelle, Mars, Avril.

Se rencontre parmi les céréales du Jura et du Sundgau : Colombier, Nyon, Cornaux *(Joset)*, 1827; Porrentruy, Mulhouse, Bettendorf, Montbéliard *(Mont.)*, 1852, 1855.

B. Graines tout-à-fait planes.

aa. Tige garnie de peu de fleurs.

* Capsule ovale, oblongue, échancrée.

† 15. Esp. v ALPINA, L., Dc. 211.
Vivace, Juin, Juillet.
Se rencontre sur les crêtes rocailleuses du Jura : le Re-
culet (*Joset*), 1827.

** Capsule ovale, atténuée au sommet.

† 16. Esp. V. SAXATILIS, L., Dc. 210.
Vivace, Juin, Juillet.
Se rencontre sur les rochers élevés du Jura : le Colom-
bier, le Miroir, Chasseral, Fort l'Écluse (*Joset*), 1827.

bb. Tige garnie de plusieurs fleurs.

A. Style égalant l'échancrure de la capsule.

a. Pédicelle plus court que le calice.

† 17. Esp. v VERNA, L , Dc. 210.
Annuelle, Avril, Mai.
Champs arides et sablonneux du Jura et du Sundgau :
la Wiese près Bâle (*Joset*), 1827; Mulhouse, Saint-Louis
(*Montandon*), 1853.

b. Pédicelle plus long que le calice.

* Capsule à bords ciliés.

† 18. Esp. v. ACINIFOLIA, L., Dc. 210.
Annuelle, Avril, Mai.
Se rencontre dans les jachères et les champs arides du
Jura et du Sundgau : Bruderholz, Duilliers, Champagnolles,
Besançon (*Joset*), 1827; Mulhouse, Belfort, Hegenheim,
Huningue, Sochaux, Delle, Ferrette, Bâle, Belfort, Gren-
tzingen (*Montd.*), 1850—1855.

** Capsule à bords non ciliés.

††19. Esp. v. PEREGRINA, L., Dc. 210.
Annuelle, Avril, Mai.
Parmi les cultures potagères du Sundgau : Illfurth, Mul-
house (*Montandon*), 1840. (Espèce très-fugace.)

B. Style dépassant l'échancrure de la capsule.

*Fleurs petites, d'un bleu pâle livide.

20. Esp. **v. ARVENSIS**, L., Dc. 210.
Annuelle, Avril, Juin.
Fréquemment répandue dans les champs incultes du Jura
et du Sundgau (*Joset, Montandon*).

**Fleurs grandes, blanches, veinées de bleu rose.

21. Esp. **v. SERPYLLIFOLIA**, L., Dc. 211.
Vivace, Mai, Juillet.
Se rencontre sur les pâturages et dans les champs hu-
mides du Jura et du Sundgau (*Joset, Montandon*).

IV. Pédoncules axillaires, solitaires, les fructifères réfléchis.

A. Fleurs pâles ou blanchâtres livides.

a. Fleurs d'un blanc livide, veinées de bleu.

22. Esp. **v. AGRESTIS**, L., Dc. 210 ; *V. pulchella*, GAUD.
Annuelle, Mars, Mai.
Se rencontre dans les champs, les allées et les lieux vagues
du Jura et du Sundgau (*Joset, Montandon*).

b. Fleurs d'un bleu pâle comme grisâtre.

25. Esp. **v. HEDERIFOLIA**, L., Dc. 210.
Annuelle, Mars, Mai.
Se rencontre fréquemment dans toutes les cultures du
Jura et du Sundgau (*Joset, Montandon*).

B. Fleurs d'un beau bleu gai ou azuré.

a. Corolle d'un bleu gai à veines plus foncées.

† 24. Esp. **v. POLITA**, FRIES, KOCH 385.
Annuelle, Mai, Juin.
Se rencontre dans les champs incultes du Jura (*Joset,
Montandon*).

b. Corolle d'un beau bleu azuré.
*Capsule à lobes renflés.

† 25. Esp. **v. OPACA**, FRIES, KOCH 585.

Annuelle, Mars, Août.

Parmi les cultures et dans les vignes du Jura et du Sundgau : Porrentruy (*Joset*), 1827 ; Mulhouse (*Mont.*), 1854.

** Capsule à lobes déprimés.

††26. Esp. **v. buxbaumii**, Ten., Koch 585.
Annuelle, Mai, Août.

Parmi les cultures et dans les lieux vagues du Jura et du Sundgau : Genève (*Joset*), 1827 ; Bâle, St.-Louis, Oberdorf, Delle, Mulhouse, Belfort (*Montandon*), 1840, 1854.

16. Fam. **SCROPHULARIACÉES**, Benth.

Gen. **Scrophularia,** L. *Scrophulaire.*

I. Lèvre supérieure pourvue d'un appendice arrondi ou réniforme.

A. Tige à angles tous ailés, racine non tubéreuse.

1. Esp. **s. aquatica**, L., Dc. 251.
Vivace, Juin, Octobre.

Se rencontre le long des fossés et des rivières du Jura et du Sundgau (*Joset, Montandon*).

Var. forme *ehrhartii*, Ster. Ferrette (*Mont.*), 1852.
Var. forme *balbisii*, Horm. St.-Cergues (*Joset*) ; Grosne (*Montandon*), 1854.

B. Tige à angles non ailés, racine tubéreuse et noueuse.

2. Esp. **s. nodosa**, L., Dc. 251.
Vivace, Juin, Octobre.

Se rencontre dans les haies et les forêts ombragées du Jura et du Sundgau (*Joset, Montandon*).

II. Lèvre supérieure à appendice étroit, linéaire ou lancéolé.

††3. Esp. **s. canina**, L. Dc. 251.
Vivace, Juillet, Octobre.

Se rencontre parmi les graviers, le long des rivières et des eaux limpides du Jura et du Sundgau : la Birse (*Joset*) ; Huningue, Mulhouse (*Montandon*), 1852—1855.

Var. forme *hoppii*, Koch. Au Hasenmatt, au Rangen, Weissenstein, Creux-du-Van, Chasseral, Reculet (*Jos.*) 1827

17. Fam. **ANTIRRHINÉES**, Juss.

1. *Corolle presque régulière, plante presque sans tiges.*

1. Gen. **Limosella**, L. *Limoselle.*

† 1. Esp. L. **AQUATICA**, L., Dc. 252.
Vivace, Juin, Juillet.
Se rencontre disséminée dans les endroits ombragés et
humides du Jura et du Sundgau : Montmirail, Versoix,
Marais de Saône, Genthod, Delémont (*Joset*), 1827 ; Bon-
fol, Mulhouse, Cernay, Ochsenfeld, Michelfelden, Delle
(*Mont.*), 1848, 1854.

II. *Corolle irrégulière ou à quatre divisions.*

A. Corolle à lobes inégaux, à limbe plan et oblique.

a. Corolle campanulée, tubuleuse, ventrue.

2. Gen. **Digitalis**, L. *Digitale.*

˙ Corolle d'un beau pourpre.

† 1. Esp. D. **PURPUREA**, L., Dc. 254.
Vivace, Juin, Juillet.
Se rencontre dans les bois, taillis et les coupes du Sund-
gau : Étupes, Delle, Fèche-l'Église, Faverois, Florimont,
Montbéliard (*Joset, Montandon*).

˙˙ Corolle d'un brun jaunâtre ou d'un jaune pâle.

A. Tige et pédoncules de même que les feuilles glabres.

2. Esp. D. **LUTEA**, L.; *D. parviflora*, Dc. 254.
Vivace, Mai, Juillet.
Se rencontre dans les endroits pierreux et arides du Jura
et du Sundgau (*Joset, Montandon*).

B. Tige et pédoncules tout-à-fait pubescents.

* Feuilles pubérulées en-dessous, corolle de moyenne grandeur.

††3. Esp. D **MEDIA**, Roth, Koch 374.
Vivace, Juillet, Août.
Se rencontre sur les crêtes élevées du Jura et du Sundgau : Boudry, Bévoix (*Joset*), 1827; au Steinbach, Florimont (*Montandon*), 1852, 1854.

" Feuilles pubescentes, corolle grande, largement campanulée.

† 4. Esp. D GRANDIFLORA, Dc. 254.
   Vivace, Juin, Juillet.
   Endroits pierreux et arides du Jura et du Sundgau :
Rheinach, Birsfeld, le Suchet, Morteau, Pontarlier, Besan-
con (*Joset*), 1827 ; Audincourt, val de Lucelle (*Mont.*), 1852.

b. Corolle presque cylindrique, légèrement éperonnée.

3. Gen. **Anarrhinum**, L.

†† 1. Esp. **A. BELLIDIFOLIUM**, L., Dc. 233.
   Bisannuelle, Juin, Juillet.
   Moissons du Jura : Genève à Ferney (*Joset*), 1827.

c. Corolle comme en soucoupe, sans éperon.

4. Gen. **Erinus**, L.

† 1. Esp. **E. ALPINUS**, L., Dc. 330.
   Vivace, Juin, Juillet.
   Se rencontre dans les graviers mouvants du Jura : Mou-
tiers, Court, au Wasserfall, au Weissenstein, Thoiry, la
Dôle, la Faucille (*Joset*), 1825 ; la Birse, Hauenstein, le
Lhomond, crêts des Roches (*Montandon*), 1852.

B. Corolle tout-à-fait irrégulière ou à deux lèvres.

   A. *Corolle pourvue d'un éperon à sa base.*

   aa. Éperon gibbeux, court et obtus.

5. Gen. **Antirrhinum**, L. *Muflier.*

   * Calice plus court que la corolle.

† 1. Esp. **A. MAJUS**, L., Dc. 255.
   Vivace, Juin, Juillet.
   Se rencontre sur les vieux murs et les anciennes ruines
du Jura et du Sundgau : Neubourg, Belleveaux, Neuchâtel (*Joset*), 1827 ; Altkirch, Lucelle, Landskron (*M.*), 1852.

   ** Calice plus long que la corolle.

2. Esp. **A. ORONTIUM**, L., Dc. 235.
   Annuelle, Juin, Octobre.
   Se rencontre dans les champs et les lieux incultes du
Jura et du Sundgau (*Joset, Montandon*).

bb. Éperon linéaire et cylindrique.

6. Gen. **Linaria,** L. *Linaire.*

I. Tiges couchées formant des touffes rampantes.

* Feuilles pétiolées, plantes glabres.

† 1. Esp. L. CYMBALARIA, L., Dc. 251.
Vivace, Juin, Septembre.
Se rencontre sur les vieux murs du Jura et du Sundgau :
Bienne, Baume, Besançon (*Josel*), 1827 ; Montbéliard, Bâle,
Huningue, Altkirch , Mulhouse (*Montandon*), 1852, 1854.

** Feuilles pétiolées, plantes velues, visqueuses.

a. Feuilles en forme de flèche.

† 2. Esp. L. ELATINE, MILL., Dc. 252.
Annuelle, Juin, Août.
Se rencontre disséminée dans les champs du Jura et du
Sundgau, surtout après la moisson : Delémont. Porrentruy
(*Josel*), 1827 ; Belfort. Altkirch, Huningue (*Mont.*), 1852.

b. Feuilles ovales, parfois arrondies.

3. Esp. L. SPURIA, MILL., Dc. 252.
Annuelle, Juin, Août.
Se rencontre dans les champs comme la précédente, mais
plus répandue (*Josel, Montandon*).

II. Tiges dressées. fleurs solitaires en grappes lâches.

4. Esp. L. MINOR, DESF., Dc. 253.
Annuelle. Juin, Septembre.
Répandue dans les endroits sablonneux du Jura et du
Sundgau (*Josel, Montandon*).

III. Tiges dressées en épis plus ou moins serrés.

a. Feuilles opposées ou toutes en verticilles.

† 5. Esp. L. ALPINA, L., Dc. 253.
Bisannuelle, Juin, Août.
Crêtes élevées du Jura et du Sundgau : au Hasenmatt,
Chasseral, Creux-du-Van, Reculet, Weissenstein (*Josel*),
1827 ; graviers du Rhin près d'Huningue (*Montand.*), 1852.

b. Feuilles linéaires, les inférieures verticillées.

* Corolle moyenne, striée, disposée en épi lâche.

† 6. Esp. L. STRIATA, Dc. 252.
Annuelle, Mai, Juin.
Se rencontre dans les champs graveleux du Jura et du Sundgau : Duilliers, Neuchâtel, Salins, Morteau (*Josel*), 1827; Porrentruy, Mulhouse (*Montandon*), 1852.

** Corolle très-petite, disposée en épi serré presqu'en tête.

†† 7. Esp. L. ARVENSIS. L., Dc. 252.
Annuelle, Juillet, Août.
Se rencontre dans les endroits sablonneux et parmi les moissons du Sundgau : graviers de l'Ochsenfeld, à Lutterbach près Mulhouse (*Jules Montandon*), 1855.

c. Feuilles toutes alternes. éparses.

8. Esp. L. VULGARIS. VILL.. Dc. 255.
Annuelle, Juin, Septembre.
Assez répandue dans les lieux vagues et parmi les décombres du Jura et du Sundgau (*Josel, Montandon*).

B. *Corolle tout-à-fait dépourvue d'éperon vers sa base.*

a. Calice pourvu de deux bractées vers sa base.

7. Gen. **Gratiola**, L. *Gratiole.*

† 1. Esp. G. OFFICINALIS. L., Dc. 254. *Herbe au pauvre homme.*
Vivace, Juin, Août.
Se rencontre dans les prés humides et marécageux du Jura et du Sundgau : Soleure. Landeron, Orbes, Colombier, Genève, Marais de Saône (*Josel*). 1827; Mulhouse, Michelfelden, Allanjoie, Bourogne (*Mont.*), 1848. 1852.

b. Calice dépourvu de bractées vers sa base.

8. Gen. **Lindernia**, L. *Pixidaire.*

†† 1. Esp. L PIXIDARIA, L., Dc. 250.
Annuelle, Juin, Septembre.
Endroits humides et vaseux du Sundgau : Michelfelden, près de Riechen (*Josel, Montandon*), 1822, 1834.
Plus rencontrée depuis, malgré les investigations les plus scrupuleuses et les mieux dirigées.

18. Fam. RHINANTHACÉES, Dc.

A. Calice renflé et ventru, graines ovoides, trigones.

1. Gen. **Pedicularis**, L. *Pédiculaire.*

a. Lèvre supérieure de la corolle à bec court.

* Tiges nombreuses, la principale droite, les latérales couchées.

† 1. Esp. P. SYLVATICA, L., Dc. 212.
Vivace, Juin, Juillet.
Se rencontre sur les pâturages boisés et humides du
Jura et du Sundgaü : Bruyères, marais de la Saône,
Besançon (*Joset*), 1827; Porrentruy, Delémont, Grosne
(*Montandon*), 1852, 1855.

** Tige unique, droite, ramifiée vers la base.

2. Esp. P. PALUSTRIS, L., Dc. 212.
Vivace, Juin, Juillet.
Se rencontre dans les marais spongieux du Jura et du
Sundgau : marais Sionet, Divonne, Besançon (*Joset*), 1827;
Bonfol, Grosne, Michelfelden (*Montandon*), 1852, 1854.

b. Lèvre supérieure de la corolle droite ou en faucille.

††5. Esp. P. FOLIOSA, L., Dc. 215.
Vivace, Juin, Août.
Se rencontre sur les crêtes rocailleuses du Jura : Combe-
biosse, vallon d'Ardran, le Reculet (*Joset*), 1825; Chasseral (*Montandon*), 1857.

B. Calice renflé et ventru, graines comprimées, presque
planes.

2. Gen. **Rhinanthus**, L. *Crète de Coq.*

I. Bractées herbacées, verdâtres.

1. Esp. R. MINOR, EHR.; *R. glabra*, Dc. 212.
Annuelle, Juin, Juillet.
Se rencontre dans les prés secs et arides du Jura et du
Sundgau (*Joset, Montandon*).

II. Bractées membraneuses, d'un blanc jaunâtre.

a. Calice tous velus, hérissés.

2. Esp. R. ALECTOROLOPHUS, POLL.; *R. hirsuta*, Dc. 215.

Annuelle, Juin, Juillet.

Se rencontre dans les prés du Jura et du Sundgau, moins commune que la précédente (*Joset, Montandon*).

    b. Calice glabre, tube de la corolle courbé.

5. Esp. **R. MAJOR**, EHR., KOCH 595.
Annuelle, Juin, Juillet.

Se rencontre dans les prés et sur le bord des chemins du Jura et du Sundgau (*Joset, Montandon*).

    VAR. forme *angustifolius*, FRIES. Oltingen (*M.*) 1850.

    c. Calice glabre, tube de la corolle droit.

† 4. Esp. **R. ANGUSTIFOLIUS**, GMEL.; *B. alpinus*, KOCH 596.
Annuelle, Juin, Juillet.

Forêts gramineuses du Jura et du Sundgau : Delémont (*Joset*), 1827 ; Blochmont, au Mail (*Montandon*), 1850, 1851.

C. Calice tubuloso-campanulé, à cinq dents ou divisions.

    A. *Calice tubuloso-campanulé.*

    a. Capsule à loges d'une à deux graines.

    3. Gen. **Melampyrum**, L. *Mélampire.*

    A. Bractées ou feuilles florales, colorées.

    a. Bractées d'un rouge plus ou moins foncé.

4. Esp. **M. ARVENSE**, L., DC. 213.
Annuelle. Juin, Juillet.

Se rencontre parmi les moissons du Jura et du Sundgau (*Joset, Montandon*).

    b. Bractées d'un bleu plus ou moins clair.

    * Epis de fleurs quadrangulaires, bractées recourbées.

† ††2. Esp. **M. CRISTATUM**, L., DC. 213.
Annuelle, Juin, Juillet.

Se rencontre dans les bois et sur les collines arides du Jura et du Sundgau : Muttenz, Arlesheim, Genève (*Joset*), 1827 ; Montbéliard, Bantzenheim, Montcherroux (*M.*), 1850, 1855.

    ** Epis à fleurs tournés d'un seul côté, bractées azurées.

† † 5. Esp. **M. NEMOROSUM**, L., DC. 215.
Annuelle, Juin, Juillet.

Bois et collines du Jura : Arbois, Neuchâtel (*Joset*), 1827.

B. Bractées ou feuilles florales non colorées.

* Corolle tout-à-fait jaune, ouverte; épis unilatéral.

† 4. Esp. M. SYLVATICUM, L., Dc. 214.
Annuelle, Juillet, Août.
Se rencontre sur les pâturages du Jura et du Sundgau :
au Vogelberg, Wasserfall, Weissenstein (*Josel*), 1827; val
de Lucelle (*Montandon*), 1852.

** Corolle blanche tachée de jaune et fermée; fleurs géminées.

5. Esp. M PRATENSE, L., Dc. 214.
Annuelle, Juin, Août.
Assez fréquente dans les bois et les prés des montagnes
du Jura et du Sundgau (*Josel, Montandon*).

b. Capsule à loges renfermant plusieurs graines.

* *Semences ovoïdes, fusiformes et striées.*

4. Gen. **Euphrasia**, L. *Euphraise.*

1. Anthères pourvues d'un appendice spinulescent.

1. Esp. E OFFICINALIS, L., Dc. 214.
Annuelle, Juin, Octobre.
Fréquemment répandue dans tous les prés et sur les
pâturages du Jura et du Sundgau (*Josel, Montandon*).
VAR. forme *pratensis*, FRIES. Partout (*Montand.*). 1851.
VAR. forme *nemorosa*, S. W. Delle (*Montandon*). 1850.
VAR. forme *salisburgensis*, FÜNK. Weissenstein, gorges
de Moutiers, de Court, Chasseral, Creux-du-Van, Boudry.
Reculet (*Josel*), 1827.

II. Anthères sans appendices spinulescents.

a. Fleurs d'un violet clair ou purpurin.

2. Esp. E. ODONTITES, L., Dc. 214.
Annuelle, Juin, Octobre.
Le long des chemins, dans les prés et sur les collines
arides du Jura et du Sundgau (*Josel, Montandon*).
VAR. forme *serotina*, LK. Les Rangiers, Blochmond,
Delle (*Montandon*), 1837, 1831.

b. Fleurs d'un beau jaune doré.

††3. Esp. **E. LUTEA**, L., Dc. 211.

Annuelle, Juillet, Août.

Disséminée sur les collines arides du Jura et du Sund-gau : Landeron, le Fahy, la Cornée, Thoiry, Montbéliard (*Josel*), 1825; Didenheim, Frœningen, Soultzmatt, Mul-house, Belfort, Westhalten (*Montandon*), 1837, 1854.

** *Semences comprimées, marquées de côtes saillantes.*

5. Gen. **Bartsia**, L. *Bartsie.*

† 1. Esp. **B. ALPINA**. L., Dc. 212.

Vivace, Juin, Juillet.

Se rencontre sur les hautes montagnes du Jura : au Wasserfall, au Schafmatt, à la Dôle, au Creux-du-Van, au Reculet (*Josel*), 1827.

B. *Calice à cinq dents ou à cinq divisions.*

6. Gen. **Tozia**, L.

† 1. Esp. **T. ALPINA**. L., Dc. 214.

Vivace, Juin, Juillet.

Se rencontre dans les endroits humides et ombragés du Jura : Retifluh, au Chasseral, Weissenstein, Wasserfall, Creux-du-Van, la Dôle, la Faucille (*Josel*), 1827.

49. Fam. **OROBANCHÉES**, Dc.

I. *Corolle se détachant tout entière à la base.*

1. Gen. **Lathræa**, L. *Squammaire.*

† 1. Esp. **L. SQUAMMARIA**, L., Dc. 215.

Vivace, Juin, Juillet.

Se rencontre dans les endroits ombragés du Jura et du Sundgau : Grœllingen, Lauffon, val de Ruz, Nyon (*Josel*), 1827; Combe-Grégeat près Porrentruy, Belfort, Montbé-liard, Vaberbin (*Montandon*), 1830, 1852.

17

II. *Corolle se désarticulant transversalement près la base.*

2. Gen. **Orobanche,** L.   *Orobanche.*

I. Une seule bractée sous chaque fleur.

A. *Sépales contigus ou soudés ensemble.*

a. Filets des étamines tout-à-fait glabres.

† 1. Esp. **O. RAPUM,** THUILL.; *O. major,* Dc. 214.
Vivace, Juin, Juillet.
Se rencontre sur les terrains secs et arides du Jura et du Sundgau : Parasite sur les légumineuses, Seignelegier *(Josel),* 1827 ; Belfort *(Montandon),* 1850.

b. Filets des étamines tout-à-fait velus.

a. Lèvre supérieure de la corolle profondément divisée.

† 2. Esp. **O. MEDICAGINIS,** SCHLZ.; *O. rubens,* VALR.
Vivace, Juin, Juillet.
Se rencontre sur la luzerne : Arlesheim, Genève *(Josel),* 1827; Mulhouse, St.-Louis *(Montandon),* 1854.

b. Lèvre supérieure de la corolle entière ou légèrement échancrée.

˘ Corolle à face dorsale droite dans une grande partie de sa longueur.

† 5. Esp. **O. TEUCRII,** F., SCHLZ.
Annuelle, Juillet.
Calcaires de la vallée de Lauffon *(Josel),* 1829 : Beaucourt *(Montandon),* 1852, 1855.

˘˘ Corolle à face dorsale sensiblement courbée.

a. Bractées plus courtes que la fleur.

4. Esp. **O. GALII,** DUB.; *O. vulgaris,* Dc. 214.
Vivace, Juin, Juillet.
Collines incultes du Jura et du Sundgau : Sur les *galium,* Porrentruy *(Josel),* 1825 ; Belfort *(Montandon),* 1852.

b. Bractées plus grandes ou dépassant la fleur.

* Corolle jaune ou jaunâtre.

†† 5. Esp. **O. LIGUSTRI,** SUARD.; *O. procera,* KOCH 585.

Vivace, Juillet.
Sur le *ligust. vulg.* près de Rouffach (*Montandon*), 1854.

** Corolle de couleur violette ou violacée.

6. Esp. o. ELATIOR, Dc. 214.
Vivace, Juillet.
Se rencontre sur la *centaurea scabiosa*, près d'Illfurth, Delle (*Montandon*), 1851, 1854.

B. *Sépales toujours distincts et écartés.*

a. Étamines insérées à la base du tube de la corolle.

* Filets des étamines à base très velue, plante rougeâtre.

†† 7. Esp. o. ALSATICA, KIRCH., PROD. 109.
Vivace, Juillet.
Champs mis en culture près de Ferrette (*Mont.*), 1854.

** Filets des étamines couverts de quelques points épars,
plante jaunâtre.

† 8. Esp. o. EPITHYMUM, Dc. 214.
Vivace, Juillet.
Sur le *thymus scrpyllum*, dans le val de Lucelle, Illfurth, Belfort (*Montandon*), 1852.

b. Étamines insérées vers le milieu du tube de la corolle.

aa. Lèvre inférieure de la corolle à trois lobes presque
égaux et entiers.

9. Esp. o MINOR, Dc. 214.
Vivace, Juillet.
Sur le trèfle des prés : Genève (*Josct*), 1827 ; Rouffach Altkirch (*Montandon*), 1854.

bb. Lèvre inférieure de la corolle à trois lobes inégaux
et dentés.

* Stigmate de couleur jaune doré.

† 10. Esp. o. CERVARIÆ, SUARD. 180.
Vivace, Juillet.
Sur le *peucedanum cervaria :* Didenheim (*Mont.*), 1852.
VAR. forme *cruenta*, BERT. Sur le *lotus corniculatus*, près de Porrentruy (*Josct*), 1827 ; Ferrette (*Mont.*), 1852.

Var. forme *hederæ*, Vauch. Sur les racines du lierre près Niederhagenthal (*Montandon*), 1852, rare.

** Stigmate purpurin, sépales largement ovales.

† 11. Esp. o. **AMETHYSTEA**, Thuil., Koch 589.
Vivace, Juillet.
Sur le *cirsium arvense*, l'*eryngium campestre* : près de Guebwiller (*Josel*), 1850 ; Seppois-le-bas (*Montand.*), 1852.

Var. forme *picridis*, Vauch. Sur le *picris hieracioides*, Mulhouse, Sierentz (*Montandon*), 1840, 1854.

II. Trois bractées placées sous chaque fleur.

a. Calice à cinq dents, corolle courbée, tige simple.

† 12. Esp. o. **COERULEA**, Vill., Dc. 214.
Vivace, Juillet.
Sur l'*achillea millefolium*, près d'Oberlarg (*Mont.*), 1850

b. Calice à cinq dents, corolle droite, tige simple.

† 15. Esp. o. **ARENARIA**, Bork., Koch 590.
Vivace, Août.
Sur l'*artemisia campestris*, près de Mœnchenstein (*Josel*), 1830 ; près d'Uffheim (*Montandon*), 1855.

c. Calice à quatre dents, tige ramifiée.

14. Esp. o. **RAMOSA**, L., Dc. 214.
Annuelle, Juin, Juillet.
Se rencontre parasite sur le chanvre dans le Jura et le Sundgau (*Josel, Montandon*).

20, Fam. **LENTIBULARIÉES**, Dc.

A. Feuilles oblongues, grasses au toucher.

1. Gen. **Pinguicula**, L. *Crassette.*

* Éperon tout-à-fait conique, ascendant.

† 1. Esp. p. **ALPINA**, L., Dc. 250.
Vivace, Mai, Juin.
Se rencontre sur les sommités du Jura : la Dôle, le Reculet (*Josel*), 1852.

** Éperon droit de la longueur de la corolle.

a. Hampe toute glabre.

2. Esp. p. **VULGARIS**, L., Dc. 230.
Vivace, Juillet.
Se rencontre dans les tourbières du Jura : au Weissenstein, Wasserfall, Delémont (*Josel*), 1827.

b. Hampe légèrement pubescente.

† 3. Esp. p. **LONGIFOLIA**, Dc. 230.
Vivace, Juillet.
Se rencontre sur les crêtes élevées du Jura : sur le Chasseron, la Cornée, le Colombier, le Reculet (*Josel*), 1827.

B. Feuilles utriculées, très découpées, capillaires.

2. Gen. **Utricularia, L.** *Lentibulaire.*

a. Pédoncules fructifères dressés.

† 1. Esp. u. **VULGARIS**. L., Dc. 230.
Vivace, Juin, Juillet.
Se rencontre dans les eaux stagnantes du Jura et du Sundgau : Neuchâtel, le Colombier, Besançon (*Josel*), 1827 ; Montbéliard, Grentzingen, Belfort, Mulhouse, Michelfelden (*Montandon*), 1851, 1854.

b. Pédoncules fructifères réfléchis.
††2. Esp. u. **MINOR**, L., Dc. 230.
Vivace, Juin, Juillet.
Se rencontre, mais plus rarement, dans les eaux profondes du Jura et du Sundgau : Duilliers, Pontarlier, Divonne (*Josel*), 1827 ; Neudorf, Michelfelden, Grentzingen (*Montandon*), 1852, 1854.

21. Fam. **VERBÉNACÉES**, Juss.

1. Gen. **Verbena**, L. *Verveine.*

1. Esp. v. **OFFICINALIS**, L., Dc. 217.
Vivace, Juin, Juillet.
Répandue dans les lieux vagues, sur les décombres et le bord des chemins du Jura et du Sundgau ; commune partout (*Josel, Montandon*).

22. Fam. LABIÉES, Dc.

I. *Corolle à une seule lèvre ou campanulée.*

A. Corolle campanulée à lobes presque égaux, deux étamines.

1. Gen. Lycopus, L. *Lycope.*

1, Esp. L. EUROPÆUS, L., Dc. 217.
Vivace, Juin, Septembre.
Se rencontre dans les endroits humides du Jura et du Sundgau (*Josel, Montandon*).

B. Corolle campanulée à lobes presque égaux, quatre étamines.

2. Gen. Mentha, L. *Menthe.*

I. Gorge du calice fermée par des poils.

1. Esp. M. PULEGIUM, L., Dc. 217.
Vivace, Juin, Août.
Se rencontre dans les endroits humides du Jura et du Sundgau (*Josel, Montandon*).

II. Gorge du calice non fermée par des poils.

A. Feuilles sessiles ou presque sessiles.

a. Feuilles presque sessiles, bractées linéaires.

2. Esp. M. SYLVESTRIS, L., Dc. 222.
Vivace, Juin, Juillet.
Se rencontre sur le bord des routes et dans les lieux humides du Jura et du Sundgau (*Josel, Montandon*).
VAR. forme *viridis*, Dc. Illfurth (*Montandon*), 1854.
VAR. forme *hercynica*, RŒHL. Delle (*Montand.*), 1854.
VAR. forme *halleri*, GMEL. Riespach (*Montd.*), 1852.
VAR. forme *incana*, SOL. Grosne (*Montandon*), 1851.

b. Feuilles sessiles, bractées toutes lancéolées.

3. Esp. M. ROTUNDIFOLIA, L., Dc. 222.
Vivace, Juin, Juillet.
Se rencontre dans les endroits humides du Jura et du Sundgau (*Josel, Montandon*).

(245)

B. Feuilles plus ou moins pétiolées.

a. Fleurs en épi allongé, cylindriques.

† 4. Esp. M. **NEPETOIDES**, LEJ., KOCH 399.
Vivace, Juin, Juillet.
Le long des ruisseaux et des fontaines du Sundgau :
Landskron, Valdieu, Bourogne (*Montandon*), 1852, 1855.

b. Fleurs disposées en verticilles.

aa. Verticilles ramassés en tête.

5. Esp. M. **AQUATICA**, L.; *M. hirsuta*, Dc. 222.
Vivace, Juin, Juillet.
Répandue dans les fossés humides du Jura et du Sund-
gau (*Joset, Montandon*).

bb. Verticilles plus ou moins écartés.

* Calice campanulé ou évasé et ouvert.

6. Esp. M. **ARVENSIS**, L., Dc. 223.
Vivace, Juin, Juillet.
Se rencontre dans les champs humides et sur le bord des
fossés du Jura et du Sundgau (*Joset, Montandon*).

** Calice tubulé évasé en entonnoir.

7. Esp. M. **SATIVA**, L., Dc. 222.
Vivace, Juin, Juillet.
Se rencontre fréquemment dans les fossés et les prés hu-
mides du Jura et du Sundgau (*Joset, Montandon*).

C. Corolle paraissant n'avoir qu'une seule lèvre.

a. Lèvre supérieure existante, mais très courte.

3. Gen. **Ajuga**, L. *Bugle.*

I. Fleurs solitaires, bractées entières.

1. Esp. A. **REPTANS**, L. Dc. 219.
Vivace, Juin, Octobre.
Répandue dans les prés et sur les pâturages frais du Jura
et du Sundgau (*Joset, Montandon*).

II. Fleurs solitaires, bractées dentées ou lobées.

* Bractées supérieures plus courtes que les verticilles

† 2. Esp. **A. GENEVENSIS**, Dc. 219.
Vivace, Juin, Juillet.
Se rencontre dans les endroits arides et sur le bord des vignes du Jura et du Sundgau : Delémont, Lauffon, Genève (*Joset*), 1827; Montbéliard, Mulhouse (*Mont.*), 1854.

** Bractées supérieures plus longues que les verticilles.

† 3. Esp. **A. PYRAMIDALIS**, L., Dc. 219.
Vivace, Mai, Juin.
Se rencontre disséminée sur le bord des chemins et dans les lieux gramineux du Jura et du Sundgau : Delle, Florimont, la Pierre, la Bourg (*Montandon*), 1852.

III. Fleurs disposées en verticilles.

4. Esp. **A. CHAMÆPYTIS**, L., Dc. 219.
Annuelle, Juin, Octobre.
Se rencontre assez répandue dans les champs du Jura et du Sundgau, surtout après la moisson (*Joset, Montandon*).

b. Lèvre supérieure paraissant manquer totalement.

4. Gen. **Teucrium**, L. *Germandrée.*

a. Fleurs disposées en épis unilatéral.

1. Esp. **T. SCORODONIA**, L. *Sauge des bois.*
Vivace, Juin, Août.
Se rencontre fréquemment dans les endroits arides du Jura et du Sundgau (*Joset, Montandon*).

b. Fleurs en verticilles axillaires très espacés.

* Feuilles incisées ou bi-pinnatifides.

2. Esp. **T. BOTRYS**, L., Dc. 219.
Annuelle, Juin, Août.
Se trouve disséminée parmi les moissons du Jura et du Sundgau (*Joset, Montandon*).

** Feuilles sessiles dentées, crénelées.

5. Esp. **T. SCORDIUM**, L., Dc. 220.
Vivace, Juin, Août.

Se rencontre dans les prairies humides et spongieuses du Jura et du Sundgau : Soleure, Colombier, Landeron, Nyon, Sarconex, Boudry (*Joset*), 1827 ; Belfort, Giromagny, Allanjoie (*Montandon*), 1854.

c. Fleurs en verticilles disposés en grappes terminales.

4. Esp. **T. CHAMÆDRYS**. L., Dc. 220.
Vivace, Juin, Août.
Disséminée sur les coteaux secs et arides du Jura et du Sundgau (*Joset, Montandon*).

d. Fleurs en verticilles disposés en têtes terminales et serrées.

† 5. Esp. **T. MONTANUM**. L., Dc. 220.
Vivace, Juin, Juillet.
Se rencontre dans les endroits rocailleux et humides du Jura et du Sundgau (*Joset, Montandon*).

II. *Corolle composée de deux lèvres distinctes.*

A. Deux étamines. anthères à lobes séparés.

5. Gen. **Salvia**, L. *Sauge.*

a. Dents de la lèvre supérieure du calice concaves, à deux sillons.

1. Esp. **S. PRATENSIS**, L., Dc. 218.
Vivace, Mai, Octobre.
Fréquemment répandue dans les prairies du Jura et du Sundgau (*Joset, Montandon*).

b. Dents de la lèvre supérieure du calice droites.

† 2. Esp. **S. SCLAREA**, L., Dc. 218.
Vivace, Juin, Juillet.
Se rencontre disséminée dans les endroits arides du Jura et du Sundgau : Delémont (*Joset*), 1827 ; Landskron, la Pierre (*Montandon*), 1854.

c. Dents de la lèvre supérieure du calice au nombre de trois, très courtes.

†† 5. Esp. **S. GLUTINOSA**, L., Dc. 218.
Vivace, Juillet, Août.
Le long des cluses et des torrens du Jura et du Sund-

gau : Bienne, val de Travers, Vauxmarcus (*Joset*), 1827 ; val de Lucelle (*Montandon*), 1852.

B. Quatre étamines déjetées ou déclinées.

6. Gen. **Lavandula**, L. *Lavande.*

† 1. Esp. L. SPICA, L., Dc. 221.
Vivace, Juin, Juillet.
Dans le Jura : Loquiat, Besançon, Brigille (*Joset*), 1857.

C. Quatre étamines distantes ou rapprochées.

A. *Étamines rapprochées, parallèles.*

a. Calice tubuleux, anthères en croix.

7. Gen. **Glechoma**, L. *Lierre terrestre.*

1. Esp. G. HEDERACEA, L., Dc. 225.
Vivace, Juin, Juillet.
Fréquente dans les haies et les forêts du Jura et du Sundgau (*Joset, Montandon*).

VAR. forme *major*, GAUD. Fregiecourt (*Joset*), 1827.

b. Calice tubuleux, anthères non rapprochées en croix.

8. Gen. **Nepeta,** L. *Cataire.*

† 1. Esp. N. CATARIA, L., Dc. 221.
Vivace, Juin, Août.
Se rencontre au pied des murs, dans les lieux vagues et sur le bord des chemins du Jura et du Sundgau : St.-Ursanne, Deviliers, Soubey, Vauffrey, Genève, Besançon (*Joset*), 1829; Riespach, Feldbach, Battenheim (*Mont.*), 1855.

c. Calice tubuloso-campanulé.

aa. Fruits ou akènes tronqués.

α. Fruits à sommet legèrement pubescent.

9. Gen. **Leonurus,** L. *Agripaume.*

† 1. Esp. L. CARDIACA, L., Dc. 226.
Vivace, Juin, Juillet.
Se rencontre dans les endroits vagues et incultes du Jura et du Sundgau : Bâle, Grentzach, Genève (*Joset*), 1827; Sierentz, Delle, Audincourt, Valentigney (*M.*), 1851, 1854.

b. Fruits à sommet lisse.

* *Fleurs d'un beau jaune doré.*

10. Gen. **Galeopdolon**, L.

1. Esp. G. LUTEUM, L., Dc. 226.
Vivace, Juin, Août.
Se rencontre dans les bois, les haies ombragées et les coupes du Jura et du Sundgau (*Josct, Montandon*).

** *Fleurs purpurines, roses ou blanches.*

11. Gen. **Lamium**, L. *Lamier.*

A. *Corolle à tube droit et à peine poilu en dedans.*

a. Feuilles supérieures sessiles, embrassantes.

1. Esp. L. AMPLEXICAULE, L., Dc. 224.
Annuelle, Juin, Juillet.
Se rencontre dans les endroits cultivés du Jura et du Sundgau (*Josct, Montandon*).

b. Feuilles toutes pétiolées, tube de la corolle à anneau un peu poilu.

2. Esp. L. PURPUREUM, L. Dc. 224.
Annuelle, Mai, Avril.
Fréquente partout (*Josct, Montandon*).
VAR. forme *album*, N. Mulhouse (*Montandon*), 1855.

c. Feuilles pétiolées, corolle à tube dépourvu d'anneau, de poils.

† 3. Esp. L. HYBRIDUM, Dc. 224.
Annuelle, Juin, Août.
Se rencontre dans les lieux cultivés du Jura et du Sundgau : Genève (*Josct*), 1827; Rouffach (*Montandon*), 1854.

B. *Corolle à tube courbé, à anneau poilu en dedans.*

* Fleurs d'un beau blanc.

4. Esp. L. ALBUM, L., Dc. 223.
Vivace, Juin, Juillet.
Se rencontre dans les haies et les lieux vagues du Jura et du Sundgau : Bourignon, Delémont, Aubonne, Besançon, Vauffrey (*Joset*), 1827; Ferrette, Waltighoffen, Courtedoux, Faby, Delle, Mulhouse (*Montandon*), 1852, 1855.

** Fleurs purpurines tachées.

5. Esp. L. MACULATUM, L., Dc. 225.
Vivace, Juin, Juillet.
Dans les haies, les forêts et les lieux vagues du Jura et du Sundgau (*Josel, Montandon*).

bb. Fruits ou akènes nullement tronqués.

A. Fleurs solitaires ou geminées à l'aisselle des feuilles.

12. Gen. **Melitis**, L. *Mélite.*

† 1. Esp. M. MELISSOPHYLLUM, L., Dc. 228.
Vivace, Mai, Juillet.
Se rencontre dans les bois rocailleux et les broussailles du Jura et du Sundgau (*Josel, Montandon*).

B. Fleurs en verticilles ou en glomérules.

a. Fleurs en capitules ou glomérulées.

* *Fleurs en glomérules légèrement pédonculées.*

13. Gen. **Ballota**, L. *Ballote.*

1. Esp. B NIGRA, L., Dc. 225.
Vivace, Juin, Juillet.
Fréquente sur les décombres, dans les haies et les lieux vagues du Jura et du Sundgau (*Josel, Montandon*).

** *Fleurs en glomérules compactes.*

14. Gen. **Marrubium**, L. *Marrube.*

† 1. Esp. M. VULGARE, L., Dc. 225.
Vivace, Juin, Octobre.
Se rencontre disséminée dans les décombres et les lieux vagues du Jura et du Sundgau : Colombier, Bâle, Valanvron, Genève (*Josel*), 1827 ; Mulhouse, Delle (*Mont.*), 1854.

b. Fleurs disposées en verticilles.

α. Akènes ou fruits obscurément rugueux.

15. Gen. **Galeopsis**, L. *Galéopse.*

* Tige renflée au-dessous de l'insertion des feuilles.

1. Esp. G. TETRAHIT, L., Dc. 224.
Annuelle, Juin, Août.

Se rencontre dans les bois et les champs arides du Jura
et du Sundgau (*Josel. Montandon*).

VAR. forme *pubescens*. BES. Huningue (*Mont.*), 1854.

** Tige nullement renflée au-dessous de l'insertion des
feuilles.

aa. Fleurs purpurines ou blanchâtres.

2. Esp. **G. LADANUM**, L., DC. 224.
Annuelle, Juin, Octobre.
Répandue dans les champs et parmi les graviers secs
et arides du Jura et du Sundgau (*Josel, Montandon*).

VAR. forme *angustifolia*. EHR. Partout.
VAR. forme *latifolia*, EHR. Partout.

bb. Fleurs jaunes ou jaunâtres.

† 3. Esp. **G. OCHROLEUCA**, L., DC. 224.
Annuelle, Juin, Septembre.
Se trouve dans les champs secs et arides du Jura et du
Sundgau : Bâle, la Wiese, Soleure, Jolimont (*Josel*), 1827;
Vendelincourt, Cernay (*Montandon*), 1831.

b. Akènes ou fruits tout-à-fait glabres.

A. Étamines renfermées dans le tube.

16. Gen. **Sideritis**, L. *Crapaudine.*

† 1. Esp. **S. SCORDIOIDES**. L., DC. 224.
Vivace, Juin, Juillet.
Se rencontre sur les pentes arides et graveleuses du Jura :
Colombier, Courcelles, Bâle. Valanvron, le Reculet, le
mont Poupet près de Salins (*Josel*), 1827.

B. Étamines dépassant le tube.

a. Étamines nullement déjetées sur les côtés.

17. Gen. **Betonica**, L. *Bétoine.*

1. Esp. **B. OFFICINALIS**, L., DC. 224.
Vivace, Juin, Octobre.
Fréquemment répandue sur les pâturages arides du Jura
et du Sundgau (*Josel, Montandon*).

VAR. forme *stricta*. DC. Ferrette (*Montandon*), 1854.
VAR. forme *hirsuta*, DC. Altkirch (*Montandon*), 1852.

h. Étamines déjetées sur les côtés de la corolle.

18. Gen. **Stachys**, L. *Épiaire.*

A. Fleurs purpurines ou blanches.

* Feuilles sessiles ou atténuées.

1. Esp. s. **PALUSTRIS**, L., Dc. 225.
Vivace, Juin, Juillet.
Répandue et disséminée dans les fossés et les prés marécageux du Jura et du Sundgau (*Joset, Montandon*).

** Feuilles pétiolées, tiges et feuilles blanches laineuses.

† 2. Esp. s. **GERMANICA**, L., Dc. 225.
Vivace, Juin, Juillet
Se rencontre disséminée dans les lieux secs et arides du Jura et du Sundgau : Delémont, à la Croisée, Lauffon, Nyon, Genève, Besançon (*Joset*), 1827 ; Illzach, Delle (*Montandon*), 1852, 1854.

*** Feuilles pétiolées, plantes velues, feuilles en cœur.

† 3. Esp. s. **ALPINA**, L. Dc. 225.
Vivace, Juin, Juillet.
Disséminée sur les collines arides du Jura et du Sundgau : Muttenz, Arlesheim, le Weissenstein, Genève, Besançon (*Joset*), 1827 ; Delle, Ferrette, Lucelle, Montbéliard (*Montandon*), 1850, 1854.

**** Feuilles pétiolées, plantes velues, feuilles ovales.

a. Fleurs purpurines, tige élevée.

4. Esp. s. **SYLVATICA**, L., Dc. 225.
Vivace, Juin, Juillet.
Répandue dans les haies et les forêts ombragées du Jura et du Sundgau (*Joset, Montandon*).
VAR. forme *ambigua*, Schm. Reiningen (*M.*), 1854, rare.

b. Fleurs roses, tige peu élevée.

† 5. Esp. s. **ARVENSIS**, L., Dc. 225.
Annuelle, Juin, Septembre.
Répandue dans les champs et les cultures du Jura et du Sundgau : Neuchâtel, Genève, Bougie (*Joset*) ; Riespach, Porrentruy, Oberdorf, Altkirch, Delle, Hirsingue (*Mont.*), 1850, 1854.

B. Fleurs jaunes ou jaunâtres.

* Feuilles toutes glabres.

6. Esp. s. ANNUA, L . Dc. 225.
Vivace, Juillet, Octobre.
Répandue dans tous les champs du Jura et du Sundgau
(*Joset, Montandon*).

** Feuilles pubescentes ou velues.

7. Esp. s. RECTA, L.; *S. sideritis,* Dc. 225.
Vivace, Juin, Août.
Se rencontre dans les endroits gramineux, secs et arides
du Jura et du Sundgau : val de Lauffon, Boncourt (*Joset*),
1850; Mulhouse, Pfastadt, Zillisheim, Ferrette. (*Montandon*), 1852, 1854.

B. *Étamines distantes et écartées.*

I. Tube calicinal demi-cylindrique, glabre.

19. Gen. Melissa, L. *Melisse.*

† 1. Esp. M OFFICINALIS, L.; Dc. 228.
Vivace, Juillet, Août.
Lieux vagues du Jura : Genève (*Joset*), 1827.

II. Tube calicinal demi-cylindrique, pileux.

20. Gen. Brunella, L. *Brunelle.*

a. Fleurs blanchâtres ou d'un jaune pâle.

† 1. Esp. B. ALBA, PALL.; *B. laciniata,* Dc. 228.
Vivace, Juin, Juillet.
Se rencontre sur les collines incultes et arides du Jura et
du Sundgau: la Harth, Altschwiller, Besançon (*Joset*),
1827; Michelfelden, Illfurth, Belfort, Delle, Porrentruy
(*Montandon*), 1831, 1855.

b. Fleurs purpurines, violacées, parfois blanches.

* Lèvre supérieure du calice à trois dents courtes.

2. Esp. B VULGARIS, L., Dc. 228.
Vivace, Juin, Août.
Répandue dans les prés et sur les pâturages du Jura et
du Sundgau (*Joset, Montandon*).

** Lèvre supérieure du calice à trois lobes courts.

† 5. Esp. B. GRANDIFLORA. L., Dc. 228.
Vivace, Juin, Juillet.
Se rencontre sur les collines arides des montagnes du Jura et du Sundgau : Bâle, Porrentruy, Neuchâtel (*Joset*), 1827; Mulhouse, Ferrette, Delle (*Montandon*), 1851.

III. Tube calicinal cylindrique strié.

21. Gen. Calamintha, MœNCH.

A. Pédoncules à une fleur, ou en verticilles de six fleurs.

* Dents calicinales dressées, étalées, tige couchée.

† 1. Esp. C. ALPINA, LAMK.: *Thy. id.*, Dc. 227.
Vivace, Juin, Juillet.
Se rencontre dans les endroits rocailleux du Jura : Weissenstein, Chasseral, Creux-du-Van, le Colombier, le Reculet, la Dôle (*Joset*), 1827.

** Dents calicinales fermant le tube, tige dressée.

2. Esp. C. ACINOS, CLAIRV.: *Thy. id.*, Dc. 227.
Annuelle, Juin, Octobre.
Se rencontre disséminée dans les champs et sur les collines arides du Jura et du Sundgau (*Joset, Montandon*).

B. Pédoncules ramifiés à plusieurs fleurs.

* Trois à cinq fleurs sur chaque pédoncule.

3. Esp. C. OFFICINALIS, MœNCH.: *Thy. id.*, Dc. 227.
Vivace, Juin, Août.
Se rencontre dans les endroits pierreux et incultes du Jura et du Sundgau (*Joset, Montandon*).

** Douze à quinze fleurs sur chaque pédoncule.

††4. Esp. C. NEPETA, CLAIRV.: *Thy. id.*, Dc. 227.
Vivace, Juin, Août.
Se rencontre dans les endroits caillouteux du Rhin près de Michelfelden (*Montandon*). 1852.

*** Fleurs nombreuses, verticilles serrés et égaux.

5. Esp. C. CLINOPODIUM, SPENN.; *Cl. vulgare*, Dc. 226.

Vivace, Juin, Octobre.
Répandue dans les haies, les buissons et les forêts du Jura
et du Sundgau (*Joset, Montandon*).

IV. Tube calicinal à cinq dents presque égales.

22. Gen. **Origanum**, L. *Origan.*

1. Esp. o. VULGARE, L., Dc. 226.
Vivace, Juin, Août.
Répandue dans les haies, les buissons et sur les collines
arides du Jura et du Sundgau (*Joset, Montandon*).

V. Tube calicinal en entonnoir, à gorge nue.

23. Gen. **Satureia**, L. *Sarriette.*

1. Esp. s. HORTENSIS, L., Dc. 220.
Annuelle, Juin, Octobre.
Disséminée dans les lieux sablonneux, incultes et vagues
du Jura et du Sundgau : Porrentruy, Mulhouse, Delle
(*Joset, Montandon*).

VI. Tube calicinal à deux lèvres entières, la supérieure
appendiculée sur le dos.

24. Gen. **Scutellaria**, L. *Toque.*

* Calice glabre, corolle à tube courbé vers sa base.

† 1. Esp. s. GALERICULATA, L., Dc. 229.
Vivace, Juin, Juillet.
Se rencontre disséminée dans les prés spongieux et les
fossés humides du Jura et du Sundgau : Bâle, Bienne, De-
lémont, Genève, marais Sionet, Besançon (*Joset*), 1827;
Delle, Porrentruy, Bonfol, Michelfelden, Mulhouse, Grosne
(*Montandon*), 1851.

VAR. forme *pubescens*, NOB. Bourogne (*Mont.*), 1852.

** Calice velu, corolle à tube presque droit vers sa base.

†† 2. Esp. s. MINOR, L., Dc. 229.
Vivace, Juin, Juillet.
Se rencontre dans les mêmes localités, mais plus rare-
ment : Belfort, St.-Louis, Bâle (*Montandon*), 1852, 1854.

18

VII. Tube calicinal à deux lèvres, dont la supérieure à trois et l'inférieure à deux dents.

25. Gen. **Thymus**, L. *Thym*.

* Fleurs en verticilles simulant un épi.

† 1. Esp. T. **VULGARIS**, L., Dc. 227.
Vivace, Juillet.
De Landeron à Neuveville (*Joset*), 1827.

** Fleurs disposées en capitules.

2. Esp. T. **SERPYLLUM**, L., Dc. 227.
Vivace, Juillet, Octobre.
Fréquente partout, sur les pâturages arides du Jura et du Sundgau (*Joset, Montandon*).

VAR. forme *major*, Nob., *minor*, Nob., partout ; *angustifolius*, Nob., plus rare ; *lanuginosus*, Schk., moins fréquente : Ferrette ; *citriodorus*, Gmel., disséminée : Delle, 1851 ; *morbosus*, Spenn., par-ci, par-là : Delle, Mulhouse, etc. (*Montandon*), 1852.

21. Fam. **PLANTAGINÉES**, Juss.

I. *Fleurs à sexe séparé ou unisexuelles.*

1. Gen. **Littorella**, L.

††1. Esp. L. **LACUSTRIS**, L., Dc. 202.
Vivace, Juin, Juillet.
Dans les sables des lacs et des étangs du Jura et du Sundgau : Bienne, Neuchâtel, Delémont, Bâle, Colombier, Genève, Promenthoux (*Joset*), 1827 ; Michelfelden, Belfort, Bonfol (*Montandon*), 1852.

II. *Fleurs à sexes réunis ou hermaphrodites.*

2. Gen. **Plantago**, L. *Plantain*.

I. Cloisons planes, portant chacune plusieurs semences.

* Épis composés de trente à quarante fleurs.

1. Esp. P. **MAJOR**, L., Dc. 200.
Vivace, Juin, Juillet.
Fréquente sur le bord des chemins du Jura et du Sundgau (*Joset, Montandon*).

Var. forme *botryophylla*, Kirschl Mulhouse (*M.*), 1852.
Var. forme *rhodostachya*, Koch. Dornach (*M.*), 1852.
Var. forme *diplostachya*, Nob. Ferrette (*Mont.*), 1852.
Var. forme *comosa*, Nob. Bourogne (*Montandon*), 1852.

** Épis composés de trois à six fleurs.

† 2. Esp. P. **MINIMA**, L., Dc. 200.
Vivace, Juin, Juillet.
Dans les endroits sablonneux et humides du Jura et du Sundgau : Delémont, Porrentruy (*Joset*), 1827; Delle, Neudorf, Bâle (*Montandon*), 1852.

Var. forme *leptostachya*, Wahl. Mulhouse (*Montandon*), 1855.

iI. Cloisons planes, portant chacune une semence.

a. *Tige presque nulle, pédoncules et feuilles radicales.*

aa. Corolle à tube poilu ou pubescent.

† 3. Esp. P. **ALPINA**, L., Dc. 201.
Vivace, Juin, Août.
Se rencontre sur les pâturages élevés du Jura : la Dôle, le Reculet (*Joset*), 1827.

bb. Corolle à tube presque toujours glabre.

* Feuilles ovales-lancéolées, de 5 à 9 nervures.

4. Esp. P. **MEDIA**, L, Dc. 200.
Vivace, Juin, Septembre.
Fréquente dans les prés et les lieux vagues du Jura et du Sundgau (*Joset, Montandon*).

** Feuilles lancéolées, hampe anguleuse, presque glabre.

5. Esp. P. **LANCEOLATA**, L, Dc. 200.
Vivace, Mai, Octobre.
Fréquente dans les prairies et sur les pâturages du Jura et du Sundgau (*Joset, Montandon*).

*** Feuilles lancéolées, hampe cylindrique hispide.

† 6. Esp. P **MONTANA**, L., Dc. 200.
Vivace, Juillet, Août.
Pâturages élevés du Jura : le Colombier, le Reculet, la Dôle (*Joset*), 1827.

b. *Tige allongée, feuillée, pédoncules axillaires.*

* Feuilles linéaires, pubescentes et visqueuses.

† 7. Esp. **P. ARENARIA**, L., Dc. 201.
Annuelle, Juin, Juillet.

Se trouve dans les endroits sablonneux du Jura et du Sundgau : Genève (*Joset*), 1827 ; Mulhouse (*Mont.*), 1834.

** Feuilles linéaires roides, ciliée\ vers leur base.

††8. Esp. **P. CYNOPS**, L., Dc. 201.
Annuelle, Juin.

Se rencontre dans les endroits pierreux du Jura : Nyon, aux Jattes, la Batie, le Salève (*Joset*), 1827.

————o∘⚬∘o————

IIIe DIVISION.

DICOTYLÉDONES APÉTALES.

5e CLASSE, **Monochlamydées.**

A. *Ovaire libre ou supère.*

1re SOUS-CLASSE, **ÉLEUTHÉROGYNES.**

——————

ANALYSE PRATIQUE DES FAMILLES.

	Plantes herbacées	1
	Plantes de consistance ligneuse	23
1.	*Fleurs* monoclines ou hermaphrodites. . .	2
	Fleurs diclines ou unisexuelles	11
2.	*Étamines* définies	3
	Étamines indéfinies. RENONCULACÉES, p. 5.	
3.	*Périgone* régulier	4
	Périgone irrégulier, 6 étamines en deux faisceaux, FUMARIACÉES, p. 19.	
4.	*Fruit* formé d'une baie	5
	Fruit formé d'une capsule, d'une noix ou d'un drupe sec	6
5.	*Huit* à dix stigmates. PHYTOLACÉES, p. 264.	
	Quatre styles. ASPARAGÉES, p. 510.	

(257)

(258)

20. { *Feuilles* alternes. CHÉNOPODÉES, p. 261.
{ *Feuilles* éparses. THYMÉLÉES, p. 271.

21. { *Feuilles* stipulées. SANGUISORBÉES, p. 258.
{ *Feuilles* sans stipules 22

22. { *Fleurs* entourées d'un spathe. AROIDÉES, p. 509
{ *Fleurs* sans spathe, réceptacle globuleux.
{   ALISMACÉES, p. 505.

23. { *Fleurs* en chatons 24
{ *Fleurs* non en chatons 26

24. { *Ovaire* d'une à deux graines 25
{ *Ovaire* à plusieurs graines soyeuses.
{   SALICINÉES, p. 277.

25. { *Une* seule graine, une seule loge.
{   CONIFÈRES, p. 285.
{ *Une* seule graine, 2 loges. BETULACÉES, p. 282.

26. { *Fleurs* nues. OLÉACÉES, p. 225.
{ *Fleurs* munies d'un périgone 27

27. { *Fruit* capsulaire. EUPHORBIACÉES, p. 272.
{ *Fruit* bacciforme, nuciforme ou drupacé. . 28

28. { *Fruit* drupacé, feuilles petites et vertes.
{   EMPÉTRÉES, p. 272.
{ *Fruit* formé d'une baie 29
{ *Fruit* nuciforme, feuilles éparses.
{   THYMELÉES, p. 271.

29. { *Feuilles* d'un beau vert. THYMELÉES, p. 271.
{ *Feuilles* d'un gris roullié. ELÉAGNÉES, p. 272.

---

1. Fam. SANGUISORBÉES, Dc.

1. *Inflorescence en cime glomérulée, fleurs petites.*

   1. Gen. **Alchemilla**, L. *Alchemille.*

   1. Quatre étamines, feuilles palmatinervées.

1. Esp. **A. VULGARIS**, L., Dc. 334.
Vivace, Juin, Août.
Se rencontre sur les pâturages frais et humides du Jura et du Sundgau (*Josel, Montandon*).
VAR. forme *subsericea*, NOB. Ferrette, (*Mont.*), 1851.

II. Quatre étamines, feuilles digitées, soyeuses.

† 2. Esp. **A. ALPINA**, L., Dc. 554.

Vivace, Juin, Juillet.

Se rencontre sur les pâturages élevés du Jura : au Wasserfall, Weissenstein, Chasseral, Hasenmatt, gorges de Moutier, de Court, Undervilliers (*Joset, Montandon*), 1827.

III. Une seule étamine, feuilles dentées ou lobées.

5. Esp. **A. ARVENSIS**, Scop., Dc. 554.

Annuelle, Juin, Juillet.

Fréquente dans les champs et les jachères du Jura et du Sundgau (*Joset, Montandon*).

II. *Inflorescence en capitule ovoïde, globuleux ou cylindrique.*

a. Fleurs hermaphrodites, quatre étamines.

2. Gen. **Sanguisorba**, L. *Sanguisorbe.*

† 1. Esp. **s. OFFICINALIS**, L., Dc. 253.

Vivace, Juin, Octobre.

Se rencontre dans les prairies humides du Jura et du Sundgau : Neuhaus, Soleure, les Ponts, val de Joux, Chasseral (*Joset*), 1827 ; Grosne, Bonfol (*Montandon*), 1852.

b. Fleurs unisexuelles, étamines nombreuses.

3. Gen. **Poterium**, L. *Pimprenelle.*

1. Esp. **P. SANGUISORBA**, L., Dc. 553.

Vivace, Juin, Juillet.

Fréquemment disséminée dans les prairies fraîches du Jura et du Sundgau (*Joset, Montandon*).

2. Fam. **CALLITRICHINÉES**, Dc.

1. Gen. **Callitriche**, L. *Callitriche.*

1. Esp. **C. AQUATICA**, Huds. ; *C. sessilis*, Dc. 526.

Vivace, Juin, Juillet.

Dans les eaux stagnantes du Jura et du Sundgau (*Joset, Montandon*).

VAR. forme *stagnatilis,* SCOP. Fossés aquatiques, partout *(Joset, Montandon).*

VAR. forme *platycarpa,* KOCH. Mêmes localités *(Mont.).*

VAR. forme *vernalis,* KOCH. Mares desséchées *(M.),* rare.

VAR. forme *hamulata,* KOCH ; *C. pedunculata,* DC. 327. Les ruisseaux, Delle *(Montandon),* 1852.

5. Fam. CÉRATOPHYLLÉES, DC.

1. Gen. **Ceratophyllum**, L. *Cératophylle.*

* Fruit sans épines ou mutiques.

† 1. Esp. c. SUBMERSUM, L., DC. 326.
Vivace, Juin, Juillet.

Eaux profondes du Jura et du Sundgau : Bienne, Delémont, Promenthoux *(Joset),* 1827 ; Bonfol, Michelfelden, Neudorf *(Montandon),* 1852.

** Fruits munis de trois pointes épineuses.

††2. Esp. c. DEMERSUM, L., DC. 326.
Vivace, Juin, Juillet.

Mêmes localités, mais plus rare : Genève *(Joset),* 1827 ; Valdieu *(Montandon),* 1849.

4. Fam. AMARANTHACÉES, DC.

I. *Fruit nucamenteux sans valves.*

1. Gen. **Albersia**, KUNTH. *Amaranthe.*

1. Esp. A. VIRIDIS, NOB. ; *Am. blitum,* DC. 198.
Vivace, Juin, Juillet.

Répandue parmi les décombres et les lieux vagues du Jura et du Sundgau *(Joset, Montandon).*

VAR. forme *adscendens,* LOIS., plus forte dans toutes ses parties ; forme *prostratus,* DC. 199, plus faible et couchée ; se rencontre assez fréquemment parmi le type *(Montand.).*

II. *Fruit utriculaire s'ouvrant transversalement.*

2. Gen. **Pyxidium**, MŒNCH. *Amaranthe.*

* Plante glabre, fleurs agglomérées à l'aisselle des feuilles.

††1. Esp. P. SYLVESTRE, NOB.; *Am. albus,* DC. 199.
Annuelle, Juin, Juillet.

Lieux vagues, parmi les décombres et autour des fumiers du Jura et du Sundgau : Bâle, Genève (*Joset*), 1829 ; Delle, Boncourt, Rouffach, Herrlisheim (*Mont.*), 1850, 1854.

** Plante velue pileuse, fleurs en épi serré.

† 2. Esp. P. RETROFLEXUM, Nob. ; *Am. spicatus*, Dc. 199. *Annuelle, Juin, Octobre.*

Se rencontre disséminée dans les lieux vagues, les cultures et sur le bord des chemins du Jura et du Sundgau : Delémont, Soleure, Bienne, Genève, Neuchâtel, Montbéliard (*Joset*), 1827 ; Mulhouse, Huningue, St-Louis, Delle, Grandvillars, Audincourt (*Montandon*), 1852, 1854.

III. *Fruit utriculaire indéhiscent, graine verticale.*

3. Gen. **Polycnemum**, L. *Polycnème.*

† 1. Esp. P. ARVENSE, L., Dc. 198. *Annuelle, Juin, Octobre.*

Dans les champs graveleux du Jura et du Sundgau : Nyon, Orbes, Genève, Audincourt, Beaucourt, Belfort, St.-Louis, Mulhouse, Ferrette, Ochsenfeld, Bollwiller (*Joset, Montandon*), 1837, 1854.

VAR. forme *erectum*, Koch ; *procumbens*, AL. BR. ; *multicaule*, WALLR.. parmi le type, assez rare (*Mont.*), 1854.

5. Fam. CHÉNOPODÉES, Dc.

1. *Fleurs monoïco-polygames.*

1. Gen. **Armola**, KIRSCHL. ; *Atriplex*, L. *Arroche.*

* Feuilles inférieures triangulaires hastées.

1. Esp. A. DELTOIDEA, Nob. ; *Al. hastata*, Dc. 196. *Annuelle, Juin, Octobre.*

Le long des chemins, des routes et dans les lieux vagues du Jura et du Sundgau : Porrentruy, Delémont (*Joset*), 1829 ; Montbéliard, Delle. Mulhouse (*Montandon*), 1854.

** Feuilles inférieures ovales ou lancéolées, à peine hastées.

a. Périanthe des fleurs femelles à divisions rhomboïdes et hastées.

2. Esp. A. MIXTA, Nob. ; *Al. angustifolia*, Dc. 196. *Annuelle, Juin, Octobre.*

19

Répandue dans les lieux vagues, le long des murs et des haies du Jura et du Sundgau (*Joset, Montandon*).

b. Périanthe des fleurs femelles à divisions ovales à peine rhomboïdes.

†† 3. Esp. A. CAMPESTRIS, N.; *A. oblongifolia*, KOCH 459. *Annuelle, Octobre.*
Lieux vagues entre St.-Louis et Huningue (*Mont.*), 1852.

II. *Fleurs hermaphrodites.*

a. Graines verticales ou obliques non horizontales.

2. Gen. **Orthosporum**, MEY.; *Chenopodium*, L.

A. Feuilles inférieures ovales ou oblongues, dentées.

† 1. Esp. O. GLAUCUM, NOB.; *Chenop. id.*, DC. 197. *Annuelle, Juin, Octobre.*
Dans les lieux vagues, les décombres et autour des fumiers du Jura et du Sundgau : Genève, Porrentruy (*Jos.*), 1825 ; Boron, Dannemarie, Dornach, Mulhouse (*M.*), 1852.

B. Feuilles deltoïdes, rhomboïdales ou triangulaires.

* Grappe de fleurs feuillée, jusqu'au sommet tige rougeâtre.

† 2. Esp. O. RUBRUM, NOB.; *Chenop. id.*, DC. 196. *Annuelle, Mai, Octobre.*
Dans les lieux vagues et près des habitations du Jura et du Sundgau : Dornach, Mulhouse, Dampierre-les-bois (*Joset, Montandon*), 1850, 1854.

** Grappe de fleurs nue ou feuillée à la base seulement.

5. Esp. O. UNCTUOSUM, N.; *Ch. bonus henricus*, DC. 196. *Annuelle, Juin, Octobre.*
Fréquente dans les lieux vagues et parmi les décombres du Jura et du Sundgau (*Joset, Montandon*).

b. Graines horizontales, feuilles glabres ou pulvérulentes.

3. Gen. **Anserina**, MEY.; *Chenopodium*. L. *Chénopode.*

I. Semences lisses ou tout-à-fait luisantes.

a. Feuilles supérieures oblongues en forme de fer de lance.

1. Esp. A. CANDIDANS. NOB.; *Ch. leiospermum*, DC. 196; *C. album*, L.

Annuelle, Juin, Septembre.

Fréquemment répandue dans les cultures du Jura et du Sundgau *(Joset, Montandon)*.

Var. forme *cymigera*, Nob.; *C. viride*, L. Mulhouse *(Montandon)*, 1855.

b. Feuilles supérieures elliptiques en forme de fer de lance.

††2. Esp. A. OPULIFOLIA, Nob.; *Ch. id.*, Koch 457.
Annuelle, Juin, Juillet.

Disséminée dans les champs et parmi les décombres du Jura et du Sundgau : Bâle *(Joset)*, 1829 ; Mulhouse, Méziré *(Montandon)*, 1852, 1854.

II. Semences plus ou moins ponctuées, opaques ou à bords en carène.

a. Semences opaques ou à bords carénés.

* Semences opaques plus ou moins lisses.

† 3. Esp. A. URBICA, Nob.; *Ch. id.*, Dc. 196.
Annuelle, Juin, Octobre.

Se trouve disséminée sur les décombres et le long des habitations du Jura et du Sundgau : Bâle *(Joset)*, 1829 ; Porrentruy, Dornach, Delle, Montbéliard, Sochaux, Étupes, Bâle *(Montandon)*, 1851, 1854.

Var. forme *intermedia*, N. Mulhouse *(Montandon)*, 1854.

** Semences opaques à bords en carène.

† 4. Esp. A. MURALIS, Nob.; *Ch. murale*, Dc. 196.
Annuelle, Juin, Juillet.

Répandue le long des murs et dans les lieux vagues du Jura et du Sundgau : Bâle, Colombier, Genève *(Joset)*, 1827 ; Delle, Ferrette, Mulhouse *(Montandon)*, 1852, 1854.

b. Semences plus ou moins ponctuées tuberculeuses.

a. Semences très ponctuées en fossettes.

5. Esp. A. STRAMONIFOLIA, N.; *Ch. hybridum*, Dc. 196
Annuelle, Juin, Juillet.

Disséminée dans les lieux vagues et le long des fumiers

du Jura et du Sundgau : Bâle, Neuchâtel (*Joset*), 1829 ;
Porrentruy, Mulhouse (*Montandon*), 1852.

b. Semences légèrement ponctuées, tuberculeuses.

aa. Cimes en grappe à peine feuillée.

††6. Esp. **A. FICIFOLIA**, Nob. ; *Ch. id.*, Dc. 196.
Annuelle, Juin, Octobre.
Çà et là dans les cultures du Jura et du Sundgau : Por-
rentruy (*Joset*), 1829 ; Cernay, Ochsenfeld, Huningue,
Montbéliard, Guebwiller, Orschwihr, Allanjoie (*Montan-
don*), 1852, 1854.

bb. Cimes en grappe nullement feuillée.

* Feuilles vertes sur les deux faces.

7. Esp. **A BETÆFOLIA**, Nob. ; *Ch. polyspernum*, Dc. 197.
Annuelle, Juin, Octobre.
Se rencontre disséminée dans les cultures et les lieux
vagues du Jura et du Sundgau (*Joset, Montandon*).

** Feuilles recouvertes d'une poussière blanchâtre.

††8. Esp. **A. FOETIDA**, Nob, ; *Ch. vulvaria*, Dc. 197.
Annuelle, Juin, Juillet.
Disséminée dans les lieux vagues et sur les décombres
du Jura et du Sundgau : Bâle, Neuchâtel, Genève, Besan-
con (*Joset*), 1827 ; Delle, Porrentruy, Belfort, Montbéliard,
Étupes, Mulhouse, près du canal et dans la rue de l'Amour
(*Montandon*), 1827, 1854.

6. Fam. PHYTOLACCÉES, Dc.

1. Gen. Phytolacca, L. *Lacque.*

† 1. Esp. **P. DECANDRA**, L., Dc. 195.
Vivace, Juin, Juillet.
J'ai rencontré cette espèce dans les lieux vagues et in-
cultes des environs de Mulhouse (*Montandon*), 1854.

7. Fam. POLYGONÉES, Juss.

I. *Stigmates plumeux ou en pinceau, saveur amaricante.*

1. Gen. **Lapathum**, Tourn.; *Rumex*, L. *Patience.*

A. Une glande à chaque division du périanthe.

a. Divisions périanthiques à deux ou plusieurs dents.

aa. Divisions du périanthe bordées de deux à trois cils sétacées.

††1. Esp. **L. MARITIMUM**, Nob.; *R. maritimus*, Dc. 193.
Vivace, Juin, Octobre.
Dans les fossés aquatiques du Jura et du Sundgau : Bonfol (*Joset*), 1830; Delle, étang Fourchée, Bâle (*Montandon*), 1852.

bb. Divisions du périanthe à deux ou quatre dents subulées.

†† 2. Esp. **L. PALUSTRE**, Nob.; *R. palustris*, Dc. 193.
Vivace, Juin, Octobre.
Se rencontre dans les marais et la vase des étangs du Jura et du Sundgau : au Weyerfeld près de Rheinfelden (*Joset*), 1827; Bonfol, Bisel, Feldbach, Zillisheim, Montreux-Château, Delle (*Montandon*), 1851, 1854.

cc. Divisions du périanthe à plusieurs dents.

* Verticilles écartés et tous feuillés.

††3. Esp. **L. BONONIENSE**, Nob.; *R. pulcher*, Dc. 193.
Vivace, Juin, Octobre.
Se rencontre dans les buissons et le long des chemins du Jura et du Sundgau : Neuenbourg (*Joset*), 1829; Belfort, Kembs, Bessoncourt, Mulhouse, Soulzmatt, Westhalten (*Montandon*), 1852, 1854.

** Verticilles rapprochés non feuillés.

4. Esp. **L. OBTUSATUM**, Nob.; *R. obtusifolius*, Dc. 193.
Vivace, Juin, Octobre.
Fréquente dans les terrains incultes du Jura et du Sundgau (*Joset, Montandon*).

b. Divisions périanthiques à dents tout-à-fait nulles.

a. Grappe de fleurs à verticilles feuillés et élégants.

5. Esp. **L. CONGLOMERATUM**, Nob ; *R. acutus*, Dc. 195.
Vivace, Juillet, Septembre.
Répandue dans les prés humides et le long des routes du Jura et du Sundgau (*Joset, Montandon*).

b. Grappe de fleurs nullement feuillées.

* Grappe formant de nombreux verticilles.

6. Esp. **L. CRISPUM**, Nob.; *R. crispus*, Dc. 193.
Vivace, Juin, Octobre.
Fréquente dans les lieux vagues, les prairies et sur le bord des routes du Jura et du Sundgau (*Joset, Montandon*).

** Grappe formant une espèce de panicule.

††7. Esp. **L. MAXIMUM**, Nob.; *R. aquaticus*, Dc. 193.
Vivace, Juin, Juillet.
Se rencontre dans les endroits aquatiques et sur le bord des rivières du Jura et du Sundgau : Soleure, Bienne, Landeron, Divonne (*Joset*), 1827; Michelfelden, le Puix (*Montandon*), 1851.

B. Une seule glande à une des divisions périanthiques.

† 8. Esp. **L. SANGUINEUM**, Nob.; *Rum. nemolapathum*, Dc. 193.
Vivace, Juin, Août.
Se rencontre disséminée dans les endroits boisés; et humides du Jura et du Sundgau (*Joset, Montandon*).

VAR. forme *viride*, Nob.; *R. nemorosus*, Schrad. Répandue dans les forêts et sur le bord des chemins : Ferrette (*Montandon*), 1852.

VAR. forme *rubens*, Nob.; *R. sanguineus*, Dc. 193. Mulhouse (*Montandon*), 1854.

C. Glandes périanthiques tout-à-fait nulles.

* Feuilles radicales en cœur arrondies, obtuses.

†.9. Esp. L. ROTUNDIFOLIUM, Nob.; *R. alpinus*, Dc. 195.
Vivace, Juin, Septembre.
Se rencontre dans les endroits élevés du Jura autour des
chalets : Raimeux, la Dôle, le Reculet (*Joset*), 1827; au
Blochmond (*Montandon*), 1854.

** Feuilles radicales ovales en cœur et aiguës.

††10. Esp. L. AQUATICUM, Nob.; *R. acutus*, Dc. 193.
Vivace, Juin, Juillet.
Se rencontre dans les marais profonds du Jura et du
Sundgau : Pontarlier (*Joset*), 1827; St-Ursanne (*Montan-
don*), 1857.

II. *Stigmates plumeux, tiges et feuilles à saveur acide.*

2. Gen. **Acetosa**, Tourn.; *Rumex*, L. *Oseille.*

A. Fleurs polygames, feuilles hastées.

†1. Esp. A. SCUTATA, Nob.; *Rumex id.*, Dc. 194.
Vivace, Juin, Juillet.
Se rencontre sur les vieux murs et dans les graviers
mouvants du Jura et du Sundgau : Hauenstein, Thoiry,
Clerval, Genève (*Joset*), 1827; Porrentruy, Belfort, Delle,
Montbéliard (*Montandon*), 1851, 1854.
VAR. forme *viridis*, N. Ferrette, Landskron (*Mont.*), 1851.

B. Fleurs à sexes séparés sur des pieds différens.

a. Feuilles marquées de cinq à sept nervures.

† 2. Esp. A. ARIFOLIA, Nob.; *Rumex id.*, L., Dc. 194.
Vivace, Juin, Juillet.
Se rencontre dans les bois des hautes montagnes du Jura :
Hasenmatt, Hauenstein, Chasseral, Raimeux, la Dôle, le
Reculet (*Joset*), 1827.

b. Feuilles marquées de veines ou sans veines.

* Feuilles marquées de veines en-dessous.

5. Esp. A. PRATENSIS, Nob.; *Rumex acetosa*, Dc. 194.
Vivace, Juin, Juillet.

Fréquemment répandue dans tous les prés du Jura et du Sundgau (*Joset, Montandon*).

VAR. forme *intermedia*, NOB.; *Rum. auriculatus*, WAHL. Terrains humides et cailouteux du Sundgau : St.-Louis, Guebwiller (*Montandon*), 1851, 1855.

** Feuilles à face inférieure sans veines.

4. Esp. **A. ARVENSIS**, NOB. ; *Rum. acetosella*, Dc. 194. *Vivace, Juin, Octobre.*
Se rencontre dans les champs arides et incultes du Jura et du Sundgau (*Joset, Montandon*).

III. *Stigmate en tête, tige simple, fleurs en épi dense·*
3. Gen. **Colubrina**, BRUN.; *Polygonum*, L. *Bistorte.*
* Pétiole pourvu d'une aile membraneuse.

† 1. Esp. **C. INTORTA**, NOB.; *P. bistorta*, Dc. 191. *Vivace, Juin, Octobre.*
Pâturages humides de la plaine et des montagnes du Jura et du Sundgau (*Joset, Montandon*), 1827, 1854.

** Pétiole manquant d'ailes membraneuses.

† 2. Esp. **C. VIVIPARA**, NOB. ; *P. id.*, Dc. 192. *Vivace, Juin, Juillet.*
Pâturages élevés et rocailleux du Jura : la Dôle, le Mont-d'Or, le Reculet (*Joset*), 1827.

IV. *Stigmates en tête, tige rameuse à plusieurs épis.*
4. Gen. **Persicaria**, TOURN.; *Polygonum*, L. *Renouée.*
A. Fleurs en épis serrés et cylindriques.

† 1. Esp. **P. FLUITANS**, NOB.; *P. amphibium*, Dc. 192. *Vivace, Juin, Août.*
Se rencontre dans les étangs et les fossés aquatiques du Jura et du Sundgau : Muttenz, Alschwiller, la Gruyère, Genthod (*Joset*), 1827; Bonfol, Delle, Grentzingen, Mulhouse (*Montandon*), 1852.

VAR. forme *terrestris*, NOB. Fossés et champs argileux et humides du Jura et du Sundgau : Delle, Illzach, Altkirch, Porrentruy (*Montandon*), 1827—1854.

B. Fleurs en épis serrés de forme ovoide.

* Gaines des feuilles garnies de longs cils.

2. Esp. P. **PULICARIODEA**, NOB.; *P. persicaria*, DC. 192.
Annuelle, Juin, Juillet.
Fréquente dans les lieux vagues, les cultures et près des habitations du Jura et du Sundgau, plante très polymorphe (*Joset, Montandon*).

** Gaines des feuilles glabres ou à cils très courts.

† 3. Esp. P. **LAPATHIFOLIA**, NOB.; *P. id.*, L., DC. 192.
Annuelle, Juin, Juillet.
Près des fumiers et dans les fossés aquatiques du Jura et du Sundgau (*Joset, Montandon*).

VAR. forme *ovata*, NOB. Assez répandue : Delle (*Montandon*), 1851.

VAR. forme *pallida*, NOB. Répandue dans les moissons : Delle (*Montandon*), 1850.

VAR. forme *incana*, NOB.; *Pol. incanum*, DC. 192. Lieux vagues, bords des forêts : Ferrette (*Montandon*), 1851, rare.

C. Fleurs en épis filiformes et interrompus.

a. Gaines des feuilles presque glabres, plante âcre.

4. Esp. P. **URENS**, NOB.; *P. hydropiper*, DC. 192.
Annuelle, Juin, Août.
Dans les endroits humides et les fossés bourbeux du Jura et du Sundgau (*Joset, Montandon*).

b. Gaines des feuilles hérissées ou velues, plantes sans âcreté.

* Épis dressés, cinq étamines.

5. Esp. P. **PUMILA**, NOB.; *P. pusillum*, DC. 192.
Annuelle, Juin, Août.
Dans les endroits inondés pendant l'hiver et les lieux caillouteux et humides du Jura et du Sundgau : la Wiese, Genève, Versoix (*Joset*), 1827 ; Bonfol, Michelfelden (*Montandon*), 1852.

VAR. forme *stricta*, NOB. Ferrette (*Montandon*), 1852.

** Épis pendants, six étamines.

† 6. Esp. P. **LAXIFLORA**, NOB.; *P. mite*, KOCH 445.
Annuelle, Juin, Juillet.
Se rencontre dans les endroits vaseux, autour des étangs
du Jura et du Sundgau : St.-Blaise, Sarconex, Genève
(*Joset*), 1827; Bonfol, Porrentruy, Vendelincourt, Mirecourt,
Charmoille, Cœuve, Mulhouse, Delle (*Mont.*), 1852, 1854.

VAR. forme *Braunii*, NOB. Dornach (*Montandon*), 1854.

V. *Stigmates en tête, fleurs en faisceaux axillaires, tige
couchée.*

5. G. **Centinodium**, NOB. ; *Poligonum*, L. *Centinode*.

1. Esp. G. **AXILLARE**, NOB.; *P. aviculare*, DC. 192.
Annuelle, Juin, Juillet.
Répandue partout dans les champs et sur le bord des
chemins du Jura et du Sundgau (*Joset, Montandon*).

VAR. forme *ascendens*, NOB. Mêmes localités, mais plus
rare : Delle (*Montandon*), 1852.

VI. *Stigmates en tête, tige volubile ou grimpante,
fleurs fasciculées.*

6. Gen. **Tiniaria**, NOB.; *Poligonum*, L.

* Périgone à trois divisions carénées.

1. Esp. T. **CARINATA**, NOB ; *P. convolvulus*, DC. 195.
Annuelle, Juin, Octobre.
Fréquemment répandue parmi les céréales du Jura et
du Sundgau (*Joset, Montandon*).

** Périgone à trois divisions prolongées en ailes membraneuses.

† 2. Esp. T. **ALATA**, NOB.; *P. dumetorum*, DC. 193.
Annuelle, Juin, Juillet.
Disséminée dans les haies et les buissons du Jura et du
Sundgau : Genève (*Joset*), 1825; Porrentruy, Ferrette,
Delle, Mulhouse (*Montandon*), 1853, 1854.

8. Fam. THYMÉLÉES, Dc.

A. *Plantes de consistance ligneuse.*

1. Gen. Daphne, L. *Lauréole.*

I. Fleurs réunies le long de la tige et des rameaux.

1. Esp. D. MEZEREUM, L., Dc. 190.
Vivace, Mars, Avril.
Disséminée dans les forêts de la plaine et des montagnes du Jura et du Sundgau (*Joset, Montandon*).

II. Fleurs en petites grappes axillaires ou terminales.

    a. Feuilles velues en leur face inférieure.

† 2. Esp. D. ALPINA, L., Dc. 190.
Vivace, Mai, Juillet.
Se rencontre dans les fentes des rochers élevés du Jura et du Sundgau : Moutiers, Morteaux, crêts des Roches, Besançon (*Joset*), 1827; val de Lucelle, Danvan (*Montandon*), 1852.

    b. Feuilles glabres sur leurs deux faces.
      * Fleurs d'un jaune verdâtre, inodores.

† 3. Esp. D. LAUREOLA, L., Dc. 190.
Vivace, Mai, Juin.
Se rencontre disséminée dans les forêts des montagnes du Jura et du Sundgau : Muttenz, Besançon, St.-Hypolite (*Joset*), 1827; la Bourg, val de Lucelle, val Saint-Dizier, Córnol, Chevenez (*Montandon*), 1851, 1852.

      ** Fleurs d'un beau rose, odorantes.

†† 5. Esp. D. CNEORUM, L., Dc. 190.
Vivace, Mai, Juin.
Sur les pâturages et parmi les bruyères du Jura : au Roggenflühe, Pechbourg, Oesingen, Delémont (*Joset*), 1827; Bremoncourt, aux Trembiats (*Montandon*), 1857.

    B. *Plantes de consistance herbacée.*

2. Gen. Passerina, L. *Passerine.*

1. Esp. P. ANNUA, WICK.; *Stel. passerina*, Dc. 191.

Annuelle, Juin, Juillet.

Se rencontre dans les champs après la moisson et dans les jachères du Jura et du Sundgau : Muttenz, Neuchâtel, le Colombier, Nyon, Genève, Besançon (*Joset*), 1827; Mulhouse, val St.-Dizier, Porrentruy, Delle, Illfurth, au Nonnenbruch, Oberdorf, Allanjoie, Bourogne, Perouse (*Montandon*), 1851, 1854.

9. Fam. ÉLÉAGNÉES, Dc.

Gen. **Hyppophae**, L. *Argoussier.*

†† 1. Esp. **H. RHAMNOIDES**, L., Dc. 189.

Vivace, Juin, Juillet.

Se rencontre disséminée dans les sables du Rhin et de l'Aar : Soleure (*Joset*), 1829; Huningue, Michelfelden (*Montandon*), 1852.

10. Fam. EMPÉTRÉES, Dc.

Gen. **Empetrum**, L. *Camarine.*

†† 1. Esp. **E. NIGRUM**, L., Dc. 250.

Vivace, Juin, Juillet.

Se rencontre disséminée dans les endroits humides et rocailleux du Jura : val de Joux, au Reculet (*Joset*), 1827.

11. Fam. EUPHORBIACÉES, Dc.

1. *Plantes de consistance ligneuse.*

1. Gen. **Buxus**, L. *Buix.*

† 1. Esp. **B. SEMPERVIRENS**, L., Dc. 188.

Vivace, Mars, Mai.

Se rencontre disséminée sur les collines calcaires du Jura et du Sundgau : Grentzach, la Bourg, Hauterive, Saint-Claude, Porrentruy, Buix (*Joset*), 1827; Illfurth, Tagolsheim, Lucelle, Frœningen, Delle, Bâle, Montbéliard, Audincourt (*Montandon*), 1850, 1852.

II. *Plantes herbacées, fleurs dioïques.*

2. Gen. **Mercurialis**, L. *Mercuriale.*

* Tige tout-à-fait simple.

1. Esp. M. PERENNIS, L., Dc. 185.
Vivace, Juin, Août.
Fréquente dans les haies et les forêts ombragées du Jura et du Sundgau (*Joset, Montandon*).

** Tige ramifiée et branchue.

2. Esp. M. ANNUA, L., Dc. 185.
Vivace, Mai, Juin.
Répandue dans les cultures et les vignes du Jura et du Sundgau (*Joset, Montandon*).

III. *Plantes herbacées, fleurs monoïques.*

3. Gen. **Euphorbia**, L. *Euphorbe.*

I. Glandes à disque presque orbiculaire ou ovale.

A. Semences tout-à-fait lisses.

a. Capsule lisse parfois un peu rude.

† 1. Esp. E. GERARDIA, L., Dc. 187.
Vivace, Juin, Août.
Se rencontre sur les pâturages caillouteux du Jura et du Sundgau : Bienne (*Joset*), 1827 ; Michelfelden, St.-Louis, Oesingen, Huningue (*Montandon*), 1852.

b. Capsule toute couverte de verrues.

aa. Ombelle à plusieurs rayons.

† 2. Esp. E. PALUSTRIS, L., Dc. 188.
Vivace, Juin, Juillet.
Disséminée dans les marais profonds du Jura et du Sundgau : la Thiele, Yverdun, Orbes (*Joset*), 1829 ; Michelfelden, Bisel, Largitzen (*Montandon*), 1854.

bb. Ombelle de trois à cinq rayons.
a. Verrues obtuses légèrement arrondies.
* Feuilles légèrement pétiolées.

5. Esp. E. SOLISEQUA, REICHB.; *E. dulcis*, Dc. 187.

Vivace, Mai, Juin.

Dans les forêts ombragées du Jura et du Sundgau : Muttenz, Dornach, Delémont, Chasseral (*Joset*), 1827 ; Porrentruy, Delle, Ferrette, Mulhouse (*Mont.*), 1852, 1854.

** Feuilles tout-à-fait sessiles.

4. Esp. E. **PLATYPHYLLOS**, L., Dc. 187.

Vivace, Juin, Août.

Se rencontre dans les lieux vagues et le long des chemins du Jura et du Sundgau (*Joset, Montandon*).

b. Verrues courtes de forme cylindrique.

* Involucelle presque triangulaire.

5. Esp. E. **STRICTA**, L., Koch 451.

Vivace, Mai, Juillet.

Partout le long des chemins (*Joset, Montandon*).

** Involucelle de forme elliptique.

† 6. Esp. E. **VERRUCOSA**, L., Dc. 187.

Vivace, Juin, Octobre.

Se rencontre sur les pâturages et dans les prairies arides du Jura et du Sundgau (*Joset, Montandon*), 1825, 1854.

B. Semences en fossettes et réticulées.

7. Esp. E. **HELIOSCOPIA**, L., Dc. 186.

Annuelle, Mai, Juin.

Se rencontre dans toutes les cultures du Jura et du Sundgau (*Joset, Montandon*).

II. Glandes à disque semi-lunaire ou à deux cornes.

A. Semences tout-à-fait lisses.

a. Involucelles tout-à-fait libres.

8. Esp. E. **CYPARISSIAS**, L., Dc. 186.

Vivace, Juin, Juillet.

Se rencontre sur les collines calcaires du Jura et du Sundgau (*Joset, Montandon*).

b. Involucelles soudés vers la base.

9. Esp. E. SYLVATICA, JACQ., Dc. 187.
Vivace, Juin, Juillet.
Bois et collines calcaires du Jura et du Sundgau (*Joset, Montandon*).

B. Semences très rugueuses.

a. Feuilles alternes ou éparses.

aa. Ombelles à cinq rayons.

† 10. Esp. E. SEGETALIS, L., Dc. 186.
Annuelle, Juin, Juillet.
Parmi les moissons du Jura : Colombier, Salins (*Joset*), 1831.

bb. Ombelles formées de trois rayons.

a. Capsule marquée de deux sillons.

11. Esp. E. PEPLUS, L., Dc. 186.
Annuelle, Juin, Août.
Répandue dans les cultures du Jura et du Sundgau (*Joset, Montandon*).

b. Capsule tout-à-fait lisse non sillonnée.
* Feuilles en forme de lance ou en faulx.

†† 12. Esp. E. FALCATA, L., Dc. 186.
Annuelle, Juin, Juillet.
Parmi les champs du Jura et du Sundgau : le Colombier (*Joset*); St.-Louis, Sigolsheim (*Montd.*), 1850, 1854.

** Feuilles tout-à-fait linéaires.

13. Esp. E. EXIGUA, L., Dc. 186.
Annuelle, Juin, Juillet.
Se rencontre fréquemment dans les champs et les lieux vagues du Jura et du Sundgau (*Joset, Montandon*).

b. Feuilles opposées en croix.

† 14. Esp. E. LATHYRIS, L., Dc. 186.
Annuelle, Juin, Août.
Dans les lieux vagues du Jura et du Sundgau (*Joset, Montandon*).

12. Fam. **URTICÉES**, Dc.

I. *Plantes à tige volubile et grimpante.*

1. Gen. **Humulus**, L. *Houblon.*

† 1. Esp. H. LUPULUS, L., Dc. 184.
Vivace, Juin, Août.
Dans les haies et les buissons du Jura et du Sundgau
(*Joset, Montandon*).

II. *Plantes ligneuses à tige dressée non volubile.*

2. Gen. **Ulmus**, Dc. *Orme.*

A. Fleurs pédicellées, huit étamines.

1. Esp. U. EFFUSA, WILD, Dc. 185.
Vivace, Mars, Avril.
Bois montueux du Jura : Wasserfall, Schœnenbourg,
Muttenz (*Joset*), 1827.

B. Fleurs sessiles, quatre à six étamines.

2. Esp. U. CAMPESTRIS, L., Dc. 185.
Vivace, Mars, Avril.
Disséminée dans les forêts du Jura et du Sundgau (*Joset,
Montandon*).
VAR. forme *montana*, SMITH. Le Reculet (*Joset*), 1822.
VAR. forme *suberosa*, EHR. Porrentruy, Istein, Grentzach
(*Joset*), 1822, 1827.
VAR. forme *nuda*, EHR. Neuchâtel (*Joset*), 1827.

III. *Plantes herbacées à tige droite non volubile.*

* *Plantes à poils piquants et caustiques.*

3. Gen. **Urtica**, L. *Orties.*

a. Pédoncules plus courts que les pétioles.

1. Esp. U. URENS, L., Dc. 184.
Annuelle, Juin, Juillet.
Fréquente autour des habitations du Jura et du Sund-
gau (*Joset, Montandon*).

b. Pédoncules plus longs que les pétioles.

2. Esp. U. DIOICA, L., Dc. 184.

Vivace, Juin, Juillet.
Fréquente dans les haies et les lieux vagues du Jura et du Sundgau (*Joset, Montandon*).

** *Plantes pubescentes nullement piquantes*
4. Gen. **Parietaria**, L. *Pariétaire.*
* Tige droite simple.

† 1. Esp. P. **ERECTA**, Koch 457; *P. officinalis*, Dc. 184.
Vivace, Mai, Septembre.
Se rencontre dans les lieux vagues et sur les vieux murs du Jura et du Sundgau : Bâle, Neuchâtel, Soleure, Genève, Cressier (*Joset*), 1827; Rouffach, Guebwiller (*Montandon*), 1850, 1854.

** Tige très diffuse et ramifiée.

††2. Esp. P. **DIFFUSA**, Koch 457; *P. judaica*, Dc. 185.
Annuelle, Juin, Août.
Mêmes localités, mais beaucoup plus rare : Besançon, Salins, Arbois (*Joset*), 1829; la Bourg (*Montandon*), 1852.

15. Fam. **SALICINÉES**, Dc.

I. *Chatons à écailles entières, semences aigrettées.*
1. Gen. **Salix**, L. *Saule.*
1. Chatons latéraux ou de côté.
A. *Chatons à écailles de même couleur.*
a. Écailles des chatons persistantes.
1. Esp. S. **AMYGDALINA**, Hoff., Dc. 178.
Vivace, Avril, Mai.
Bords des rivières et des ruisseaux du Jura et du Sundgau (*Joset, Montandon*).
VAR. forme *concolor*, Koch. Plus rare (*Mont.*), 1853.

b. Écailles des chatons caduques.
aa. Feuilles glabres, cinq à dix étamines.

† 2. Esp. S. **PENTANDRA**, L., Dc. 178.
Vivace, Mai, Juin.

20

Se rencontre dans les marais spongieux du Jura et du Sundgau : lac de Joux (*Joset*), 1827 ; grève du Rhin près de Neudorf (*Montandon*), 1851.

bb. Feuilles glabres, deux à quatre étamines.

* Écailles longuement ciliées, feuilles crenelées.

3. Esp. s. FRAGILIS, L., Dc. 178.
Vivace, Avril, Mai.
Le long des rivières et des torrens du Jura et du Sundgau (*Joset, Montandon*).
VAR. forme *russelliana*, SMITH. Plus rare (*Mont.*), 1852.

** Écailles hérissées non ciliées, feuilles denticulées.

† 4. Esp. s. TRIANDRA, L., Dc. 178.
Vivace, Avril, Mai.
Bords de la Doller près de Lutterbach (*Mont.*), 1854.

cc. Feuilles velues soyeuses, deux à quatre étamines.

5. Esp. s. ALBA, L., Dc. 177.
Vivace, Mars, Mai.
Répandue sur le bord des rivières du Jura et du Sundgau (*Joset, Montandon*).

B. *Chatons à écailles de couleur différente.*

a. Anthères défleuries d'un beau noir.

* Stipules linéaires, feuilles alternes et lancéolées.

† 6. Esp. s. RUBRA, HUDS., KOCH 465.
Vivace, Mars, Avril.
Sur le bord des torrens et des rivières du Jura et du Sundgau : la Birse, le Doubs, la Halle près de Porrentruy (*Joset*) ; Mulhouse, Delle (*Montandon*), 1851.

** Stipules souvent avortées, feuilles oblongues souvent opposées.

7. Esp. s. MONANDRA, HOFF., Dc. 179.
Vivace, Mars, Avril.
Très répandue sur le bord des ruisseaux et des rivières du Jura et du Sundgau (*Joset, Montandon*).

b. Anthères défleuries jaunes ou brunes.

aa. Anthères défleuries d'un jaune brun.

† 8. Esp. **s. arbuscula**, L., Dc. 179.
Vivace, Avril, Mai.
Sommités du Jura : au Weissenstein, au Salève (*Joset*),
1827.

bb. Anthères défleuries d'un beau jaune.

A. *Capsules portées sur de longs pédicelles.*

AA. Pédicelles dépassant deux à trois fois le nectaire.

a. Pédicelles dépassant deux fois le nectaire.

† 9. Esp. **s. phylicifolia**, Wahl., Dc. 178.
Vivace, Avril, Mai.
Bord des ruisseaux et des rivières du Jura et du Sund-
gau : Porrentruy (*Joset*), 1827 ; St.-Louis (*Mont.*), 1852.
Var. forme *eriocarpa*, Nob. Mêmes localités, plus rare,
Delle (*Montandon*), 1853.

b. Pédicelles dépassant trois fois le nectaire.

† 10. Esp. **s. depressa**, Hoff., Dc. 179.
Vivace, Avril, Mai.
Le long des ruisseaux et des marais spongieux du Jura
et du Sundgau : Bellelay, val de Joux (*Joset*), 1827 ; Huningue (*Montandon*), 1853.

BB. Pédicelles dépassant quatre à six fois le nectaire.

a. Pédicelles quatre fois plus longs que le nectaire.

11. Esp. **s. acuminata**, Sm., Dc. 178.
Vivace, Mars, Mai.
Répandue dans les endroits humides et sur le bord des
rivières et des ruisseaux du Jura et du Sundgau (*Joset,
Montandon*).

b. Pédicelles cinq fois plus longs que le nectaire.

* Stipules presque de forme ovale.

† 12. Esp. **s. ambigua**, Ehr., Koch 467.

Vivace, Mai, Juin.
Tourbière du Jura : Gruyères, val de Joux, Trelasse, sous la Dôle (*Joset*), 1827.

** Stipules ayant la forme d'un rein.

13. Esp. s. **AURITA**, L., Dc. 178.
Vivace, Mars, Avril.
Se rencontre dans les forêts humides du Jura et du Sundgau (*Joset, Montandon*).

*** Stipules lancéolées, voyez page 279, Nº 10.

c. Pédicelles dépassant de six fois le nectaire.

a. Feuilles pubescentes en-dessous.

††14. Esp. s. **GRANDIFOLIA**, Sering, Koch 465.
Vivace, Avril, Mai.
Se rencontre sur les rochers ombragés du Jura et du Sundgau : Wasserfall, Moutiers, Court, Chasseral, Undervilliers (*Joset*), 1827 ; val St.-Dizier (*Montandon*), 1854.

b. Feuilles tomenteuses en-dessous.

15. Esp. s. **CAPRÆA**, L., Dc. 178.
Vivace, Mars, Avril.
Partout dans les forêts du Jura et du Sundgau (*Joset, Montandon*).

B. *Capsules sessiles ou à peine pédicellées.*

A. Écorce interne d'une couleur verdâtre.

a. Chatons femelles tous dressés.

16. Esp. s. **VIMINALIS**, L., Dc. 179.
Vivace, Mars, Mai.
Sur le bord des rivières et des torrens du Jura et du Sundgau (*Joset, Montandon*).
VAR. forme *acuminata*, Gmel. Mêmes localités, plus rare : Rheinfelden, Oelsberg (*Joset*), 1827 ; Delle (*Montandon*), 1852.

b. Chatons femelles arqués.

17. Esp. s. **INCANA**, Schrck., Dc. 178.
Vivace, Mars, Avril.

Se rencontre sur le bord des eaux et des rivières du Jura et du Sundgau (*Joset, Montandon*).

VAR. forme *seringeana*, GAUD. Rheinfelden (*Montandon*), 1852, rare.

B. Écorce interne d'un jaune citron.

† 18. Esp. S. DAPHNOIDES, VILL., Dc. 178.
Vivace, Mars, Avril.
Sur le bord du Rhin près de Neudorf, Soleure, Genève, Landeron, Badevel (*Joset, Montandon*), 1837, 1853.

II. Chatons terminant la tige et les rameaux.

* Feuilles très glabres des deux côtés.

† 19. Esp. S. RETUSA, L., Dc. 178.
Vivace, Avril, Mai.
Rochers élevés du Jura : Chasseral, Creux-du-Van, Reculet (*Joset*), 1827.

** Feuilles glauques en-dessous et en réseau.

† 20. Esp. S. RETICULATA, L., Dc. 178.
Vivace, Avril, Mai.
Sommets escarpés du Jura : au Chasseral (*Joset*), 1827.

II. *Chatons à écailles incisées ou laciniées ou divisées.*

2. Gen. **Populus**, L. *Peuplier.*

A. Écailles des chatons très ciliées.

a. Feuilles et rameaux très glabres.

1. Esp. P. TREMULA, L., Dc. 180.
Vivace, Mars, Avril.
Bois et haies du Jura et du Sundgau (*Joset, Montandon*).

b. Feuilles et rameaux tomenteux.

* Feuilles des rameaux supérieurs palmées à cinq lobes.

2. Esp. P. ALBA, L., Dc. 179.
Vivace, Mars, Avril.
Lieux humides du Jura et du Sundgau : Huningue, Neudorf (*Montandon*), 1852.

** Feuilles des rameaux supérieurs ovales en cœur.

† 5. Esp. **P. CANESCENS**, Smith., Dc. 180.
Vivace, Février, Mars.
Se rencontre sur les rives du Rhin : Neudorf (*M.*), 1852.

B. Ecailles des chatons très glabres.

4. Esp. **P. NIGRA**, L., Dc. 180.
Vivace, Mars, Avril.
Sur le bord des rivières et des torrens du Jura et du Sundgau : Neuchâtel, Genève (*Joset*), 1827 ; Huningue (*Montandon*), 1852.

14. Fam. **BÉTULACÉES**, Dc.

I. *Écailles scarioso-membraneuses caduques*

1. Gen. **Betula**, L. *Bouleau.*

* Feuilles et rameaux glabres.

1. Esp. **B. ALBA**, L., Dc. 180.
Vivace, Mai, Juin.
Se rencontre disséminée dans les forêts spongieux et humides du Jura et du Sundgau (*Joset, Montandon*).

** Feuilles et rameaux pubescents.

† 2. Esp. **B. PUBESCENS**, Ehr., Dc. 180.
Vivace, Avril, Mai.
Tourbières du Jura : Bellelay (*Joset*), 1827.
Var. f. *intermedia*, Thom. Gruyère, Pontins (*J.*), 1822.
Var. forme *nana*, L. Tourbières de la Gruyère, la Brevine (*Joset*), 1827.

II. *Écailles pubescentes comme ligneuses.*

2. Gen. **Alnus**, L., *Aulne.*

a. Face postérieure des feuilles discolore.

† 1. Esp. **A. INCANA**, L., Dc. 181.
Vivace, Février, Avril.
Se rencontre dans les endroits rocailleux du Jura et du Sundgau : Chasseral (*Joset*), 1827, la Féchotte, Mandeure (*Montandon*), 1854.

b. Face postérieure et supérieure des feuilles concolore.

* Feuilles et rameaux gluants.

2. Esp. **A. GLUTINOSA**, L., Dc. 180.
Vivace, Février, Mars.
Dans les endroits humides du Jura et du Sundgau
(*Joset, Montandon*).

** Feuilles nullement gluantes.

† 5. Esp. **A. VIRIDIS**, VILL; *Bet. ovata*, Dc. 180.
Vivace, Mars, Avril.
Forêts du Jura : entre Muttenz et Olsberg (*Joset*),
1827.

15. Fam. **CONIFÈRES**, Dc.

I. *Arbres d'un port très élevé.*

A. Feuilles fasciculées de deux à cinq.

1. Gen. **Pinus**, L. *Pin.*

* Cônes tous dressés ou verticaux.

1. Esp. **P. MUGHO**, Dc. 176, KOCH 474.
Vivace, Mai, Juin.
Tourbières du Jura (*Joset, Montandon*), 1827.

** Cônes penchés après la floraison.

2. Esp. **P. SYLVESTRIS**, L., Dc. 175.
Vivace, Avril, Mai.
Répandue sur les collines calcaires du Jura et du Sund-
gau (*Joset, Montandon*).

B. Feuilles alternes, isolées, applaties, obtuses ou
échancrées.

2. Gen. **Abies**, Dc. *Sapin.*

1. Esp. **A. PECTINATA**, Dc. 176; *Pinus picea*, L.
Vivace, Avril, Mai.
Répandue sur les montagnes du Jura et du Sundgau (*Jo-
set, Montandon*).

C. Feuilles alternes, isolées, presque tétragones, aigues.

3. Gen. **Picea**, Link. *Pesse.*

1. Esp. P. EXCELIA, Link.; *Abies id.*, Dc. 176; *P. abies*, L.
Vivace, Avril, Mai.
Sur les sommités du Jura et du Sundgau (*Joset, Mont.*).

D. Feuilles des rameaux abréviées, fasciculées par plus de cinq.

4. Gen. **Larix**, L. *Melèze.*

† **1. Esp. L. EUROPÆA**, L., Dc. 176.
Vivace, Avril, Mai.
Disséminée sur les collines boisées du Jura et du Sundgau: au Fahy, Sundersdorf (*Montandon*), 1851, 1854.

II. *Arbres ou arbrisseaux d'une hauteur moyenne.*

A. Feuilles verticillées par trois, linéaires, subulées.

5. Gen. **Juniperus**, L. *Genevrier.*

* Feuilles étalées, linéaires, subulées et piquantes.

1. Esp. J. COMMUNIS, L., Dc. 177.
Vivace, Avril, Mai.
Se rencontre sur les coteaux arides du Jura et du Sundgau (*Joset, Montandon*).

** Feuilles rhomboïdes imbriquées sur deux à quatre rangs.

† **2. Esp. J. SABINA**, L, Dc. 177.
Vivace, Avril, Mai.
Se rencontre sur les rochers escarpés du Jura: au Bruchliberg, Soleure (*Joset*), 1827.

B. Feuilles éparses, fleurs dioïques.

6. Gen. **Taxus**, L. *If.*

† **1. Esp. T. BACCATA**, L., Dc. 177.
Vivace, Avril, Mai.
Dans les endroits rocailleux du Jura : au Rehhag, Oesingen, Moutiers, bois de la Batie (*Joset*), 1827; Chasseral (*Montandon*), 1857.

C. Feuilles ailées, voyez gen. *fraxinus*, L., p. 225.

B. *Ovaire adhérent au calice ou infère.*

2e SOUS-CLASSE, **SIMPHYSOGYNES.**

ANALYSE PRATIQUE DES FAMILLES.

{ *Fleurs* nullement en chatons 1
{ *Fleurs* en chatons, fruit pourvu d'involucre.
   CUPULIFÈRES, p. 287.

1. { *Fruit* capsulaire ou formé d'une capsule . . 2
  { *Fruit* nuciforme ou bacciforme 3

2. { *Six* à douze étamines libres ou attachées au style
    ou aux stigmates. ARISTOLOCHIÉES, p. 285.
  { *Huit* étamines, 2 styles. SAXIFRAGÉES, p. 115.

3. { *Fruit* formé d'une baie; plantes volubiles.
    DIOSCORÉES, p. 501.
  { *Fruit* formé d'une baie sèche; plantes non vo-
    lubiles. CAPRIFOLIACÉES, p. 145.
  { *Fruit* formé d'une noix 4

4. { *Feuilles* en verticille. HIPPURIDÉES, p. 286.
  { *Feuilles* alternes ou éparses.
    SANTALACÉES, p. 286.

1. Fam. **ARISTOLOCHIÉES,** Dc.

A. Anthères soudées aux styles.

1. Gen. **Aristolochia,** L. *Aristoloche.*

† 1. Esp. **A. CLEMATITIS**, L., Dc. 189.
Vivace, Mai, Juin.
Se rencontre disséminée dans les vignes et sur les collines
arides du Jura et du Sundgau : Bienne (*Joset*), 1829;
Illfurth, Oberdorf, Étupes (*Montandon*), 1848, 1851.

B. Anthères tout-à-fait libres.

2. Gen. **Asarum,** L. *Asaret.*

2. Esp. **A. EUROPÆUM**, L., Dc. 189.
Vivace, Mai, Juin.

Se rencontre parmi les broussailles ombragées du Jura et du Sundgau *Joset*, (*Montandon*).

2. Fam. HIPPURIDÉES, Dc.

1. Gen. **Hippuris**, L. *Pesse.*

† 1. Esp. H. VULGARIS, L., Dc. 527.
Vivace, Mai, Juin.

Se rencontre dans les fossés, les mares et les étangs profonds du Jura et du Sundgau : Bienne, Attenschwiller, Landeron, lac de Joux (*Joset*), 1827 ; Michelfelden, Delle, Montbéliard, Porrentruy (*Montandon*), 1830, 1834.

5. Fam. SANTALACÉES, Dc.

1. Gen. **Thesium**, L. *Thésion.*

1. *Fruit deux fois plus long que le limbe du périgone.*

A. Tige faible étalée ou couchée sur le sol.

† 1. Esp. T. HUSSENOTII, Huss.; *T. humifusum*, Dc., Fr. 366.
Vivace, Mai, Juin.
Collines calcaires du Jura sundgovien : Blochmond (*Montandon*), 1852.

B. Tige tout-à-fait droite, racine rampante.

† 2. Esp. T. INTERMEDIUM, Schrd., Koch 448.
Vivace, Juin, Août.
Prés montueux du Jura : St.-Cergues, la Dôle (*Joset*), 1827.

C. Tige dressée, racine fibreuse.

† 3. Esp. T. ADULTERINUM, Nob.; *T.linophyllum*, Dc.189.
Vivace, Juin, Juillet
Coteaux arides du Jura et du Sundgau : Cluse d'Oesingen, Herrenfluhe (*Joset*), 1827 ; val de Lucelle (*Mont.*), 1834.

II. *Fruit ne dépassant pas le limbe du périgone.*

* Axe de la grappe à sommet fléchi en zigzag lors de la maturité.

4. Esp. T. DECUMBENS, Gmel.; *T. pratense*, Ehr., Koch 449.

Vivace, Juin, Juillet.

Pâturages rocailleux du Jura et du Sundgau : Porrentruy, St.-Ursanne, Ferrette, val de Lucelle (*Mont.*), 1852.

** Axe de la grappe tout-à-fait droite à la maturité.

5. Esp. T. ALPINUM, L., Dc. 189.
Vivace, Juin, Juillet.

Pâturages du Jura et du Sundgau : Chasseral, Creux-du-Van (*Joset*), 1827; Ferrette, Lucelle, St.-Ursanne (*Montandon,* 1852.

4. Fam. **CUPULIFÈRES**, Dc.

I. *Floraison longtemps avant les feuilles (Février, Mars).*

1. Gen. **Corylus**, L. *Coudrier.*

1. Esp. C. SYLVESTRIS, NOB.; *C.avellana*, L., Dc. 181.
Vivace, Février, Mars.

Fréquente sur les collines et les montagnes du Jura et du Sundgau (*Joset, Montandon*).

II. *Floraison et foliaison à peu près simultanées (Avril, Mai).*

a. Chatons mâles globuleux, feuilles entières ou dentées.

2. Gen. **Fagus**, L. *Hêtre.*

1. Esp. F. SYLVATICA, L., Dc. 181.
Vivace, Avril, Mai.

Fréquente sur les montagnes du Jura et du Sundgau (*Joset, Montandon*).

b. Chatons mâles cylindriques, lâches, feuilles sinuées ou pinnatilobées.

3. Gen. **Quercus**, L. *Chêne.*

A. Feuilles hérissées ou pubescentes en-dessous.

* Feuilles hérissées en leur face postérieure.

† 1. Esp. Q. CERRIS, L., Dc. 182.
Vivace, Mai, Juin

Forêts du Jura près de Quingey (*Joset*), 1825.

** Feuilles légèrement pubescentes en leur face postérieure.

† 2. Esp. Q. LANUGINOSA, THUIL.; *Q. pubescens*, WILD, KOCH 459.
Vivace, Mai, Juin.
Rochers arides du Jura : Bienne, Neuchâtel, Istein (*Joset*), 1829.

B. Feuilles toutes très glabres.

* Pédoncules ne dépassant pas le pétiole.

5. Esp. Q SESSILIFLORA, SMITH, Dc. 182.
Vivace, Mai, Juin.
Fréquente dans les forêts de la plaine et des montagnes du Jura et du Sundgau (*Joset, Montandon*).

** Pédoncules dépassant plusieurs fois le pétiole.

4. Esp. Q. PEDUNCULATA, EHR.; *Q. racemosa*, Dc. 182.
Vivace, Mai, Juin.
Dans les mêmes localités, mais plus rare (*Joset, Mont.*).

c. Chatons mâles cylindriques, serrés, feuilles dentées et plissées.

4. Gen. **Carpinus**, L. *Charme.*

1. Esp. C. BETULUS, L., Dc. 181.
Vivace, Avril, Mai.
Fréquemment répandue dans la plaine comme sur les plus hautes sommités du Jura (*Joset, Montandon*).

IVᵉ DIVISION.

DICOTYLÉDONES NUDIFLORES.

6ᵉ CLASSE. **Achlamidées.**

ANALYSE PRATIQUE DES FAMILLES.

IIᵉ SOUS-EMBRANCHEMENT.

MONOCOTYLÉDONES.

I. Étamines et pistils très-visibles et apparens.

1ʳᵉ CLASSE,

Monocotylédones phanérogames.

A. *Ovaire adhérent ou infère.*

Iᵉ SOUS-CLASSE, **SYMPHYSOGYNES**.

ANALYSE PRATIQUE DES FAMILLES.

---

1 Fam. **ORCHIDÉES**, Dc.

I. *Une seule étamine tout-à-fait libre.*

A. Masses de pollen simulant un amas de cire.

a. Souche bulbiforme, feuilles au nombre de deux presque opposées.

1. Gen. **Liparis**, RICH.

† 1. Esp. **L. LOESELII**, RICH.; *Malax id.*, Dc. 172. *Vivace, Mai, Juin.*
Marais spongieux du Jura et du Sundgau : Friedelingen (*Joset*), 1827; Michelfelden, Neudorf (*Mont.*), 1852, 1854.

b. Souche coralliforme articulée, feuilles toutes engainantes.

2. Gen. **Corallorrhiza**, Rich.

† 1. Esp. C. **halleri**, Rich.; *Cymb. id.*, Dc. 173.
Vivace, Juin, Août.

Forêts ombragées du Jura : Ramstein, Passevang, Weissenstein, Delémont, dent de Veau-Lion (*Josel*), 1827.

B. Masses de pollen simulant une poussière farineuse.

   I. Tige à feuilles remplacées par des écailles.

   a. Masses de pollen lobulées et comme pédicellées.

3. Gen. **Epipogium**, Koch.

† 1. Esp. E. **gmelini**, Rich.; *Limod. epip.*, Dc. 173.
Vivace, Juin, Août.

Forêts ombragées du Jura et du Sundgau : Cluse de la Birse, roches Chatillon, Vorbourg (*Josel*), 1829; val de Lucelle (*Montandon*), 1855.

   b. Masses de pollen pulvérulentes.

   * *Tige et écailles d'un rose violacé.*

4. Gen. **Limodorum**, Tournf.

† 1. Esp. L. **abortivum**, L., Dc. 175.
Vivace, Juin, Juillet.

Bois et collines ombragées du Jura et du Sundgau : Sonnenberg, Olsberg, Nyon, Prangins (*Josel*), 1827 ; Mulhouse, val de Lucelle (*Montandon*), 1854.

   ** *Tige et écailles d'un fauve brunâtre.*

5. Gen. **Neottia**, Rich.

† 1. Esp. N. **nidus avis**, Rich.; *Epipactis id.*, Dc. 172.
Vivace, Juin, Juillet.

Se trouve dans les forêts ombragées du Jura et du Sundgau (*Josel, Montandon*).

   II. Tige pourvue de véritables feuilles.

   A. Ovaire contourné en spirale.

6. Gen. **Cephalanthera**, Rich.

   * Ovaire tout pubescent.

† 1. Esp. C. **rubra**, Rich.; *Epip. id.*, Dc. 172.

Vivace, Juin, Juillet.
Disséminée sur les collines du Jura et du Sundgau (*Joset, Montandon*).

    ** Ovaire glabre plus court que les bractées.

† 2. Esp. **C. PALLENS**, Rich.; *Epip. lancifolia*, Dc. 172.
Vivace, Juin, Juillet.
Collines calcaires du Jura et du Sundgau (**Joset, Mont.**).

    *** Ovaire glabre plus long que les bractées.

† 5. Esp. **C. ENSIFOLIA**, Rich.; *Epip. id.*, Dc. 172.
Vivace, Juin, Août.
Mêmes localités, mais moins fréquente que la précédente (*Joset, Montandon*).

    B. Ovaire nullement contourné en spirale.

a. Tablier caché par les lobes latéraux du périgone.
    7. Gen. **Spiranthes**, Rich.
      * Feuilles lancéolées linéaires.

††1. Esp. **S. ÆSTIVALIS**, Rich.; *Neot. id.*, Dc. 171.
Vivace, Juin, Juillet.
Prés humides et marécageux du Jura et du Sundgau : Colombier, Nyon, Orbes, Duilliers, Neuchâtel (*Joset*), 1827; Belfort, Huningue, Neudorf (*Montandon*), 1852, 1855.

    ** Feuilles radicales ovales ou ovales oblongues.

2. Esp. **S. AUTUMNALIS**, Rich.; *Neot. spiralis*, Dc. 171.
Vivace, Juillet, Septembre.
Collines calcaires et argileuses du Jura et du Sundgau : Olsberg, Delémont, Orbes, Allschwiller, Bassecourt (*Joset*); Bonfol, Porrentruy, Huningue, Landskron, Delle, Ferrette, Montbéliard, Mulhouse (*Montandon*), 1825, 1855.

b. Tablier nullement caché par les lobes latéraux du périgone.

    A. Périgone très ouvert, pollen granuleux.
    8. Gen. **Goodyera**, Rob. Brown.

††1. Esp. **G. REPENS**, Rob. Brw.; *Neot. id.*, Dc. 171.
Vivace, Juin, Juillet.

Forêts de sapins du Jura et du Sundgau : Wasserfall, Delémont, Courtatelle, Soleure, Weissenstein, Meltingen, Prisc
Chaillet (*Joset*), 1827 ; Mulhouse, Leymen (*M.*), 1839-1854.

B. Périgone très ouvert, pollen farineux.

* *Gymnostome très allongé.*

9. Gen. **Listera,** Rob. Br.

a. Tablier bifide, feuilles ovales.

1. Esp. L. OVAVA, Rob. Brow.; *Epipactis id.*, Dc. 172.
Vivace, Juin, Août.
Fréquente sur les pâturages du Jura et du Sundgau
(*Joset, Montandon*).

b. Tablier trifide, feuilles en cœur.

††2. Esp. L. CORDATA, R. Br.; *Epip. id.*, Dc. 172.
Vivace, Juin, Juillet.
Forêts humides du Jura : la Gruyère, la Dôle, Chasse-
ral, val de Moutiers, la Ferrière (*Joset*), 1827.

** *Gymnostome très court.*

10. Gen. **Epipactis**, Rich. *Helleborine.*

A. Feuilles ovales dépassant les entre-nœuds.

1. Esp. E. LATIFOLIA, Dc. 172 ; *Serapias id.*, L.
Vivace, Juin, Juillet.
Disséminée dans les forêts ombragées du Jura et du
Sundgau (*Joset, Montandon*).
VAR. forme *viridiflora*, Hoff. Ferrette, Illzach (*Mon-
tandon*), 1851, 1855.
VAR. forme *atrorubens*, Sch. Ferrette (*Montandon*),
1852.
VAR. forme *microphylla*, Ehrh. Oltingen, Lucelle
(*Montandon*), 1851, rare.

B. Feuilles lancéolées, les supérieures plus courtes que
les entre-nœuds.

† 2. Esp. E. PALUSTRIS, Dc. 172 ; *Serap. longifolia*, L.
Vivace, Juin, Juillet.
Prés et pâturages spongieux du Jura et du Sundgau :
Oelsberg, Bellevie, Delémont, Bienne, Soleure, Colombier

(Joset), 1827; Hirsingue , Ruderbach, au Dreieweyer près de Ferrette *(Montandon)*, 1855.

II. *Une seule étamine adhérente au style.*

A. Fruit ou ovaire nullement contourné.

A. *Périgone très ouvert ou étalé en ses lobes.*

11. Gen. **Ophrys**, L. *Ophryde.*

a. Tablier à sommet pourvu d'un appendice.

* Appendice fléchi en-dessus ou supérieurement.

1. Esp. **O. ARACHNITES**, RICH., Dc. 171.
Vivace, Juin, Juillet.
Collines herbeuses et arides du Jura et du Sundgau :
Mœnchenstein, Gundeldingen, Delémont, Genève *(Joset)*,
1827; Kiffis, val de Lucelle, Mulhouse *(Montandon)*, 1852.

** Appendice fléchi en-dessous, caché sous le limbe.

† 2. Esp. **O. APIFERA**, HUDS., Dc. 171.
Vivace, Juin, Juillet.
Collines herbeuses et arides du Jura et du Sundgau :
Gundeldingen, Olsberg, bois des Frères, Genève *(Joset)*,
1827; Huningue, Lucelle, Bâle, Florimont, Illfurth, Por-
rentruy *(Montandon)*, 1852, 1854.

b. Tablier à sommet dépourvu d'appendice.

aa. Tablier divisé en quatre lobes distincts.

5. Esp. **O. MYODES**, SWARTZ., Dc. 170.
Vivace, Juin, Août.
Collines calcaires du Jura et du Sundgau : Olsberg, Delémont, Bienne, Genève, Besançon, Montbéliard *(Joset)*,
1827; val de Lucelle, sur la Croix, Illfurth *(Mont.)*, 1852.

bb. Tablier entier de forme orbiculaire.

†† 4. Esp. **O. PSEUDOSPECULUM**, Dc. *Fl. f.* v. 332.
Vivace, Juin, Juillet.
Collines calcaires de Besançon *(Joset)*, 1827.

cc. Tablier entier affectant la forme d'un œuf renversé.

† 5. Esp. **O. ARANIFERA**, HUDS., Dc. 171.

21

Vivace, Juin, Juillet.

Collines herbeuses du Jura et du Sundgau : Cressier, Landeron, Genève (*Josel*), 1827; Montbéliard, Ferrette, Illfurt, Altkirch, Porrentruy, Delle (*Mont.*), 1851, 1855.

B. *Périgone presque en forme de clochette.*

12. Gen. **Nigritella**, RICH.

†† 1. Esp. N. ANGUSTIFOLIA, RICH.; *Oph. nigra*, Dc. 170. *Vivace, Juin, Août.*

Sommités gramineuses du Jura : Chasseral, Weissenstein, le Reculet (*Josel*), 1827.

VAR. forme *suaveolens*, KOCH. La Dôle (*Josel*), 1827.

B. Fruit ou ovaire tout-à-fait contourné.

A. *Périgone dépourvu d'éperon à sa base.*

A. Masses de pollen renfermées dans une bursicule.

13. Gen. **Aceras**, ROB. BR.

† 1. Esp. A. ANTROPOPHORA, RICH.; *Oph. id.*, Dc. 170. *Vivace, Juin, Juillet.*

Collines arides du Jura et du Sundgau : Grentzach, Geisfluh, Bienne, Neuchâtel, Besançon (*Josel*), 1827; Lucelle, Oltingen, Beaucourt (*Montandon*), 1855.

B. Masses de pollen non renfermées dans une bursicule.

14. Gen. **Herminium**, ROB. BR.

† 1. Esp. H. MONORCHIS, ROB. BR.; *Oph. id.*, Dc. 170. *Vivace, Juin, Août.*

Pâturages argileux du Jura et du Sundgau : Soleure, Wasserfall (*Josel*), 1827; Bâle, Porrentruy, Delle, Oltingen, Lucelle, Mulhouse, Croix, St. Dizier (*Mont.*), 1850, 1855.

B. *Périgone pourvu d'un éperon vers sa base.*

I. *Pollen non renfermé dans une bursicule.*

a. Anthères à loges renfermées dans une bursicule.

15. Gen. **Orchis**, L. *Orchis.*

I. Tubercules divisés ou palmés.

A. Fleurs d'un lilas clair, varié de pourpre.

1. Esp. O. NEMOROSA, NOB.; *O. maculata*, Dc. 170.

Vivace, Avril, Juin.
Forêts humides et gramineuses du Jura et du Sundgau (*Josel, Montandon*).

B. Fleurs roses pourpres ou tout-à-fait purpurines.

* Feuilles dressées toutes parallèles à la tige.

†† 2. Esp. **O. ANGUSTIFOLIA**, Wim.; *O. incarnata*, L.
Vivace, Juin, Août.
Prés humides du Jura et du Sundgau : Epagnier (*Josel*), 1827 ; Delle (*Montandon*), 1852.

** Feuilles toutes étalées sur la tige.

5. Esp. **O. LATIFOLIA**, L., Dc. 170.
Vivace, Juin, Juillet.
Fréquente dans les prés humides du Jura et du Sundgau (*Josel, Montandon*).

II. Tubercules entiers ou légèrement à deux lobes.

A. Tubercules à deux lobes peu prononcés.

†† 4. Esp. **O. SAMBUCINA**, L., Dc. 170.
Vivace, Juin, Juillet.
Dans les montagnes du Jura et du Sundgau : la Dôle (*Josel*), 1828 ; Rechésy (*Montandon*). 1852.

B. Tubercules nullement lobés, mais très entiers.

A. *Bractées à trois ou plusieurs nervures.*

a. Divisions du périgone réunies en casque obtus.
5. Esp. **O. MORIO**, L., Dc. 169.
Vivace, Juin, Juillet.
Fréquente dans les prés, les pâturages et les lieux vagues du Jura et du Sundgau (*Josel, Montandon*).

b. Divisions nullement réunies ou connivéntes.

* Bractées se composant de trois à cinq nervures.

†† 6. Esp. **O. PALUSTRIS**, Jacq.; *O. laxiflora*, Dc. 169.
Vivace, Juin, Juillet.
Prés humides du Jura et du Sundgau : Dornach, Loquiat, Duilliers, Yverdun (*Josel*), 1827 ; Bruderholz, Delle (*Montandon*), 1852.

** Bractées marquées le plus souvent d'une seule nervure, rarement trois.

7. Esp. O. MASCULA, L., Dc. 169.
Vivace, Juin, Août.
Dans les prés et sur les pâturages ombragés du Jura et du Sundgau (*Joset, Montandon*).

B. *Bractées marquées d'une seule nervure.*

a. Tablier à trois lobes ou légères divisions.

* Labelle ou tablier à trois lobes prononcés.

Voy. *O. mascula*, L., page 296, n° 7.

** Labelle ou tablier à divisions moyennes échancrées.

† **8. Esp. O. GLOBOSA, L., Dc. 168.**
Vivace, Juin, Juillet.
Pâturages et prés montueux du Jura et du Sundgau : Passevang, Wasserfall, le Vogelberg, Weissenstein (*Joset*), 1827 ; Chasseral, Lucelle, au Lœwenbourg, Porrentruy, Ermont (*Montandon*), 1856, 1851.

*** Labelle ou tablier à divisions moyennes entières.

† **9. Esp. O. CORIOPHORA', L., Dc. 168.**
Vivace, Juin, Août.
Pâturages humides du Jura : Boudry, Genève, Epagnier, Montbéliard (*Joset*), 1827 ; Lauffon, Delle, Boncourt, Illfurth, Bâle, Tagolsheim, Ferrette, Sondersdorf (*Montandon*), 1850, 1854.

b. Tablier à trois divisions ou lanières profondes.

aa. Bractées égalant la moitié de l'ovaire ou du fruit.

10. Esp. O. USTULATA, L., Dc. 169.
Vivace, Juin, Juillet.
Pâturages et collines calcaires du Jura et du Sundgau (*Joset, Montandon*).

bb. Bractées beaucoup plus courtes que l'ovaire ou le fruit.

* Tablier à divisons moyennes en œuf renversé.

† **11. Esp. O. FUSCA, JACQ., KOCH 486.**
Vivace, Juin, Juillet.

Pâturages boisés du Jura et du Sundgau : Grentzach
Genève, Muttenz (*Joset*), 1827 ; Illfurth, Delle (*Montandon*)
1852.

** Tablier à divisions moyennes dilatées, bifides.

12. Esp. o. **MILITARIS**, L., Dc. 169; *O. cinerea*, Schk.
Vivace, Juin, Juillet.
Collines boisées du Jura et du Sundgau (*Joset, Mont.*)

*** Tablier à divisions moyennes aussi étroites que les divisions latérales.

† 15. Esp. o. **SIMIA**, L., Dc. 169.
Vivace, Juin, Juillet.
Collines calcaires du Jura et du Sundgau : Promenthoux,
Genève (*Joset*), 1827 ; Michelfelden, Westhalten (*Montandon*), 1851, 1855.

b. Anthères à loges manquant de bursicule.
* *Tablier ayant le sommet à trois dents.*
16. Gen. **Habenaria**, R. Brw.
† 1. Esp. H. **VIRIDIS**, Rich. ; *Orch id.*, Dc. 170.
Vivace, Juin, Juillet.
Pâturages humides du Jura et du Sundgau (*Joset, Mont.*)

** *Tablier linéaire très entier.*
17. Gen. **Platanthera**, Rich.
* Anthères à lobes rapprochés parallèles.

1. Esp. P. **BIFOLIA**, Rich. ; *Orch. id.*, Dc. 168.
Vivace, Juin, Août.
Prés et bois montueux du Jura et du Sundgau (*Joset, Montandon*).

** Anthères à lobes éloignés et divergens.

†† 2. Esp. P. **CHLORANTHA**, Cust., Koch 491.
Vivace, Juin, Juillet.
Mêmes localités : au Mail, à Bâle, Neuchâtel, Nyon,
la Dôle (*Joset*), 1827 ; Cernay, Riespach, Nieder-Hagenthal
(*Montandon*), 1855.

II. *Pollen renfermé dans une bursicule.*

a. Staminode presque en massue.

18. Gen. **Anacamptis**, Rich.

† 1. Esp. A. PYRAMIDALIS, Rich.; *Orch. id.*, Dc. 168. *Vivace, Juin, Juillet.*

Collines arides du Jura et du Sundgau : Muttenz, Schaf-matt, Soleure, Delémont, Prangins. Genève (*Joset*), 1827; Porrentruy, Delle, Florimont, Mulhouse, Boncourt, Fer-rette, Lucelle, Montbéliard, Chevenez, Fahy (*Mont.*), 1851.

b. Staminode très petit et très obtus.

a. Retinacles soudés.

19. **Loroglossum**, Rich.

†† 1. Esp. L. HIRCINUM. Rich.; *Orch. hircina*, Dc. 169. *Vivace, Juin, Juillet.*

Collines chaudes et arides du Jura et du Sundgau : Grentzach, Bienne, Prangins, Besançon, Chapelle-des-bois (*Joset*), 1827; Illfurt. Ferrette, Mulhouse, Allanjoie (*Montandon*), 1840, 1854.

b. Retinacles tout-à-fait libres.

20. Gen. **Gymnadenia**, Rich.

* Éperon trois fois plus court que l'ovaire.

† 1. Esp. G. ALBIDA, Rich.; *Orch. id.*, Dc. 170. *Vivace, Juin, Juillet.*

Pâturages élevés du Jura et du Sundgau : Schafmatt, Weissenstein, Chasseral, Chasseron, la Dôle, le Reculet (*Joset*), 1827; Oltingen (*Montandon*), 1853.

** Éperon environ de la longueur de l'ovaire.

† 2. Esp. G. ODORATISSIMA, Rich.; *Orch. id.*, Dc. 170. *Vivace, Juin, Juillet.*

Prés montueux du Jura et du Sundgau : Grentzach, Bellevie, Hasenmatt, Wasserfall, la Dôle (*Joset*), 1827; Riespach, Willer, Vezelois, Ermont, Michelfelden (*Montandon*), 1852, 1855.

*** Éperon deux fois plus long que l'ovaire.

5. Esp. G. CONOPSEA, Rich.; *Orch. id.*, Dc. 170.

Vivace, Juin, Juillet.
Fréquente dans les prés et sur les pâturages du Jura et du Sundgau (*Joset, Montandon*).

III. *Deux étamines très distinctes les unes des autres.*

21. Gen. **Cypripedium**, L.

† 1. Esp. **c. calceolus**, L., Dc. 175. *Sabot de Vénus.*
Vivace, Juin, Juillet.
Prés ombragés des montagnes du Jura : val de Ruz, Romain-Moutier, Creux-du-Van (*Joset*), 1827; Wahlenbourg, Rehhag, Ankenballenflüh (*Montandon*), 1855.

2. Fam. **IRIDÉES**, Dc.

A. *Souche horizontale rameuse et charnue.*

1. Gen. **Iris**, L.

a. Divisions extérieures du périgone barbues.

† 1. Esp. **i. germanica**, L., Dc. 167.
Vivace, Mai, Juin.
Rochers et collines arides du Jura et du Sundgau : Delémont, Pierrefontaine, Mœnchenstein, Pontarlier, Bienne (*Joset*), 1827; St-Ursanne, Ferrette, Tagolsheim (*M.*), 1852.

b. Divisions extérieures du périgone non barbues.

aa. Fleurs d'un beau jaune.

2. Esp. **i. pseudo-acorus**, L., Dc. 167.
Vivace, Juin, Juillet.
Marais et bord des eaux du Jura et du Sundgau (*Joset, Montandon*).

bb. Fleurs bleuâtres parfois un peu bariolées.

* Feuilles simulant un glaive, odeur forte.

† 3. Esp. **i. foetidissima**, L., Dc. 167.
Vivace, Juin, Juillet.
Bois humides du Jura : Salins, Arbois (*Joset*), 1827.

** Feuilles linéaires allongées, odeur nulle.

† 4. Esp. **i. pratensis**, Dc. 167; *I. sibirica*, L.

Vivace, Juin, Juillet.
Prés spongieux du Jura et du Sundgau : val de Joux,
Danvan, Pierrefontaine (*Joset*), 1829 ; Michelfelden (*Montandon*), 1851.

B. *Souche bulbiforme, tige manifestement feuillée.*

2. Gen. **Gladiolus**, L. *Glayeul.*

† 1. Esp. G. PALUSTRIS, GAUD., KOCH 497.
Vivace, Juillet, Août.
Pâturages humides du Jura : Genève (*Joset*), 1827.

C. *Souche bulbiforme, tige paraissant ne pas exister.*

3. Gen. **Crocus**, L. *Safran.*

† 1. Esp. C. VERNUS, L., Dc. 168.
Vivace, Avril, Mai.
Pâturages du Jura et du Sundgau : Porrentruy, Villars-
sur-Fontenais (*Joset*) , 1829 ; Montbéliard, Delle, Belfort,
St.-Dizier, Lucelle (*Montandon*), 1857, 1854.

3. Fam. **AMARYLLIDÉES**, Dc.

A. *Coronule tubuleux ou en godet.*

1. Gen. **Narcissus**, L. *Narcisse.*

a. Coronule tubuleux, périanthe d'un beau jaune.

† 1. Esp. N. PSEUDO-NARCISSUS, L., Dc. 165.
Vivace, Mai, Juin.
Pâturages du Jura : Liestall, Arlesheim, Delémont. Soleure, Chasseral (*Joset*), 1827 ; Bressaucourt, Montbéliard,
la Croix (*Montandon*). 1830, 1851.

b. Coronule en godet, périanthe d'un beau blanc.

† 2. Esp. N. POETICUS, L., Dc. 165.
Vivace, Mai, Juin.
Prés du Jura : Delémont, Pierrefontaine, la Dôle, Creux-
du-Van, Nyon, Pontarlier (*Joset*), 1827 ; Danvan, Roches-
d'Or (*Montandon*), 1827.
VAR. forme *incomparabilis*, Dc.; *Fl. f.* v. 321. Mont-
béliard, buttes Gassner près de Belfort, bois Boiron,
Sarconex, Genève (*Joset, Montandon*), 1827, 1852, rare.

B. *Coronule nul, périanthe campanulé à six segments libres.*

a. Segments périanthiques inégaux, trois plus courts.

2. Gen. **Galanthus**, L. *Galantine.*

†† 1. Esp. G. NIVALIS, L., Dc. 166.

Collines calcaires du Jura : rochers de Vorbourg, Soleure, Trelex, Moron, Nyon (*Joset*), 1827 ; Lauffon, Delémont (*Montandon*), 1855.

b. Segments périanthiques égaux et de même longueur.

3. Gen. **Leucoium**, L. *Nivéole.*

* Hampe à une seule fleur.

† 1. Esp. L. VERNUM, L., Dc. 166.

Vivace, Mars, Avril.

Collines ombragées du Jura et du Sundgau : Delémont, Liestall, Soleure, Besançon, Nyon (*Joset*), 1827 ; Oberdorf, Ferrette, Riespach, Porrentruy, Saint-Dizier, Bas-des-fonds (*Montandon*), 1850, 1855.

** Hampe à plusieurs fleurs.

†† 2. Esp. L. ÆSTIVUM, L., Dc. 166.

Vivace, Mai, Juin.

Prairies du Sundgau : Delle, Montreux-Château, aux Breuleux (*Montandon*), 1848.

4. Fam. DIOSCORÉES, Dc.

1. Gen. **Tamus**, L. *Tamme.*

1. Esp. T. RACEMOSA, Nob. ; *T. communis*, L., Dc. 155.

Vivace, Mai, Juin.

Bois et lieux couverts du Jura et du Sundgau : Porrentruy, Boncourt, Milandre, Huningue, Montbéliard, au Heidenwyl près de Ferrette, Roppentzwiller (*Joset, Montandon*), 1850, 1852.

5. Fam. HYDROCHARIDÉES, Dc.

1. Gen. **Hydrocharis**, L.

†† 1. Esp. H. MORSUSRANÆ, L., Dc. 173.

Vivace, Juin, Juillet.

Fossés aquatiques du Jura et du Sundgau : val de Lauffon (*Joset*) 1827. Michelfelden (*Montandon*), 1852.

B. *Ovaire libre ou supère.*

IIᵉ SOUS-CLASSE, **ÉLEUTHÉROGYNES.**

ANALYSE PRATIQUE DES FAMILLES.

12. { *Enveloppe* florale nulle. POTAMOGÉTACÉES, p. 504.
{ *Enveloppe* florale existante 15

13. { *Fleurs* renfermées dans une feuille spathe.
{   AROIDÉES, p. 509.
{ *Fleurs* nullement entourées de spathe . . . 14

14. { *Une* à quatre étamines. POTAMOGÉTACÉES,
{   p. 304.
{ *Six* étamines. JONCAGINÉES, p. 504.

15. { *Un* seul ovaire 16
{ *Plusieurs* ovaires 18

16. { *Fleurs* munies d'une enveloppe florale . . . 17
{ *Fleurs* nues. NAIADÉES, p. 308.

17. { *Enveloppe* florale colorée. ASPARAGÉES, p. 510.
{ *Enveloppe* florale soyeuse ou écailleuse.
{   TYPHACÉES, p. 525.

18. { *Une* Spathe. AROIDÉES, p. 509.
{ *Spathe* nulle 19

19. { *Ovaires* stipités. POTAMOGÉTACÉES, p. 504.
{ *Ovaires* sessiles 20

20. { *Carpelles* indéfinis, reposant sur un réceptacle
{   globuleux. ALISMACÉES, p. 505.
{ *Carpelles* peu nombreux, nullement placés sur
{   un réceptacle globuleux. COLCHICACÉES, p. 512.

---

1. Fam. **ALISMACÉES**, Dc.

I. *Plantes à fleurs hermaphrodites.*

1. Gen. **Alisma**, L. *Fluteau.*

A. Fleurs en panicule rameuse.

1. Esp A. **PLANTAGO**, L., Dc. 156.
Vivace, Juin, Juillet.
Fossés aquatiques du Jura et du Sundgau (*Josel, Mont.*)
VAR. forme *lanceolatum*, NOB. Bonfol (*Mont.*), 1852.

B. Fleurs en ombelle simple.

† 2. Esp. A. **RANUNCULOIDES**, L., Dc. 157.
Vivace, Juin, Juillet.
Lac de Neuchâtel, Yverdun (*Josel*), 1827.

11. *Plantes à fleurs monoïques.*

2. Gen. **Sagitaria**, L., *Sagitaire.*

† 1. Esp. s. SAGITIFOLIA, L., Dc. 157.
Vivace, Juin, Juillet.
Les eaux stagnantes du Jura et du Sundgau : Nyon,
Landeron (*Joset*), 1827 ; Bonfol, Michelfelden, Porrentruy,
Ferrette, Delle, Bisel, Belfort, Neuweg (*M*)., 1852, 1854.

2. Fam. BUTOMÉES, Dc.

1. Gen. **Butomus**, L. *Butome.*

† 1. Esp. B. UMBELLATUS, L., Dc. 157.
Vivace, Juin, Juillet.
Se rencontre dans les eaux tranquilles du Jura et du
Sundgau : Michelfelden, Grosne, Mulhouse, Ensisheim
(*Montandon*), 1852, 1854.

3. Fam. JONCAGINÉES, Dc.

A. Feuilles graminoïdes longuement engainantes.

1. Gen. **Scheuzeria**, L.

†† 1. Esp. s. PALUSTRIS, L., Dc. 157.
Vivace, Juin, Juillet.
Marais tourbeux du Jura : la Gruyère, lac St. Point,
Delémont (*Joset*), 1827.

B. Feuilles jonciformes toutes radicales.

2. Gen. **Triglochin**, L. *Trocart.*

† 1. Esp. T. PALUSTRE, L., Dc. 157.
Vivace, Mai, Juin.
Se trouve disséminée dans les marais spongieux du
Jura et du Sundgau : Wasserfall, Bellerive, val de Ruz,
de Travers, Porrentruy (*Joset*), 1827 ; Michelfelden, Delle,
Mulhouse, Delémont (*Montandon*), 1827, 1855.

4. Fam. POTAMOGÉTACÉES, Lck.

A. *Fleurs monoïques ou unisexuelles.*

1. Gen. **Zanichellia**, Lem.

†† 1. Esp. z. PALUSTRIS, L., Dc. 155.

Vivace, Juin, Juillet.

Se rencontre rarement dans les ruisseaux et les étangs du Jura et du Sundgau : Rheinfelden , Genève (*Joset*) , 1827; Delle, étang Fourchée, Huningue (*Mont.*), 1851.

B. *Fleurs hermaphrodites.*

2. Gen. **Potamogeton**, L. *Potamot.*

I. Feuilles toutes opposées pellucides.

1. Esp. **P. DENSUM** , L., Dc. 156.

Vivace, Mai, Juin.

Se rencontre dans les rivières, les étangs et les fosses aquatiques du Jura et du Sundgau (*Joset, Montandon*).

II. Feuilles inférieures toutes alternes.

A. *Plantes à feuilles supérieures nageantes.*

a. Feuilles larges ou lancéolées.

aa. Feuilles pétiolées, rudes au toucher.

2. Esp. **P. LUCENS**, L. , Dc. 156.

Vivace, Juin, Juillet.

Dans les eaux stagnantes du Jura et du Sundgau : Landeron, Bienne, Neuchâtel, la Wiese (*Joset*), 1827 ; Michelfelden, Mulhouse (*Montandon*), 1851 , 1854.

bb. Feuilles toutes sessiles.

* Feuilles embrassantes à bords rudes.

3. Esp. **P. PERFOLIATUM** , L., Dc. 156.
Vivace, Juin, Juillet.
Fréquente dans les étangs et les eaux stagnantes du Jura et du Sundgau (*Joset, Montandon*).

** Feuilles à bords ondulés crépus.

4. Esp. **P. LACTUCACEUM** , Nob. ; *P. crispum*, L., Dc. 156.
Vivace, Juin, Juillet.
Fréquente dans les eaux stagnantes du Jura et du Sundgau (*Joset, Montandon*).

b. Feuilles linéaires ou graminoïdes.

a. Feuilles s'engainant l'une l'autre.

† 5. Esp. **p. marinum**, Gmel.; *P. pectinatum*, Dc. 156.
Vivace, Juin, Juillet.
Dans les eaux courantes du Jura : Promenthoux, Nyon,
Versoix, le Doubs, Neuwelt *(Josel)*, 1827; Bourogne *(Montandon)*, 1854.

b. Feuilles nullement engainantes.

aa. Épis de dix à quinze fleurs.

† 6. Esp. **p. zosterifolium**, Schkr.; *P. compressum*,
L., Dc. 156.
Vivace, Juin, Juillet.
Eaux stagnantes du Jura et du Sundgau : la Brevine,
Muttenz *(Josel)*, 1827; Michelfelden, Neudorf, Fèche
l'Église, Froide-fontaine *(Montandon)*, 1852.

bb. Épis de quatre à huit fleurs.

˙ Pédoncules plus longs que l'épi.

† 7. Esp. **p. pussillum**, L., Dc. 156.
Vivace, Juin, Juillet.
Eaux stagnantes du Jura et du Sundgau : Promenthoux,
bord de la Reuss *(Josel)*, 1829; Michelfelden, Bonfol, Delémont, Delle *(Montandon)*, 1851, 1854.

** Pédoncules égalant l'épi.

† 8. Esp. **p. obtusifolium**, Koch 482; *P. gramineum*,
Dc. 156.
Vivace, Juin, Juillet.
Marais et prés inondés du Jura : Étaliers *(Josel)*, 1827.
Var. forme *acutifolium*, Koch. Mulhouse *(Mont.)*, 1854.
Var. forme *œderi*, Nob. Kembs *(Montandon)*, 1854.
Var. forme *tenuissimum*, Koch. Delle *(Montand.)*, 1852.

B. *Plantes toutes ou presque toutes submergées.*
a. Feuilles florales semblables aux caulinaires.
aa. Feuilles toutes portées sur un pétiole.

†† 9. Esp. **p. plantagineum**, Koch 480.
Vivace, Juin, Juillet.

Eaux stagnantes du Jura et du Sundgau: Nyon , Duilliers (*Joset*), 1827; Montbéliard, Hirsingue (*Montandon*), 1854.

bb. Feuilles submergées toutes sessiles.

* Tige très simple.

††.10. Esp. **P. OBSCURUM**, Dc.; *P. rufescens*, **SCHRD.**
Vivace, Juin, Août.
Eaux stagnantes du Jura et du Sundgau : la Brevine, les Rousses (*Joset*), 1829; Montbéliard, Montreux-le-vieux (*Montandon*), 1851, rare.

** Tige très ramifiée.

† 11. Esp. **P HETEROPHYLLUM**, **SCHREB.**, Dc. 156.
Vivace, Juin, Septembre.
Eaux tranquilles du Jura et du Sundgau : la Reuss , la Brevine, Nyon, Genthod. Bellerive (*Joset*), 1827; Michelfelden, Huningue, étang Fourchée (*Montandon*), 1852.

VAR. forme *homoiophyllum*, REICHB. Neudorf (*Montd.*), 1854, rare.

b. Feuilles florales coriaces et nageantes.

* Pétiole convexe vers sa partie supérieure.

12. Esp. **P. FLUITANS**, KOCH, Dc. 156.
Vivace, Juillet, Août.
Se rencontre dans les eaux stagnantes et les étangs du Jura et du Sundgau: Arlesheim (*Joset*), 1829; Grandvillars (*Montandon*). 1854.

VAR. forme *spathulatum*. REICHB. Illfurt (*M.*), 1854.
VAR. forme *polygonifolium*, POIR Seppois (*Montandon*), 1854.

** Pétiole plane sillonné supérieurement.

13. Esp. **P. NATANS**. L., Dc. 156.
Vivace, Juillet, Août.
Dans les eaux stagnantes et tranquilles du Jura et du Sundgau : la Gruyère, la Brevine (*Joset*), 1827; Montbéliard, Besançon, Michelfelden (*Montandon*), 1852.

5. Fam. **NAIADÉES**, Dc.

1. Gen. **Caulinia**, Wild.

1. Esp. **C. FRAGILIS**, Wild.; *Naias minor*, Dc. 119.
Vivace, Juin, Juillet.
Dans les eaux profondes du Jura : Nyon (*Joset*), 1827.

6. Fam. **LEMNACÉES**, Dc.

A. Frondes petites, orbiculaires, planes sur les deux faces.

1. Gen. **Lenticularia**, Mich. *Lentille d'eau.*

1. Esp. **L. MONORHIZA**, Nob.; *Lemna minor*, Dc. 119.
Annuelle, Juillet.
Dans les eaux tranquilles du Jura et du Sundgau, très répandue (*Joset, Montandon*).

B. Frondes spéciales oblongues spatulées comme atténuées.

2. Gen. **Staurogeton**, Reichb.

1. Esp. **S. TRISULCUM**, Nob.; *Lem. id.*, L., Dc. 119.
Vivace, Juin, Juillet.
Dans les eaux stagnantes du Jura et du Sundgau : Promenthoux, Cressier, Delémont (*Joset*), 1827; Bonfol, Michelfelden, Mulhouse (*Montandon*), 1852.

C. Frondes orbiculaires à face inférieure gibboso-convexe.

3. Gen. **Telmatophace**, Schld.
* Fibrile radicale solitaire.

1. Esp. **T. GIBBOSA**, Nob.; *Lem. id.*, Dc. 119.
Annuelle, Juin, Juillet.
Dans les eaux tranquilles du Jura et du Sundgau, plus rare que n° 2 (*Joset, Montandon*).

** Fibrille radicale tout-à-fait nulle.

2. Esp. **T. ARHIZA**, Nob.; *Lem. id.*, Dc. 119.
Annuelle, Juin, Juillet.

En société avec la *gibbosa* mais plus rare : Michelfelden (*Montandon*), 1854.

D. Frondes presque orbiculaires comme palmatinervées.

4. Gen. **Spirodela,** SCHLD.

† 1. Esp. s. ATROPURPUREA, NOB.; *L. polyrhiza*, Dc.119. *Vivace, Juin, Juillet.*
Eaux stagnantes et tranquilles du Jura et du Sundgau : Genève, Promenthoux (*Joset*), 1829; Bonfol, Neudorf, Mulhouse (*Montandon*), 1854.

7. Fam. **AROIDÉES,** Dc.

I. *Fleurs sans périgone renfermées dans une spathe.*

a. Spathe fendue jusqu'à la base , à bords convolutés.

1. Gen. **Arum,** L. *Gouet.*

1. Esp. A. VULGARE , Dc. 149 ; *A. maculatum*, L. *Vivace, Mai, Juillet.*
Fréquente dans les bois couverts du Jura et du Sundgau (*Joset, Montandon*).

b. Spathe très ouverte, étalée.

2. Gen. **Dracunculus,** LIND.; *Calla*, L. *Anguine.*

††1. Esp. D. PALUDOSUS, NOB.; *C. palustris*, Dc.149. *Vivace, Juillet, Août.*
Se rencontre dans les marais spongieux du Jura : val de Joux, Bois d'Aunan (*Joset*), 1827.

II. *Fleurs pourvues d'un périgone à six divisions.*

3. Gen. **Calamus,** MAPP.; *Acorus*, L. *Acore.*

† 1. Esp. C. AROMATICUS, CB.; *A. calamus*, Dc. 130. *Vivace, Juin, Août.*
Dans les eaux stagnantes et sur le bord des étangs du Jura et du Sundgau : Longirod , la Brevine, Bécourt, Delémont (*Joset*), 1827; Michelfelden, Bonfol, Porrentruy, Belfort, Delle, Montbéliard, Huningue (*Mont.*), 1852, 1854.

22

8. Fam. ASPARAGÉES, Dc.

I. *Fleurs dioïques ou à sexes séparés.*

a. Feuilles filiformes ou rameaux capillaires.

1. Gen. Asparagus, L. *Asperge.*

† 1. Esp. A. SYLVESTRIS, Nob. ; *A. officinalis*, Dc. 153.
Vivace, Juillet, Août.
Dans les sables du Rhin près de Neudorf (*Mont*), 1854.

b. Feuilles ovales ou ovales-lancéolées.

2. Gen. Ruscus, L. *Fragon.*

†† 1. Esp. R. ACULEATUS, L., Dc. 155.
Vivace, Mars, Avril.
Fort de l'Écluse, Besançon (*Joset*), 1827.

II. *Fleurs hermaphrodites ou à sexes réunis.*

A. Quatre à huit étamines.

˙ *Deux feuilles sur la tige, quatre étamines.*

3. Gen. Majanthemum, Dc.

† 1. Esp. M. SMILACINUM, Nob. ; *M. bifolium*, Dc. 154.
Vivace, Mai, Juillet.
Se rencontre dans les forêts ombragées du Jura et du
Sundgau : Muttenz, Delémont, Mœnchenstein, la Dôle
(*Joset*), 1827 ; Delle, Grosne, forêts Belin, Ferrette, Allan-
joie (*Montandon*), 1852, 1854.

** *Quatre feuilles en croix, huit étamines.*

4. Gen. Paris, L. *Parisette.*

1. Esp. P. QUADRIFOLIA, L., Dc. 154.
Fréquente dans les forêts ombragées du Jura et du Sundgau (*Joset, Montandon*).

B. Six étamines dans la fleur.

a. *Feuilles alternes ou en verticilles.*

aa. Feuilles en verticilles ou autour de la tige.

5. Gen. Sigillum, Trag.

† 1. Esp. S. VERTICILLATUM, Nob. ; *Conv. id.*, Dc. 154.

Vivace, Juin, Juillet.
Bois du Jura et du Sundgau : Porrentruy (*Joset*), 1819 ;
val de Lucelle (*Montandon*), 1853.

bb. Feuilles amplexicaules ou un peu pétiolées.

* *Tige flexueuse, baies rouges.*

6. Gen. **Uvularia**, HALL.

††1. Esp. **u.** **AMPLEXIFOLIA**, NOB.; *Strep. id.*, Dc. 154.
Vivace, Juin, Juillet.
Se rencontre dans les ravins élevés du Jura : Valanvron,
Fleurier, la Dôle, Combe Biosse, la Cornée (*Joset*), 1827.

** *Tige courbée en arc, baies bleuâtres.*

7. Gen. **Polygonatum**, CORD.

a. Tiges anguleuses, striées, ancipitées.

1. Esp. **p.** **ANGULOSUM**, CORD.; *Conv. polygon.*, Dc.
154.
Vivace, Mai, Juin.
Coteaux arides du Jura et du Sundgau (*Joset, Montd*).

b. Tiges cylindriques, penchées et arquées.

2. Esp. **p.** **SALOMONIS**, NOB.; *Conv. multiflora*, Dc.
154.
Vivace, Mai, Juin.
Bois et ravins ombragés du Jura et du Sundgau (*Joset,
Montandon*).

b. *Feuilles sortant toutes de la racine.*

8. Gen. **Convallaria**, L. *Muguet.*

1. Esp. **c.** **MAJALIS**, L., Dc. 154.
Vivace, Mai, Juin.
Répandue sur les collines arides et couvertes du Jura
et du Sundgau (*Joset, Montandon*).

9. Fam. COLCHICACÉES, Dc.

I. *Plantes à fleurs polygames.*

1. Gen. **Veratrum**, L. *Vératre.*

†† 1. Esp. v. ALBUM, L., Dc. 158.
Vivace, Juin, Juillet.
Se rencontre sur les pâturages élevés du Jura : Weissenstein, St. Ursanne, aux Rangiers (*Joset*) ; la Ferrière, Roche d'or, Pierrefontaine, sur la Croix (*Mont.*), 1837.

VAR. forme *M. lobelianum*, BERNH. Charquemont ⁏ (*Montandon*), 1850.

II. *Plantes à fleurs hermaphrodites.*

a. Périanthe coloré, en entonnoir.

2. Gen. **Colchicum**, L. *Colchique.*

1. Esp. C. AUTUMNALE, L., Dc. 158.
Vivace, Septembre, Octobre.
Commune dans tous les prés du Jura et du Sundgau ⁏ (*Joset, Montandon*).

b. Périanthe à six pièces bisériées, pétaloïdes.

3. Gen. **Hebelia**, GMEL.

†† 1. Esp. H. CALYCULATA, GMEL.; *Tolfiedia id.*, Dc. 158. ⁏
Vivace, Juin, Juillet.
Les endroits tourbeux des montagnes du Jura et du Sundgau : Weissenstein (*Joset*), 1827; Petit-Lucelle à Kipperwald, Mulhouse, Landser, Grentzach, Altkirch, Ferrette, ⁏ Zillisheim, Illfurth (*Montandon*), 1848, 1852.

10. Fam. LILIACÉES, Dc.

I. *Périgone d'une seule pièce, divisé ou denté.*

a. Tube court, ovale ou presque ovale, denté, globuleux. ⁏

1. Gen. **Muscari**, TOURNF.

A. Fleurs supérieures stériles, formant une touffe
distincte de la grappe.

† 1. Esp. M. COMOSUM, L., Dc. 161.

Vivace, Mai, Juin.

Se rencontre dans les champs et les endroits cultivés du Jura et du Sundgau : près de Grentzach, Boudry (*Joset*), 1849; Uffheim (*Montandon*) ,1850.

B. Fleurs supérieures ne formant pas de touffe.

* Grappe courte, ovoïde serrée, fleurs odorantes.

2. Esp. **M. ODORATUM**, Nob.; *M. racemosum*, Dc. 161.
Vivace, Mai, Juin.
Champs et vignes du Jura et du Sundgau : Mulhouse, Porrentruy, Delémont, Ferrette, Illfurth (*Joset, Montand.*).

** Grappes laches, fleurs inférieures écartées, inodores.

† 5. Esp. **M. INODORUM**, Nob.; *M. botryoides*, Dc. 161.
Vivace, Mai, Juin.
Dans les prairies gramineuses du Jura et du Sundgau : Bienne, Besançon, Montbéliard, Soleure (*Joset*), 1827; Ottmarsheim, Ensisheim, Mulhouse, Ferrette (*Mont.*), 1852.

b. Tube d'une seule pièce cylindrique, divisé au sommet.

2. Gen. **Hemerocallis**, L.' *Hémerocalle.*

† 1. Esp. **H. FULVA**, L., Dc. 160.
Vivace, Juin, Juillet.
Le long des fossés du Jura : Soleure (*Joset*), 1827; Montbéliard (*Montandon*), 1851.

II. *Périgone à six divisions très profondes.*

A. *Semences orbiculaires déprimées.*

a. Glandes nectarifères manquant totalement.

3. Gen. **Tulipa**, L. *Tulipe.*

†† 1. Esp. **T. SYLVESTRIS**, L., Dc. 159.
Vivace, Mai, Juin.
Se rencontre disséminée dans les champs et les vignes du Jura et du Sundgau : Muttenz, Nyon, Beaume (*Joset*), 1827; Bressaucourt, Bâle, Montbéliard, Illfurth, Mulhouse, St.-Louis (*Montandon*), 1850, 1854.

b. Glandes nectarifères sur les divisions du périgone.

a. Glandes nectarifères en fossettes.

4. Gen. **Fritillaria**, L. *Fritillaire.*

†† 1. Esp. F. MELEAGRIS, L., Dc. 159.
Vivace, Mai, Juin.
Se rencontre dans les prés humides du Jura : à Goude-
bat près des Brenets, au Locle, au Bief-de-Toz, Pontarlier *(Joset)*, 1822.

b. Glandes nectarifères en sillons longitudinaux.

5. Gen. **Lilium**, L. *Lys.*

* Feuilles éparses sur la tige.

†† 1. Esp. L. BULBIFERUM, ·L., Dc. 160.
Vivace, Juin, Juillet.
Dans les endroits ombragés du Jura : Roches de Cres-
sier, Loquiat *(Joset)*, 1827.

** Feuilles disposées en verticilles.

†† 2. Esp. L. MARTAGON, L., Dc. 160.
Vivace, Juin, Juillet.
Collines du Jura et du Sundgau : Muttenz, Vorbourg,
Weissenstein, Suchet, Raimeux, la Dôle, la Faucille, Pon-
tarlier, Besançon *(Joset)*, 1827 ; Montbéliard, Zillisheim,
Chasseral, Allanjoie *(Montandon)*, 1837, 1854.

B. *Semences presque globuleuses.*

aa. Filets staminaux simples, lancéolés.

6. Gen. **Ornithogalum**, L. *Ornithogale.*

* Fleurs blanches rayées de vert.

1. Esp. O. UMBELLATUM, L., Dc. 163.
Vivace, Mai, Juin.
Se rencontre dans les vergers et les vignes du Jura et
du Sundgau : Liestall, Delémont, Soleure, Nyon, Orbes
(Joset), 1827 ; Montbéliard, Montreux-Château, Mulhouse,
Altkirch *(Montandon)*, 1852, 1854.

** Fleurs d'un blanc tirant sur le vert jaunâtre.

† 2. Esp. o. OCHROLEUCUM, Nob.; *O. pyrenaicum*, Dc. 162.

Vivace, Mai, Juin.

Se rencontre dans les bois et sur les collines ombragées du Jura et du Sundgau : Birsfeld, Sissach, Trelex, Bressaucourt (*Joset*), 1829 ; Delle, Thiancourt, Belfort, Bavilliers, Allanjoie, Danjoutin, Porrentruy, Montbéliard, Audincourt (*Montandon*), 1840, 1851.

bb. Filets staminaux larges, en œuf renversé tricuspides.

7. Gen. **Albucea**, Rchnb.

†† 1. Esp. a. NEAPOLITANA, Nob.; *O. nutans*, Dc. 165.

Vivace, Mai, Juin.

Dans les lieux herbeux et les vergers du Jura et du Sundgau : Soleure, Neuchâtel, Colombier, Genève (*Joset*), 1827 ; Delémont, Mulhouse, Rouffach (*Montandon*), 1850, 1856.

C. *Semences arrondies, style trifide.*

8. Gen. **Erythronium**, L.

† 1. Esp. e. DENS-CANIS, L., Dc. 158. *Dent de Chien.*

Vivace, Mai, Juin.

Se rencontre dans les bois et parmi les broussailles du Jura : Genève, Bois-des-frères, la Batie (*Joset*), 1827.

D. *Semences arrondies, styles entiers.*

* *Fleurs d'un beau jaune.*

9. Gen. **Gagea**, Salis.

a. Pédoncules trigones, glabres, une seule feuille radicale.

aa. Racines composées de deux à trois tubercules.

† 1. Esp. g. STENOPETALA, Fries; *Ornith. pratense*, Pers.

Vivace, Mai, Juin.

Vallée de Hundsbach (*Montandon*), 1854.

bb. Racines composées d'un seul tubercule.

† 2. Esp. g. SYLVATICA, Pers.; *Ornith. luteum*, Dc. 162.

Vivace, Avril, Mai.

Forêts un peu ombragées du Jura et du Sundgau: St.-Jacques, Soleure, val de Tavannes (*Joset*), 1829; St.-Imier, Belfort, collines boisées de Lucelle (*Mont.*), 1853, 1854.

b. Pédoncules arrondis, velus, deux feuilles radicales.

† 5. Esp. G. ARVENSIS, Pers.; *Ornith. minimum*, Dc. 162.
Vivace, Mars, Mai.

Se rencontre dans les champs argileux du Jura et du Sundgau: Muttenz, Gundeldingen, Nyon (*Joset*); Montbéliard, Lorette, la Bouloie, Belfort, la Perche près de Porrentruy, Illfurth, Tagolsheim (*Montandon*), 1850, 1854.

** *Fleurs d'un beau bleu d'azur ou purpurin.*

10. Gen. **Scilla**, L. *Scille.*

a. Inflorescence en grappe corymboïde (3 à 12 fleurs bleu d'azur).

1. Esp. S. VERNALIS, Nob.; *Sc. bifolia*, L., Dc. 162.
Vivace, Mars, Mai.

Forêts ombragées et les broussailles du Jura et du Sundgau: Delémont, Porrentruy (*Joset*), 1827; Steinsultz, Ferrette, Delle, Boncourt, Mulhouse (*Montand.*), 1852, 1856.

b. Inflorescence simulant une grappe (3 à 20 fleurs bleu pourpre).

†† 2. Esp. S. AUTUMNALIS, L., Dc. 162.
Vivace, Août, Septembre.

Sur les pelouses rocailleuses des collines calcaires du Jura et du Sundgau: Delémont, Undervilliers (*Joset*), 1829; Soultzmatt, Guebwiller, Rouffach, dans la Hardt entre Ensisheim et Bantzenheim (*Montandon*), 1839, 1854.

Les filamens des étamines sont applatis, simulant les divisions du périgone et, comme ces derniers, parcourus d'une ligne saillante de la base au sommet (caractéristique). **Montandon.**

E. *Semences légèrement anguleuses.*

a. Fleurs n'ayant point de spathe.

* *Périgone en entonnoir.*

11. Gen. **Czakia**, Andrz.

† 1. Esp. CZ. LILIIFLORA, Nob.; *Hemeræ. liliastrum*, Dc. 160.

Vivace, Juin, Juillet.
Graviers mouvants du Jura : la Dôle, le Reculet,
Bienne (*Joset*), 1827.

** *Périgone très ouvert, étalé.*

12. Gen. Anthericum, L. *Phalangère.*
a. Inflorescence en grappe droite, simple.

† 1. Esp. **A. LILIAGO**, L.; *Phalang. id.*, Dc. 161.
Vivace, Mai, Juin.
Se rencontre sur les collines arides du Jura et du Sundgau : Bienne, Nyon, Besançon (*Joset*), 1827; Bourgfelden
à Neuweg (*Montandon*), 1852.

b. Inflorescence en panicule rameuse.

2. Esp. **A. RAMOSUM**, L.; *Phal. id.*, Dc. 161.
Vivace, Mai, Juin.
Collines calcaires du Jura et du Sundgau : val de la
Birse, Moutier, Court, Bienne, Genève (*Joset*), 1827; St.
Ursanne, Ferrette, Illfurth (*Montandon*), 1852.

b. Fleurs entourées d'une spathe.
13. Gen. Allium, L. *Aïl.*
I. *Racines formées d'un rhizome.*
A. Fleurs blanches tirant sur le vert.

†† 1. Esp. **A. VICTORIALIS**, L., Dc. 164.
Vivace, Avril, Mai.
Sur les crêtes rocailleuses du Jura : Bruckliberg, Chas-
seral, la Dôle, Creux-du-Van (*Joset*), 1827.

B. Fleurs roses, étamines égalant le périgone.

† 2. Esp. **A. PRATENSE**, Nob.; *Al. angulosum*, Dc. 165.
Vivace, Juin, Juillet.
Prés humides et spongieux du Jura : Epagnier, Neu-
châtel, marais Sionnet près de Genève, Orbes (*Joset*), 1827.

C. Fleurs roses, étamines dépassant le périgone.
† 3. Esp. **A. CALCAREUM**, Nob.; *A. fallax*, Don.; *A.
ambiguum*, Dc. 165.

Vivace, Juin, Juillet.

Rochers des collines calcaires du Jura: Boinod, le Colombier, le Reculet *(Joset)*, 1827; Istein *(Mont.)* 1852.

II. *Racine se composant d'un bulbe.*

A. Feuilles toutes radicales, hampe nue.

* Fleurs blanches.

4. Esp. A. URSINUM, L., Dc. 164.
Vivace, Avril, Mai.
Se rencontre dans les bois, les haies humides et ombragées du Jura et du Sundgau *(Joset, Montandon)*.

** Fleurs blanchâtres striées de vert.

†† 5. Esp. A. NIGRUM, L., Dc. 164.
Vivace, Mai, Juin.
Vignes du Hasenrain près de Mulhouse *(Montandon)*, 1855, 1856.

Cette espèce nouvelle pour l'Alsace se reconnaît à son port élevé, à la largeur extraordinaire de ses feuilles, à sa hampe cylindrique terminée par une ombelle très garnie de fleurs à divisions striées de vert à leur face dorsale, à ses filamens staminaux élargis à la base et comme adhérens entre eux, enfin à ses capsules d'un vert noirâtre à la maturité (caractéristique). *Montandon.*

B. Feuilles disposées sur la tige.

a. Feuilles tout-à-fait fistuleuses.
6. Esp. A. SCHOENOPRASUM, L., Dc. 164. 164.
Vivace, Juin, Juillet.
Dans les endroits humides du Jura et du Sundgau: Promenthoux, St. Sulpice *(Joset)*, 1819; bords du Rhin près de Neudorf *(Montandon)*, 1854.

b. Feuilles planes ou semi-fistuleuses.

a. *Filets staminaux, tous simples.*

aa. Feuilles tant soit peu fistuleuses.
7. Esp. A. OLERACEUM, L., Dc. 164.
Vivace, Juin, Juillet.
Dans les prés et les endroits cultivés du Jura et du Sundgau *(Joset, Montandon)*.

VAR. forme *complanatum*, NOB. Ferrette (*Montandon*), 1852, rare.

bb. Feuilles tout-à-fait planes.

* Étamines plus courtes que le périgone.

† 8. Esp. A. PULCHELLUM, DON.; *Al. paniculatum*, Dc. 164.
Vivace, Juin, Juillet.
Collines arides du Jura : Bienne, Neuchâtel (*Joset*), 1827.

** Étamines égalant ou dépassant parfois le périgone.

† 9. Esp. A. FLEXUM, KIT.; *A. carinatum*, L., Dc. 165.
Vivace, Juin, Juillet.
Se rencontre le long des haies et dans les cultures du Jura et du Sundgau : Ermont, Ferrette, Altkirch, Porrentruy (*Joset, Montandon*) 1827, 1857.

ʙ. *Filets staminaux, trois simples, trois tricuspides.*

A. Ombelles portant des bulbilles avec les fleurs.

* Étamines dépassant le périgone.

10. Esp. A. VINEALE, L., Dc. 165.
Vivace, Juin, Juillet.
Champs, vignes, lieux secs et arides du Jura et du Sundgau : (*Joset, Montandon*).

** Étamines plus courtes que le périgone.

† 11. Esp. A. SCORODOPRASUM, L. Dc. 163.
Vivace, Juin, Juillet.
Dans les haies et les vignes du Jura et du Sundgau : Bâle (*Joset*), 1827; Oberhagenthal (*Montandon*), 1854.

VAR. forme *sativum*, GMEL. Lieux vagues, Mulhouse (*Montandon*), 1855.
VAR. forme *controversum*, SCHRD. Delle (*Mont.*), 1852.

B. Ombelles à fleurs non entremêlées de bulbilles.

a. Feuilles demi cylindriques, planes sur une face.

† 12. Esp. A. SPHÆROCEPHALUM, Dc. 165.
Vivace, Juin, Juillet.
Champs et rochers arides des collines du Jura et du Sund-

gau : Besançon, Porrentruy, Bienne *(Joset)*, 1827 ; Delle, Ferrette, Mulhouse, St-Louis *(Montandon)*, 1852.

> *b.* Feuilles toutes planes, ombelle en tête presque sphérique.

† 15. Esp. **A. GRAMINIFOLIUM**, Nob.; *A. rotundum*, L. 425. *Vivace, Juin, Juillet.*

Se rencontre parmi les céréales du Jura et du Sundgau : Porrentruy *(Joset)*, 1827; Belfort, Illfurth, Isteinerklotz, *(Montandon)*, 1847, 1850.

11. Fam. **JONCACÉES**, Dc.

I. *Feuilles cylindriques ou demi-cylindriques ou sétacées.*

1. Genre **Joncus**, L. *Jonc.*

I. Chaumes à feuilles toutes radicales.

A. Inflorescence terminale, trois étamines.

† 1. Esp. **J. ERICETORUM**, Poll., Dc. 151. *Annuelle, Juin, Octobre.*

Dans les endroits humides et sablonneux du Jura et du Sundgau : la Wiese près de Bâle *(Joset)*, 1827; Bonfol, Courtavon, Vendelincourt, Delle, Grosne, Riespach, Oberdorf, Ferrette, Bâle *(Montandon)*, 1852, 1855.

B. Inflorescence terminale, six étamines.

† 2. Esp. **J. SQUARROSUS**, L., Dc. 151. *Vivace, Juin, Juillet.*

Se rencontre dans les marais tourbeux du Sundgau : Delémont *(Joset)*, 1827; Mulhouse, Illfurth, Galfingen, Hochstatt, Delle, Belfort *(Montandon)*, 1852, 1855.

C. Inflorescence latérale ou presque latérale.

> *a.* Chaume filiforme penché.

† 3. Esp. **J. FILIFORMIS**, L., Dc. 151. *Vivace, Juin, Juillet.*

Se rencontre dans les sables humides du Sundgau : val de Lucelle à Pleujouse *(Montandon)*. 1852.

b. Chaume cinq fois plus épais qu'un file souvent dressé.

    aa. Chaume marqué d'étranglements rapprochés.

  4. Esp. J. GLAUCUS, Dc. 151.
Vivace, Juin, Juillet.
Disséminée dans les marais et les fossés aquatiques du Jura et du Sundgau (*Joset, Montandon*).

  bb. Chaume non marqué d'étranglemens et d'enfonce-
          ments.

    a. Gaines luisantes, pourpre noir, six étamines.

  5. Esp. J. EFFUSUS, L., Dc. 151.
Vivace, Juin, Juillet.
Marais et fossés du Jura et du Sundgau (*Joset, Mont.*).

b. Gaines non luisantes, fleurs verdâtres, trois étamines.

    * Chaume rude, capsule à style placé sur un mamelon
           saillant.

  6. Esp. J. CONGLOMERATUS, L., Dc. 151.
Vivace, Juin, Juillet.
Fréquente dans les fossés et les marais du Jura et du Sundgau (*Joset, Montandon*).

    ** Chaume lisse, style inséré dans un alvéole terminant
           la capsule.

† 7. Esp. J. DIFFUSUS, Hop., Koch 519.
Vivace, Juin, Juillet.
Marais et fossés aquatiques près d'Huningue (*Montan-don*), 1852.

    II. Chaume pourvu de feuilles.
    A. *Feuilles marquées de nœuds transversaux.*
      a. Sépales la plupart obtus et égaux.
  aa. Gaines en carène aigue, sépales extérieurs mucronés.

  8. Esp. J. USTULATUS, Hop.; *J. alpinus*, Dc. 152.
Vivace, Juin, Septembre.
Dans les marais tourbeux du Jura et du Sundgau : Lon-girod, lac de Joux (*Joset*), 1827 ; Ferrette, Delle, Grosne, Montreux-Château (*Montandon*), 1851, 1854.

bb. Gaine en carène obtuse, sépales extérieurs sans pointe.

* Sépales à sommet voûté égalant la capsule.

† 9. Esp. J. OBTUSIFLORUS, ERH., KOCH. 521.
Vivace, Juillet, Août.
Lieux marécageux et humides du Jura et du Sundgau : Loquiat, le Colombier, Genève, la Wiese, la Birse *(Joset)*, 1827 ; Grosne, Mulhouse, Michelfelden *(Mont.)*, 1852.

** Sépales à sommet plane, dépassant la capsule.

10. Esp. J. LAMPOCARPUS, EHRH. ; *J. articulatus*, Dc. 152.
Vivace, Juin, Septembre.
Se rencontre dans les prés vaseux et humides du Jura et du Sundgau *(Joset, Montandon)*.
VAR. forme *affinis*, NOB., Mulhouse *(Montand.)*, 1854.

b. Sépales aristes, les intérieurs plus long que les extérieurs.

11. Esp. J. ACUTIFLORUS, EHRH. ; *J. sylvaticus*, Dc. 152.
Vivace, Juin, Juillet.
Dans les graviers et les marais humides du Jura et du Sundgau : St.-Louis, Neuweg, Bonfol, St. Blaise, Soleure *(Joset, Montandon)*, 1827, 1853.

B. *Feuilles dépourvues de nœuds transversaux.*

a. Fleurs solitaires ou geminées, sépales plus longs que la capsule.

aa. Rameaux étalés, fleurs tirant sur le brun.

† 12. Esp. J. VAILLANTII, TH. ; *J. tenageia*, Dc. 152.
Annuelle, Juin, Septembre.
Se rencontre dans les sables humides du Jura et du Sundgau : bords de la Birse *(Joset)* ; Michelfelden, Belfort, Huningue, Bettendorf, Bâle, Seppois-le-bas, *(Montandon)*, 1852, 1854.

bb. Rameaux redressés, fleurs tirant sur le vert.

13. Esp. J. BUFONIUS, L., Dc. 152.
Annuelle, Juin, Août.

Répandue dans les endroits humides et sur le bord des chemins du Jura et du Sundgau (*Joset, Montandon*).

b. Fleurs agglomérées en capitules, sépales plus courts que la capsule.

A. Chaume et feuilles filiformes, trois étamines.

† 14. Esp. J. SUPINUS, Dc. 152, KOCH 522.
Vivace, Mai, Août.
Etangs spongieux du Sundgau : Grosne, Bourogne, Mulhouse (*Montandon*), 1855.

B. Chaume et feuilles linéaires, six étamines.

a. Capsule obtuse comme globuleuse, dépassant les sépales.

15. Esp. J. BULBOSUS, L., Dc. 152.
Vivace, Mai, Septembre.
Dans les terrains argiloso-spongieux du Jura et du Sundgau (*Joset, Montandon*) 1827, 1854.

b. Capsule oblongue, égalant au moins les sépales.

†† 16. Esp. J. GERARDI, Lois., KOCH 522.
Vivace, Juin, Juillet.
Prairies marécageuses du Sundgau : Bourogne, val de Lucelle (*Montandon*), 1852.

II. *Feuilles planes, graminoïdes, à bords ordinairement pileux.*

2. Gen. **Luzula,** Dc. *Luzule.*

I. *Semences ou graines pourvues d'un appendice.*

A. Appendice simulant la forme d'une crête.

a. Inflorescence à anthèle disposée en corymbe.

* Rameaux fructifères toujours dressés.

† 1. Esp. L. FORSTERI, Dc. 150, KOCH 525.
Vivace, Juin, Juillet.
Sommités du Jura et du Sundgau : St. Croix, Nyon, Delémont (*Joset*), 1827 ; Ferrette, Lucelle, Wattwiller, Guebwiller (*Montandon*), 1852, 1854.

** Rameaux fructifères toujours déclinés.

2. Esp. L. VERNALIS, Dc. 151.
Vivace, Mars, Avril.
Partout dans les forêts ombragées du Jura et du Sund-
gau (*Joset, Montandon*).

b. Inflorescence à anthèle simple ou en ombelle.

†† 3. Esp. L FLAVESCENS, HOST. KOCH 523.
Vivace, Juin, Juillet.
Collines calcaires du Jura et du Sundgau : Genève,
la Faucille, la Dôle, Creux-du-Van (*Joset*), 1827; Landskron, Lucelle, Ferrette, val St. Dizier (*Montandon*), 1852,
1854.

B. Appendice entier, simulant la forme d'un cône.

a. Epi solitaire, oblong et lobé.

† 4. Esp. L. SPICATA, Dc. 151, KOCH 525.
Vivace, Juillet.
Sommités du Jura : le Colombier, le Reculet (*Joset*),
1827.

b. Epis tous disposés en ombelles.

* Filaments plus courts que l'anthère.

5. Esp. L CAMPESTRIS, L., Dc. 151.
Vivace, Juin, Juillet.
Partout sur les pelouses du Jura et du Sundgau : (*Joset,
Montandon*).

VAR. forme *præcox*, REICHB. au premier printemps.
VAR. forme *arenosa*, NOB. Huningue (*Montandon*).
VAR. forme *nemorosa*, REICHB. Kembs (*Montandon*).
VAR. forme *sudetica*, REICHB. Largitzen (*Montandon*).
VAR. forme *congesta*, LEJEUNE. Pâturages spongieux
de Lucelle (*Montandon*), 1852, 1854.

** Filaments égalant presque l'anthère.

6. Esp. L. ERECTA, PERS.; *L. multiflora*, KOCH 524.
Vivace, Juin, Juillet.
Bois et bruyères du Jura et du Sundgau : Boncourt,
Delle, Roppentzwiller (*Montandon*), 1852.

VAR. forme *pallescens*, NOB. Florimont (*Mont.*), 1852.

II. *Semences ou graines nullement appendiculées.*

A. Anthèle dépassant de beaucoup l'involucre.

† 7. Esp. L. MAXIMA, RETZ., Dc. 151.
Vivace, Juin, Juillet.
Bois montueux du Jura et du Sundgau : Porrentruy, Delémont (*Joset*), 1827; Ferrette, Delle, Bremoncourt (*Montandon*), 1852.

B. Anthèle plus courte que l'involucre.

* Anthères presque sessiles ou comme sessiles.

8. Esp. L. ALBIDA, Dc. 150.
Vivace, Juin, Juillet.
Se rencontre dans les bois et sur les collines calcaires du Jura et du Sundgau (*Joset, Montandon*).

VAR. forme *rubella*, HOP. Ferrette (*Montandon*), 1851.

** Anthères de la longueur des filamens.

† 9. Esp. L. NIVEA, Dc. 150.
Vivace, Juin, Juillet.
Bois et forêts élevés du Jura : Genève, bois de la Batie, bois des Frères (*Joset*), 1827.

12. Fam. TYPHACÉES, Dc.

I. *Épi cylindrique, fruit porté sur un pédicelle capillaire.*

1. Gen. Typha, L. *Massette.*

A. Feuilles plus courtes que la tige.

†† 1. Esp. T. JUNCIFOLIA, NOB.; *T. minima*, Dc. 148.
Vivace, Juin, Septembre.
Marais sablonneux du Jura et du Sundgau : l'Aar près de Soleure, bords du Rhône (*Joset*), 1827; Huningue, Neudorf (*Montandon*), 1851.

B. Feuilles dépassant la tige.

* Chatons mâles et femelles contigus.

† 2. Esp. T. LATIFOLIA, L., Dc. 148.

23

Vivace, Juin, Juillet.

Eaux stagnantes et fossés aquatiques du Jura et du Sundgau : Neuchâtel, Quingey, près Peseux (*Joset*), 1827 ; Montbéliard, Froidefontaine, près de Bourogne, Allanjoie (*Montandon*), 1851, 1854.

** Chatons mâles et femelles séparés.

† 3. Esp. **T. ANGUSTIFOLIA**, L., Dc. 148.
Vivace, Juin, Juillet.

Se rencontre dans les eaux courantes du Jura et du Sundgau : Bonfol (*Joset*), 1830 ; Montbéliard, Besançon, Sochaux (*Montandon*), 1845, 1854.

II. *Epi globuleux, drupe sec, nullement pédicellé.*

2. Gen. **Sparganium**, L. *Rubanier.*

A. Feuilles tout à fait planes.

†† 1. Esp. **S. NATANS**, L., Dc. 148.
Vivace, Juin, Juillet.

Fossés aquatiques du Jura et du Sundgau : Soleure, au Loquiat (*Joset*), 1827 ; Michelfelden (*Montandon*), 1850.

B. Feuilles de forme triquètre carénées.

* Tige plus ou moins ramifiée.

2. Esp. **S. ERECTUM**, L. ; *S. ramosum*, Dc. 148.
Vivace, Juin, Juillet.

Fréquente dans les rivières et les fossés aquatiques du Jura et du Sundgau (*Joset, Montandon.*)

** Tige tout à fait simple.

3. Esp. **S. SIMPLEX**, Huds., Dc. 148.
Vivace, Juin, Août.

Dans les marais profonds et les eaux stagnantes du Jura et du Sundgau : Michelfelden, Riespach, Bisel, Bonfol, Landeron, Nyon, Bienne ; plus rare que la précédente espèce (*Joset, Montandon*).

13. Fam. **CYPÉRACÉES**, Dc.

I. *Fleurs unisexuelles monoïques, rarement dioïques.*

A. *Plusieurs épis à sexes différens, femelles et mâles séparés.*

1. Gen. **Carex**, L. *Laiche.*

A. *Espèces à fruit surmonté de deux stygmates.*

AA. Bractées inférieures larges, dépassant la tige, 2 à 5 épis mâles.

1. Esp. **C. GRACILIS**, Curt.; *C. acuta*, Dc. 141.
Vivace, Mai, Août.
Fréquente sur le bord des marais et des étangs du Jura et du Sundgau (*Joset, Montandon*).

BB. Bractées inférieures égalant à peine la tige, les autres courtes ou nulles, 1 seul épi mâle.

* Souches touffues, compactes, tiges dépassant longuement les feuilles.

2. Esp. **C. STRICTA**, Good., Dc. 141.
Vivace, Avril, Mai.
Fréquente dans les marais spongieux du Jura et du Sundgau (*Joset, Montandon*).

** Souches peu épaisses, tige aussi longue ou à peine dépassée par les feuilles.

5. Esp. **C. VULGARIS**, Fries; *C. cespitosa*, Good., Dc. 141.
Vivace, Juin, Juillet.
Partout sur les pâturages marécageux du Jura et du Sundgau (*Joset, Montandon*).
Var. forme *gynobasis*, Nob. Mulhouse (*Mont.*), 1856.

B. *Espèces à fruit couronné par trois stigmates.*

I. Fruit à bec nul ou à bec court, cylindrique, tronqué ou échancré.

aa. *Bractées sensiblement engainantes, utricule pubescent.*

a. Utricule plus court que l'écaille qui l'accompagne.

†† 4. Esp. **C. GYNOBASIS**, Vill., Dc. 142.

Vivace, Mars, Avril.

Sur les rochers arides et exposés au soleil du Jura et du Sundgau : au Sablon, Creux-du-Van, Carouge, Beaume, Besançon (*Joset*), 1827 ; le Mail, Froideveaux, la Ferrière, Indevillers, Montbouton, Abbevillers, Muespach-le-Haut, forêt de Folgensbourg, entre Villars-le-sec et Croix (*Montandon*), 1829, 1854.

NB. N'en déplaise à l'esprit tranchant et de controverse, de même qu'au blame vaporeux renfermé dans l'annotation hasardée et mise à l'index par M. *Contejean*, dans son intéressant travail sur les plantes vasculaires de Montbéliard, p. 206. Eu égard à la prétendue substitution de part du *Carex* en litige par un *Carex præcox*, JACQ.; annotation d'autant plus déplacée et irréfléchie qu'elle tend par elle-même à faire éprouver un tort irrémissible au mérite personnel et aux talens érudits de son auteur.

Les formes gynobasiques, qu'affectent parfois différentes espèces de *Carex*, telles que le *præcox*, le *vulgaris*, le *glauca*, etc., ont cela de particulier que les épis *gynobases* sont le resultat d'un *lusus naturae* dans les espèces citées, tandis que cette forme *gynobasique* est généralement habituelle et constante dans le *Carex gynobasis*, VILL. (*Montandon*).

b. Utricule égalant ou dépassant l'écaille.

A. Utricule dépassant l'écaille qui l'accompagne.

† 5. Esp. C. PEDATA, GMEL.; *C. ornithopoda*, WILD., Dc. 142.
Vivace, Avril, Mai.

Se rencontre dans les forêts élevées du Jura et du Sundgau : Chasseral, Creux-du-Van, Bâle, Weissenstein (*Joset*), 1827 ; la Pierre à la Bourg (*Montandon*), 1842.

B. Utricule égalant l'écaille qui l'accompagne.

* Épi femelle très court, composé de deux à trois utricules.

† 6. Esp C. CLANDESTINA, GOOD.; *C. humilis*, Dc. 112.
Vivace, Mars, Avril.

Pelouses sèches et arides des collines calcaires du Jura et du Sundgau : Moutier, Muttenz, Bienne, Soleure, Prangins, Genève (*Joset*), 1827 ; Oltingen, Belfort, Montbéliard, Mandeure, crêts des Roches, Mulhouse (*Mont.*), 1853, 1856.

** Epi femelle, allongé, linéaire, composé de cinq à huit utricules.

† 7. Esp. **C. DIGITATA**, L., Dc. 142.
Vivace, Avril, Mai.
Se rencontre disséminée dans les forêts et sur les collines à sol calcaire du Jura et du Sundgau : Bonfol (*Josel*), 1829 ; Lebetain, Landskron, Milandre, Ferrette, Zillisheim. (*Montandon*), 1852.

*** Épi femelle, linéaire, pédicellé, ramassé, tige égalant les feuilles.

8. Esp. **C. PEDATA**, GMEL.; voy. p. 528, n° 5.

bb. *Bractées sensiblement engaînantes, utricule glabre.*

A. Utricule ovale, ou ovale lancéolé, ou ovale globuleux ou oblong.

a. Utricule oblong en fer de lance.

†9. Esp. **C. STRIGOSA**. Dc. 144.
Vivace, Mars, Avril.
Bois de la plaine du Jura et du Sundgau : entre Rheinfelden et Augst, au Sonnenberg, Olsberg, Frauenwald (*Josel*), 1827 ; la Pierre, Landskorn (*Montandon*), 1852, 1854.

b. Utricule ovale ou ovale globuleux.

aa. Utricule ovale, terne, épi femelle cylindrique, à bractées foliacées.

10. Esp. **C. PANICEA**. L., Dc. 144.
Vivace, Avril. Mai.
Fréquente dans les prés spongieux du Jura et du Sundgau (*Josel, Montandon*).

bb. Utricule de forme ovale globuleux.

* Épis femelles lâches, 2 à 5 utricules écartés, à fortes nervures.

††11. Esp. **C. TRIFLORA**, VILD.; *C. depauperata*, GOOD.
Vivace, Avril, Mai.
Bois taillis du Jura et du Sundgau : Audincourt, Mont-

bart, Arbouan *(Josel)*, 1827; Delle, Ch èvremont, Vezelois *(Montandon)*, 1848.

** Épis femelles lâches, 2 à 3 utricules peu distants, sillonnés ou striés.

† 12. Esp. **C. ALBA**, Scop., Dc. 145.
Vivace, Avril, Mai.

Bois rocailleux et humides du Jura et du Sundgau : Muttenz, Arlesheim, Delémont, Lauffon, Soleure *(Josel)*, 1827 ; Huningue, Tagolsheim. Illfurth, Mulhouse, Delle, Vellescot, Bretagne, Ermont *(Montandon)*, 1845, 1855.

*** Épis femelles serrés, l'inférieur un peu pédonculé, utricule strié.

15. Esp. **C. NITIDA**, Host., Koch 547.
Vivace, Avril, Mai.

Se rencontre sur les bords du lac de Nyon, de Promenthoux *(Josel)*, 1827.

B. Utricule trigone ou ellipsoïde obtus, oblong ou triquètre.

a. Utricule trigone ou ellipsoïde obtus.

* Utricule ellipsoïde obtus, feuilles à bords rudes, parfois 3 à plusieurs épis mâles.

14. Esp. **C. FLACCA**, Schb. : *C. glauca*, Dc. 142.
Vivace, Avril, Mai.

Fréquente sur les collines calcaires et montueuses du Jura et du Sundgau *(Josel, Montandon)*.

VAR. forme *gynobasis*, Nob. Mulhouse *(Mont)*, 1856.

** Utricule trigone ou obové, feuilles à bords poilus, un épi mâle.

†† 15. Esp. **C. PILOSA**. Scop., Dc. 145.
Vivace, Avril, Mai.

Se rencontre sur les collines calcaires du Jura : Olsberg, Gibenach, Orbes, Genève, Arbois *(Josel)*, 1827.

b. Utricule ellipsoïde ou très oblong.

* Utricule ellipsoïde oblong , à bec nul , feuilles inférieures à gaînes velues.

16. Esp. **c. PALLESCENS**, L., Dc. 144.
Vivace, Avril, Juin.

Prairies marécageuses du Jura et du Sundgau (*Joset,
Montandon*).

** Utricule ellipsoïde, triquètre , à bec court , feuilles infé-
rieures à gaînes glabres.

† 17. Esp. **c. AGASTACHYS**, EHRH.; *C. maxima*, SCOP.,
Dc. 144.
Vivace, Juillet, Août.

Se rencontre dans les forêts humides du Jura et du Sundgau : Delémont, Promenthoux (*Joset*), 1829 ; Montbéliard,
Porrentruy, Riespach, la Féchotte, le Fahy (*Montandon*),
1852, 1855.

cc. *Bractées à peine ou nullement engaînantes.*

A. Utricule à peine pubescent, écaille aigue, racines
fibreuses.

† 18. Esp. **c. PILULIFERA**, L., Dc. 142.
Vivace, Mai, Juin.

Bois taillis, humides et sablonneux du Jura et du Sundgau : Olsberg, la Cornée, Brevine, Besançon (*Joset*), 1827 ;
Montbéliard, Delle, Fêche l'Église (*Montandon*), 1852.

B. Utricule hérissé pubescent ou longuement velu,
racines fibreuses.

a. Utricule hérissé pubescent, écaille obtuse ou
échancrée.

† 19. Esp. **c. MONTANA**, L., Dc. 142.
Vivace, Avril, Mai.

Pâturages et collines calcaires du Jura et du Sundgau :
Delémont (*Joset*), 1827 ; Ferrette, Porrentruy, Delle,
Bourogne (*Montandon*), 1852, 1855.

b. Utricule longuement velu, à deux dents.

† 20. Esp. **c. POLYRRHIZA**, WAHL.; *C. umbrosa,* Dc. 141.
Vivace Avril, Mai.
Bois herbeux du Jura et du Sundgau : Châtillon,
Creux-du-Van, Olsberg, Rheinfelden, Bâle, Chaleuzeule
(*Joset*), 1827 ; Audincourt, Montbéliard, Roppentzwiller,
Zillisheim, Florimont, Delle, Ferrette, Lucelle, Dampierre,
Étupes, Grosne, Belfort (*Montandon*), 1851, 1854.

C. Utricule tomenteux trigone ou obové, racines stolo-
nifères.

† 21. Esp. **c. TOMENTOSA**, L., Dc. 142.
Vivace, Avril, Mai.
Bois, prairies humides et spongieuses du Jura et du
Sundgau : Olsberg, Colombier, Bâle, Bois-Bougy, Genève
(*Joset*), 1827 ; Montbéliard, Michelfelden, val de Lucelle,
Mulhouse (*Montandon*), 1851, 1854.

D. Utricule glabre ou parfois pubescent, racines sto-
lonifères.

a. Utricule glabre ellipsoïde, triquètre, obtus, gaînes
des feuilles fendues réticulées.

† 22. Esp. **c. POLYGAMA**, SCHK.; *C. buxbaumii,* WAHLB.
Vivace, Mai, Juin.
Prairies tourbeuses du Jura : Orbes (*Joset*), 1827.

b. Utricule glabre, fruit ovale, arrondi, déprimé,
feuilles étroites.

† 23. Esp. **c. LIMOSA**, L., Dc. 144.
Vivace, Juin, Juillet.
Prairies et champs tourbeux du Jura et du Sundgau : la
Gruyère, Trelasse (*Joset*), 1829 ; Montbéliard, val de
Lucelle (*Montandon*), 1853.

c. Utricule pubescent, écaille obtuse à bords un
peu ciliés.

† 24. Esp. **c. ERICETORUM**, POLL., Dc. 148.
Vivace, Avril, Mai.

Se rencontre dans les bruyères du calcaire jurassique et sundgovien : Augst (*Joset*), 1827 ; Ferrette, Oltingen, Bretagne, Faverois, Charmois (*Montandon*), 1848, 1854.

d. Utricule pubescent, écaille accuminée à bords un peu rudes.

25. Esp. c. **STOLONIFERA**, Ehrh.; *C. praecox*, Jacq., Dc. 141.
Vivace, Février, Mars.
Fréquente partout sur les pâturages et dans les prés secs du Jura et du Sundgau (*Joset, Montandon*).

Var. forme *gynobasis*, Nob. Mulhouse (*Mont.*), 1856.

II. Fruit terminé par un bec à bords sensibles, un peu convexe à sa face dorsale, plan antérieurement, à sommet bifide.

A. Epi femelle penché, racine gazonnante à peine stolonifère.

††26. Esp. c. **BRACHYSTACHYS**, Schk.; *C. tenuis*, Dc. 143.
Vivace, Mai, Juin.
Rochers humides du Jura : Wahlenbourg, Passavang, Weissenstein, rochers de Moutier et de Court (*Joset*), 1829.

B. Épi femelle penché à racine stolonifère.

* Utricule ellipsoïde, trigone, bec linéaire, à bords plans.

27. Esp. c. **CAPILLARIS**, Leers.; *C. patula*, Dc. 144.
Vivace, Avril, Juin.
Répandue dans les forêts ombragées du Jura et du Sundgau (*Joset, Montandon*).

** Utricule ellipsoïde oblong, trigone, bec à bords rudes denticulés.

†28. Esp. c. **SCOPOLII**, Good.; *C. ferruginea*, Dc. 443.
Vivace, Juillet.
Sommités humides du Jura : la Dôle, l'Aiguillon (*Joset*), 1829.

C. Epi femelle dressé, tige rude, racine gazonnante.

† 29. Esp. **C. FULVA**, Good.; *C. hornschuchiana*, Hop. *Vivace, Avril, Mai.*
Prés humides du Jura et du Sundgau : Neuchâtel (*Joset*), 1827; Huningue, Grosne, Mulhouse (*Montandon*), 1854.

D. Épi femelle dressé, tige lisse, un seul épi mâle.

†† 30. Esp. **C. SEMPERVIRENS**, Vill. Koch 549.
Vivace, Avril, Juin.
Pâturages rocailleux du Jura : Weissenstein, gorge de Moutier et de Court, Chasseral, Undervillier, la Dôle, le Reculet, le Suchet (*Joset*), 1829, 1830.

E. Épi femelle dressé, tige glabre, nullement lisse.

a. Utricule divergent nullement réfléchi.

51. Esp. **C. OEDERI**, Ehrh.; Dc. 145.
Vivace, Avril, Mai.
Marais et étangs du Jura et du Sundgau; plus rare que le *flava* (*Joset, Montandon*).

b. Utricule droit ou divergent, sur la fin réfléchi.

aa. Utricule divergent dans le principe, puis réfléchi.

† 52. Esp. **C. FLAVA**, L., Dc. 143.
Vivace, Avril, Mai.
Marais spongieux du Jura et du Sundgau (*Joset, Mont.*)

bb. Épis femelles très-distants, écaille obtuse, utricule dressé.

† 53. Esp. **C. DISTANS**, L., Dc. 144.
Vivace, Avril, Juin.
Prairies spongieuses du Jura et du Sundgau (*Joset, Montandon*).

cc. Epis femelles légèrement éloignés, écaille aiguë non mucronée.

†54. Esp. **C. XANTHOCARPA**, Coss., Germ.; *C. fulva*, Koch.

Vivace, Mai, Juin.

Prairies et pâturages humides du Jura et du Sundgau : Delémont, Porrentruy *(Josel)*, 1827; Delle, Hundsbach, Valdieu, Montreux *(Montandon)*, 1840, 1854.

III. Fruit à bec long, comprimé, plan et à deux pointes.

A. Bractées engaînantes, utricule hérissé.

35. Esp. C. HIRTA, L., Dc. 145.
Vivace, Mai, Juin.
Se rencontre dans les prés secs et sur les pâturages du Jura et du Sundgau *(Josel, Montandon)*.

B. Bractées non engaînantes, utricule hérissé.

†56. Esp. B. FILIFORMIS, L., Dc. 142.
Vivace, Mai, Juin.
Se rencontre dans les marais tourbeux et profonds du Jura et du Sundgau : les Rousses, Trelasses, Belvue, Pontarlier *(Josel)*, 1827; Montbéliard, Bonnetage, Chenalotte *(Montandon)*, 1828.

C. Bractées non engaînantes, utricule glabre.

a. Un seul épi mâle, épis femelles pendants longuement, pédicellés.

††57. Esp. C. PSEUDOCYPERUS, L., Dc. 144.
Vivace, Avril, Juin.
Marais spongieux, bords des étangs et fossés aquatiques du Jura et du Sundgau : Weiherfelden, Rheinfelden, Clieben, Olsberg *(Josel)*, 1827; Bonfol, Huningue, Delle, Fêche les prés *(Montandon)*, 1832, 1854.

b. Deux à cinq épis mâles à écaille jaune pâle, utricule vessiculé.

* Tige à angles obtus lisses, feuilles canaliculées, d'un vert glauque.

†38. Esp. C. AMPULLACEA, Good., Dc. 145.
Vivace, Mai, Juin.
Marais et fossés aquatiques du Jura et du Sundgau : De-

lémont, Soleure, val de Joux, Genève (*Joset*), 1827 ; Michelfelden, Montbéliard, Belfort, Delle, Bonfol (*Mont.*), 1851.

** Tige à angles aigus , scabres, feuilles planes, d'un vert jaunâtre.

† 59. Esp. C. VESSICARIA, L , Dc. 144.
Vivace, Mai, Juin.
Assez fréquente dans les étangs et les fossés aquatiques du Jura et du Sundgau (*Joset, Montandon*).

c. Deux à cinq épis mâles, à écaille d'un brun noirâtre, utricule blanchâtre ou brunâtre.

* Utricule à face convexe, épis mâles à écailles toutes aristées.

40. Esp. C. CRASSA. EHRH. ; *C. riparia*, Dc. 145.
Vivace, Mai, Juin,
Bords des étangs, des lacs et des rivières du Jura et du Sundgau (*Joset, Montandon*).

** Utricule comprimé, écailles inférieures des épis mâles obtuses.

41. Esp. C. PALUDOSA, GOOD., Dc. 145.
Vivace, Mai, Juin.
Prés humides et caillouteux du Jura et du Sundgau (*Joset, Montandon*).
VAR. forme *Kochiana*, Dc. *fl. fr.* v, 297. Bords du Rhin à Huningue (*Montandon*), 1852, rare.

B. *Un seul épi simple ou parfois composé.*

aa. *Épi continu ou souvent interrompu, formé d'épillets androgynes.*

2. Gen. **Vignea**, REICHB. *Carex*, L.

A. Épillets mâles au milieu de l'épi, utricule à bords non membraneux.
† 1. Esp. V. SPICATA, POLL. ; *C. disticha*, Dc. 139.
Vivace, Mai, Juin.

Dans les prés humides du Jura et du Sundgau : Courtemelon, Bévoie, Bienne, Nidau, Colombier, Orbes (*Joset*),
1827 ; Bonfol, Cornol (*Montandon*), 1852.

B. Epillets mâles au sommet ou à la base de l'épi.

a. Epillets mâles au sommet, deux stigmates, racine
allongée rampante.

†† 2. Esp. v. CHORDORRHIZA, EHRH., Dc. 140.
Vivace, Mai, Juin.
Lieux vaseux et profonds du Jura : la Gruyère, les Ponts,
la Brevine, Bélieu (*Joset*), 1827.

b. Epillets mâles au sommet, deux stigmates, racine
fibreuse.

aa. Écailles membraneuses à bords blanchâtres, égalant à
peu près le fruit qui devient un peu gibbeux et plus ou
moins brunâtre à la maturité.

a. Souche couronnée par les nervures persistantes des
feuilles, fruit strié.

†† 3. Esp. v. PARADOXA, SCHK., Dc. 140.
Vivace, Mai, Juin.
Prés marécageux du Jura et du Sundgau : Delémont,
Loquiat, Neuchâtel, marais de Saône, Beaume (*Joset*), 1827 ;
Willer, Delle, Grosne, Bretagne, Bonfol, Grandvillars,
Michelfelden, Porrentruy, Audincourt (*Montandon*), 1840,
1853.

b. Souche non couronnée par les nervures des feuilles,
fruit à 2, 3 plis divergens.

* Souche gazonnante, tige forte, épi lâche ou en panicule.

† 4. Esp. v. PANICULATA, L., Dc. 140.
Vivace, Avril, Juin.
Marais spongieux du Jura et du Sundgau : Olsberg, De-
lémont, Colombier, Nyon (*Joset*), 1827 ; Bonfol, Montbé-
liard, Delle, Grosne, Belfort, Roppentzwiller, Ferrette
(*Montandon*), 1850, 1854.

** Souche oblique, un peu traçante, tige faible, épi composé, court et serré.

† 5. Esp. v. **TERETIUSCULA**, Good., Dc. *f. fr.* 2.
 Vivace, Mai, Juin.
 Marais tourbeux et spongieux du Jura et du Sundgau : Olsberg, la Gruyère, Nyon, Promenthoux, Bélieu, les Rousses *(Joset)*, 1827; Obermorschwiller, Hundsbach, Delle, Bonfol, Porrentruy, Montbéliard *(Montandon)*, 1841, 1855.

bb. **Écailles non membraneuses sans bords blanchâtres, dépassées par le fruit qui devient convexe à la maturité, et souvent verdâtre ou jaunâtre.**

 a. **Tige faible à faces planes un peu convexes, épillets inférieurs simples.**

aa. **Utricule à bord glabre, prenant une direction plus ou moins verticale.**

† 6. Esp. v. **DIVULSA**, Good., Dc. 159.
 Vivace, Mai, Juin.
 Bois et prés du Jura et du Sundgau : Olsberg, Nyon *(Joset)*, 1829; Mulhouse, Delle *(Montandon)*, 1851.

 bb. **Utricule à bord cilié, denticulé, à direction horizontale.**

 7. Esp. v. **MURICATA**, L., Dc. 159.
 Vivace, Mai, Juin.
 Fréquente partout sur les collines boisées du Jura et du Sundgau *(Joset, Montandon)*.
 VAR. forme *virens*, Nob. Mêmes localités, plus rare, Delle *(Montandon)*, 1852.

b. **Tige forte à faces convexes, épillets inférieurs composés.**

 8. Esp. v. **VULPINA**, L. Dc. 139.
 Vivace, Avril, Juin.
 Fossés aquatiques et le long des bords des étangs du Jura et du Sundgau *(Joset, Montandon)*.
 VAR. forme *nemorosa*, Nob. Delle *(Montandon)*, 1852.

c. Épillets mâles à la base, racine fibreuse ou rampante.

a. Racine rampante, épillets de couleur blanchâtre.

† 9. Esp. **v. BRIZOIDES**, L., Dc. 140.
Vivace, Mai, Juin.
Dans les forêts ombragées et humides du Jura et du Sundgau : Muttenz, Olsberg, Soleure (*Joset*), 1827 ; Montbéliard, Huningue, Porrentruy, Delle, Belfort, Mulhouse, Lutterbach (*Montandon*), 1852, 1854.

b. Racine rampante, épillets de couleur brunâtre.

† 10. Esp. **v. SCHREBERI**, Schk., Dc. 140.
Vivace, Mai, Juin.
Disséminée dans les lieux sablonneux et humides du Jura et du Sundgau : Grentzach, Muttenz, Schiffmühl (*Joset*), Neudorf, Huningue, Badevel (*Mont.*), 1851, 1855.

c. Racine fibreuse, fruits en étoile, ou un peu courbés.

* Utricule sur la fin étalé en étoile.

† 11. Esp. **v. STELLULATA**, Good., Dc. 141.
Vivace, Mai, Juillet.
Bois et forêts humides du Jura et du Sundgau : Bellerive, la Brevine, Nyon, Pontarlier (*Joset*), 1827 ; Bonfol, Michelfelden, Grosne (*Montandon*), 1851.

** Utricule étalé un peu courbé.

† 12. Esp. **v. ELONGATA**, L., Dc. 141.
Vivace, Mai, Juin.
Marais un peu couverts du Jura et du Sundgau : Bougie (*Joset*), 1829 ; Bonfol, Courtavon, Michelfelden, Sierentz, Delle, Bâle, Montbéliard (*Montandon*), 1850, 1854.

d. Racine fibreuse, fruits dressés ou plus ou moins verticaux.

* Fruit à bec entier au sommet, tige rude dans sa longueur.

†† 15. Esp. **v. HELEONASTES**, Ehrh., Koch 540.
Vivace, Juin, Juillet.

Marais tourbeux du Jura : la Brevine, la Gruyère, Pontarlier, Bélieu, St.-Julien, Bonnetage, aux Guinots, Chenotte (*Joset, Montandon*), 1827, 1854.

" Fruit à bec entier, tige lisse à sommet scabre.

† 14. Esp. **v. canescens**, L.; *C. curta*, Dc. 141.
Vivace, Mai, Juillet.
Marais tourbeux du Jura et du Sundgau : val de Joux, Trélasse, les Rousses, Pontarlier, Bélieu, Ermont, Guinots (*Joset*), 1829; Lucelle (*Montandon*), 1854.

*** Fruit à bec sensiblement bifide au sommet.

15. Esp. **v. leporina**, L., Dc. 140; *C. ovalis*, Good.
Vivace, Mai, Juin.
Pâturages humides du Jura et du Sundgau (*Joset, Mont.*)

**** Fruit à bec obscurément bifide au sommet.

† 16. Esp. **v. remota**, L., Dc. 141.
Vivace, Avril, Juin.
Forêts ombragées et humides du Jura et du Sundgau (*Joset, Montandon*).

bb. *Épi formé d'épillets androgynes, réunis en tête globuleuse.*

3. Gen. **Schelhammeria**, Mœnch. *Carex*, L.

††1. Esp. **s. capitata**, All.; *C. cyperoides*, L., Dc. 140.
Vivace, Juillet, Septembre.
Se rencontre dans les étangs et les marais desséchés du Jura et du Sundgau : Delémont (*Joset*), 1819; Rechésy, Delle, Grandvillars, Belfort, Roppentzwiller, étang Fourché et Beuchot, Michelfelden (*Montandon*), 1847, 1853.

cc. *Épi solitaire, simple, dioïque ou androgyne.*

4. Gen. **Psyllophora**, Nob. *Carex*, L.

I. Plantes à fleurs dioïques.

a. Tige lisse, racine un peu traçante.

†† 1. Esp. **p. linnæana**. Host.; *C. dioica*, L., Dc. 139.

Vivace, Avril, Juin.

Se rencontre dans les terrains tourbeux et spongieux du Jura et du Sundgau : Duillier, Nyon, Beaumont, les Rousses, Ste.-Croix, St.-Julien, Bélieu *(Joset)*, 1829; Oberdorf, Willer, Delle, Beaucourt *(Montandon)*, 1848, 1855.

b. Tige rude scabre, racine fortement gazonnante.

† 2. Esp. P. SCABRA, Hop.; *C. davalliana*, L., Dc. 159. *Vivace, Avril, Mai.*

Marais spongieux du Jura et du Sundgau : Delémont, Bonfol *(Joset)*, 1827; Mulhouse, Delle, Belfort, Huningue, Michelfelden, Montbéliard *(Montandon)*, 1849, 1854.

II. Plantes à fleurs androgynes.

a. Deux stigmates, fleurs mâles au sommet, femelles à la base.

†† 5. Esp. P. PULICIFORMIS, Nob.; *C. pulicaris*, L., Dc.139· *Vivace, Avril, Mai.*

Marais spongieux du Jura et du Sundgau : Bellelay, la Gruyère, Chaux d'Abel, Trelasse, val de Joux, marais de Saône *(Joset)*, 1827; Lutterbach, Belfort, Montbéliard, Bonfol, Delle, Ferrette, Huningue *(Mont.)*, 1852, 1854.

b. Trois stigmates, un à trois épis mâles.

†† 4. Esp. P. LEUCOGLOCHIN, Ehrh.; *C. pauciflora*, Dc. 193.

Vivace, Mai, Juillet.

Marais spongieux du Jura : Bellelay, Longirod, Brevine, Besançon *(Joset)*, 1827; Montbéliard, Bélieu, St.-Julien, Bonnetage, Russey *(Montandon)*, 1854.

II. *Fleurs à sexes réunis ou hermaphrodites.*

A. *Écailles de l'épillet disposées sur deux rangs.*

a. Bractées, écailles (glumes) à aisselle toute florifère.

5. Gen. **Cyperus**, L. *Souchet.*

* Graines arrondies, fleurs jaunâtres, en tête terminale.

† 1. Esp. C. FLAVESCENS. L., Dc. 147. *Annuelle, Juin, Août.*

24

Marais à base caillouteuse du Jura et du Sundgau (*Josel, Montandon*).

** Graines triquètres, fleurs noirâtres, en panicule.

† 2. Esp. **C. FUSGUS**, L., Dc. 447.
Annuelle, Juin, Octobre.
Marais graveleux du Jura et du Sundgau (*Josel, Mont.*).
VAR. forme *virescens*, HOFF. Oberlarg, Foussemagne (*Montandon*), 1852.

b. Bractées, écailles (glumes) inférieures à aisselle stérile.

6. Gen. **Schœnus**, L. *Choin*.

* Trois à six soies rudes, hypogynes.

† 1. Esp. **S. FERRUGINEUS**, L., Dc. 447.
Vivace, Mai, Juin.
Marais tourbeux du Jura et du Sundgau : Boudry, Neuchâtel, Orbes, Delémont, Divonne, Bellelay (*Josel*), 1827 ; Kembs (*Montandon*), 1834.

** Soies hypogynes tout-à-fait nulles.

2. Esp. **S. NIGRICANS**, L., Dc. 447.
Vivace, Juin, Juillet.
Marais spongieux du Jura et du Sundgau : Boudry, Orbes (*Josel*), 1827 ; Grosne, Ferrette, Allanjoie, Fèche les prés (*Montandon*), 1845, 1855.

B. *Écailles de l'épillet disposées sur plusieurs rangs.*

1. *Style persistant articulé sur le fruit.*

A. Style à base très large épaissie.

·7. Gen. **Heleocharis**, RB. BR. *Scirpus*. L.

A. Souche traçante et souvent radicante.

a. Écailles inférieures n'enveloppant qu'à moitié la base de l'épillet.

1. Esp. **H. PALUSTRIS**. ROB. BR.: *Sc. id.*, Dc. 446.
Vivace, Juin, Août.

Fréquente dans les marais spongieux du Jura et du Sundgau (*Joset, Montandon*).

b. Écailles inférieures enveloppant toute la base de l'épillet.

† 2. Esp. **H. UNIGLUMIS**, LINK. ; *Sc. campestris*, Dc. 146.
Vivace, Juin, Juillet.
Marais, lieux vaseux et prés humides du Jura et du Sundgau : Soleure, Epagnier, Duillier, Bienne (*Joset*), 1827 ; Delle, Mulhouse, Huningue, Belfort, Valdoie (*Montandon*), 1850, 1855.

c. Écailles inférieures n'enveloppant nullement la base de l'épillet, graines oblongues marquées de côtes légères.

5. Esp. **H. ACICULARIS**, LINK. ; *Sc. id.*, Dc. 146.
Vivace, Juin, Juillet.
Vase des étangs du Jura et du Sundgau (*Joset, Mont.*).

B. Souche multicaule, à racine fibrilleuse non traçante.

† 4. Esp. **H. MULTICAULIS**, GMEL.: *Sc. ovatus*, Dc. 146.
Vivace, Juin, Juillet.
Bords vaseux des rivières et des étangs du Jura et du Sundgau : Bonfol (*Joset*), 1829 ; Oberdorf, Belfort, étang Beuchat, Montbéliard, Delle, Grosne, Altkirch, Mulhouse (*Montandon*), 1845, 1853.

B. Style à base comprimée, conique, peu épaisse.

8. Gen. **Rhynchospora**, REICHB.

a. Panicule blanchâtre, trois soies hypogynes.

† 1. Esp. **R. ALBA**, RB. BR. ; *Schœnus albus*, Dc. 147.
Vivace, Juin, Juillet.
Se rencontre dans les marais tourbeux du Jura et du Sundgau: la Brévine, Lignières, Pontarlier (*Joset*), 1827 ; Belfort, Giromagny, Massevaux, Montbéliard (*Montandon*) 1850, 1854.

b. Panicule rousse neuf à dix soies plus longues que le fruit.

† 2. Esp. **R. FUSCA**, RB. BR.; *Schœnus fuscus*, Dc. 147.
Vivace, Mai, Juin.

Marais tourbeux du Jura et du Sundgau : Delémont,
Chaux-du-Milieu (*Josel*), 1829; Huningue (*Montd.*), 1848.

II. *Style caduc nullement articulé sur le fruit.*

A. Fruit dépourvu de soies vers sa base.

a. Épillets à écailles inférieures plus petites que les
supérieures.

9. Gen. **Cladium**, Mert. *Marisque.*

† 1. Esp. C. GERMANICUM. Schrd.; *S. mariscus*, Dc. 147.
Vivace, Juin, Juillet.
Marais tourbeux du Jura : Loquiat. Nyon, Neuchâtel,
Duillier (*Josel*), 1827.

b. Épillets à écailles inférieures plus grandes que les
supérieures.

aa. Style nullement épaissi vers sa base, fruit à sommet
apiculé.

10. Gen. **Bæothryon**, Reichb. *Scirpus*, L.

a. Tige entourée de gaines prolongées en une pointe
foliacée.

† 1. Esp. B CESPITOSUM, Reichb. : *Scirp. id.*, Dc. 146.
Vivace, Juin, Juillet.
Tourbières du Jura, la Brevine : Pontarlier (*Josel*). 1822.

b. Tige entourée de gaines tronquées sans pointe foliacée.

† 2. Esp. B. PAUCIFLORUM, Reichb. : *Sc. boeoth.*, Dc.147.
Vivace, Juin, Juillet.
Marais graveleux du Jura et du Sundgau : Colombier,
Trelex, Nyon (*Josel*), 1827 : Mulhouse, Granvillars,
Delle, Huningue, Montbéliard (*Montandon*), 1849, 1855.

c. Tige ou chaume flottant dans l'eau, feuilles graminoïdes,
2 stigmates.

†† 5. Esp. B. FLUITANS. Reichb. : *Scirp. fluitans*, Dc. 148.
Vivace, Juin, Juillet.
Fossés aquatiques et vaseux du Sundgau : Mulhouse
(*Montandon*). 1842.

bb. Style caduc couronné de trois stigmates distincts.

11. Gen. **Isolepis**, Reichb. *Scirpus*, L.

a. Tige filiforme, fruit strié longitudinalement.

† 1. Esp. i. setacea. Reichb.; *Scirp. id.*, Dc. 146.
Vivace, Juin, Juillet.
Lieux vaseux et humides et terrains d'alluvion du Jura
et du Sundgau (*Josel, Montandon*).

b. Tige nullement filiforme, fruit strié en travers.

† 2. Esp. i. supina, Reichb.; *Scirp. id.*, Dc. 147.
Vivace, Juin, Juillet.
Lieux vaseux à base caillouteuse et sablonneuse du Jura
et du Sundgau : Nyon, Boiron, Genthod, Versoix (*Josel*),
1827; mares sablonneuses près de Winckel (*Mont.*), 1837.

B. Fruit à base le plus souvent entourée de soies.

a. Épillets plus ou moins nombreux disposés en anthèle
latérale.

12. Gen. **Heleogiton**, Lest. *Scirpus*, L.

* Chaume cylindracé, obtusément trigone, vert ou glauque.

1. Esp. h. lacustre. Lestib.; *Scirp. id.*, Dc. 146.
Vivace, Juin, Juillet.
Fréquente dans les étangs et les marais profonds du
Jura et du Sundgau (*Josel, Montandon*).
Var. forme *bodamicum*, Gaud. Étang de Seppois (*Mon-
tandon*), 1854.
Var. forme *tabernemontanum*. Gmel. Neudorf (*M.*), 1854.
Var. forme *trigonum*, Roth. Mulhouse, Huningue,
Seppois, étang de Moos (*Montandon*), 1842.
Var. forme *pungens*, Roth. Étang de Suarce (*Montan-
don*), 1854, rare.

** Chaume à trois angles très aigus à face un peu concave.

†† 2. Esp. h. triquetrum, Reichb. : *Scirp. id.*, Dc. 146.
Vivace, Juin, Août.
Bords du Rhin près d'Huningue, Montbéliard (*Montan-
don*), 1854, 1855.

VAR. forme *Rothii*, Hop. Neuchâtel *(Josct)*, 1827 ; Huningue, Chalampé *(Montandon)*. 1844.

b. Épillets plus ou moins nombreux en anthèle à peine latérale.

13. Gen. **Holoschœnus**, REICHB. *Scirpus*, L.

† 1. Esp. **H. DIPHYLLUS**, NOB. ; *Scirp. holos*, Dc. 147.
Vivace, Juin, Juillet.
Versoix, Genthod *(Josct)*. 1827.

c. Épillets nombreux en anthèle terminale plus ou moins ramifiée.

14. Gen. **Scirpocyperus**, MICH. *Scirpus*, L.

† 1. Esp. **S SEPTENTRIONALIS**, NOB. : *S. maritimus*, Dc. 146.
Vivace, Juin, Août.
Disséminée dans les fossés, les rivières et les étangs du Jura et du Sundgau *(Josct, Montandon)*.
VAR. forme *umbellatus*, NOB. Suarce *(Mont.)*, 1852.
VAR. forme *compositus*, NOB. Grosne *(Mont.)*. 1854.
VAR. forme *digynus*, NOB. Bourogne *(Mont.)*. 1854.

d. Épillets nombreux en anthèle terminale surdécomposée.

15. Gen. **Taphrogiton**, REICHB. *Scirpus*, L.

* Épillets tous pédicellés, racines à tiges stériles nulles.

1. Esp. **T. SYLVATICUM**, NOB. ; *Scirp. id.*, Dc. 146.
Vivace, Juin, Août.
Fréquente dans les fossés aquatiques et les forêts humides du Jura et du Sundgau *(Josct, Montandon)*.

** Épillets tous pédicellés, racines à tiges stériles, radicantes.

† 2. Esp. **T. RADICANS**, NOB. ; *Scirp. id.*, SCHK.
Vivace, Juin, Juillet.
Forêts humides : Delle, Grosne *(Mont.)*. 1851.

e. Épillets serrés simulant une anthèle en épi terminal.

16. Gen. **Blismus**, PANZ. *Scirpus*, Dc.

† 1. Esp. **B. DISTICHUS**. NOB. : *Scirp. caricis*, Dc. 146.
Vivace, Juin, Juillet.
Pâturages humides du Jura et du Sundgau : les Pontins,

Bellelay (*Joset*), 1829; Michelfelden, Montbéliard, Delle, Mulhouse, Huningue, Bâle, Rouffach, Oltingen (*Montandon*), 1845, 1854.

f. Épillets nombreux cachés dans des soies plus ou moins longues.

17. Gen. **Eriophorum**, L. *Linaigrette.*

A. Épi solitaire, graines entourées de quatre à six soies.

† 1. Esp. E. **ALPINUM**, L., Dc. 145.
Vivace, Juin, Septembre.
Marais tourbeux du Jura : Gruyères, Versoix, les Pontins, la Dôle, Bélieu (*Joset*), 1829.

B. Épi solitaire, soies nombreuses et allongées.

† 2. Esp. E. **VAGINATUM**, L., Dc. 145.
Vivace, Juin, Juillet.
Marais tourbeux du Jura : Wasserfall, val de Joux (*Joset*), 1827.

C. Épis nombreux plus ou moins paniculé.

a. Pédoncules lisses, feuilles pliées sur elles-mêmes.

† 3. Esp. E. **ANGUSTIFOLIUM**, L., Dc. 145.
Vivace, Juin, Août.
Marais tourbeux du Jura et du Sundgau : Reichenfeld (*Joset*), 1827; val de Lucelle (*Montandon*), 1855.

b. Pédoncules scabres, feuilles planes étalées.

4. Esp. E. **LATIFOLIUM** L., Dc. 145.
Vivace, Juin, Juillet.
Fréquente dans les prés spongieux du Jura et du Sundgau (*Joset, Montandon*).

c. Pédoncules pubescens, feuilles trigones.

† 5. Esp. E. **GRACILE**, Koch, Dc. 145.
Vivace, Juin, Juillet.
Marais tourbeux du Jura et du Sundgau : Olsberg, Wasserfall (*Joset*), 1829; Delle, étang Fourché, Huningue (*Montandon*), 1852.

14. Fam. GRAMINÉES, Dc.

I. *Inflorescence en épis simples à épillets sessiles.*

A. Glumes tout-à-fait nulles, stigmates filiformes.

1. Gen. **Nardus**, L. *Nard.*

1. Esp. N. STRICTA, L., Dc. 155.
Vivace, *Mai, Juin.*
Pâturages arides du Jura et du Sundgau (*Josel, Mont.*).

B. Glumes au nombre de deux, rarement davantage.

a. Épi à plusieurs fleurs disposées sur deux rangs.

2. Gen. **Lolium**, L. *Ivraie.*

A. *Valves de la glume dépassant l'épillet ou la fleur.*

* Épillets appliqués et serrés contre l'axe.

1. Esp. L. PERENNE, L., Dc. 157.
Fréquente dans les prés du Jura et du Sundgau (*Josel, Montandon*).

VAR. forme *tenue*, Dc. 137. Les prés secs (*Mont.*), 1851.

** Épillets très écartés de l'axe.

† 2. Esp. L. BOUCHEANUM, KUNTH.: KOCH, 595.
Vivace, Juin, Août.
Pâturages caillouteux du Sundgau : St.-Louis (*Montandon*), 1854.

B. *Valves de la glume ne dépassant pas l'épillet.*

* Arête plus longue que la valve qui lui donne attache.

† 5. Esp. L. TEMULENTUM, L., Dc. 157.
Annuelle, Mai, Juillet.
Parmi les céréales du Jura et du Sundgau (*Josel, Mont.*)

** Arête nulle ou plus courte que la valve.

† 4. Esp. L. ARVENSE, WITH., KOCH 596.
Annuelle, Juin, Juillet.
Champs de lin du Jura et du Sundgau : Delémont (*Josel*), 1829; St.-Louis (*Montandon*), 1852.

b. Épi tout-à-fait simple à fleurs nullement disposées sur deux rangs.

* Epillets n'étant composé que d'une seule fleur.

3. Gen. **Hordeum**, L. *Orge.*

a. Feuilles à gaines très pubescentes.

1. Esp. **h. murinum**, L., Dc. 157.
Annuelle, Juin, Juillet.
Disséminée le long des murs et dans les lieux vagues du Jura et du Sundgau (*Joset, Montandon*).

b. Feuilles à gaines tout-à-fait glabres.

† 2. Esp. **h. pratense**, Huds.; *H. secalinum,* Dc. 137.
Annuelle, Juin, Juillet.
Prés et bords des chemins du Jura et du Sundgau : Genève, Besançon, Orbes (*Joset*), 1829; Ferrette, St.-Louis (*Montandon*), 1851.

** Épillets composés de deux à dix fleurs.

A. Deux à quatre épillets sur chaque dent de l'axe.

4. Gen. **Elymus**, L.

† 1. Esp. **e. europæus**, L., Dc. 157.
Vivace, Juin, Juillet.
Se rencontre dans les bois montagneux du Jura et du Sundgau : Porrentruy, Ferrette (*Joset, Montandon*), 1827, 1855.

B. Un seul épillet sur chaque dent de l'axe.

a. Épi tétragone ou parfois comprimé.

5. Gen. **Triticum**, L. *Froment.*

* Racine fibreuse, feuilles rudes.

1. Esp. **t. sepium**. Lmk., Dc. 156.
Vivace, Juin, Juillet.
Partout dans les haies et les cultures du Jura et du Sundgau (*Joset, Montandon*).
Var. forme *glaucum,* Desf. Neudorf (*Mont.*), 1852, rare.

** Racine articulée très rampante, feuilles molles.

2. Esp. T. REPENS. L., Dc. 156.
Vivace, Juin, Juillet.
Fréquemment répandue dans le Jura et le Sundgau (*Josel, Montandon*).

b. Épi tout-à-fait simple, nullement tétragone.
6. Gen. **Gaudinia**, Pal.

††1. Esp. G. FRAGILIS, Pal.; *Avena id.*, Dc. 126.
Annuelle, Juin, Juillet.
Bords des chemins du Jura : Sarconex. Besançon (*Josel*), 1827.

II. *Inflorescence en panicule spiciforme ou ramifiée.*
A. Panicule simulant la forme d'un épi.

A. *Stigmates émanant du sommet des glumelles.*

AA. Épillet à trois fleurs, glumes à deux valves.
7. Gen. **Hierochloa**, Pal.

††1. Esp. H. AUSTRALIS, Pal., Koch 558.
Annuelle, Avril, Mai.
Bois du Sundgau : Mulhouse (*Josel*), 1827.

BB. Épillet composé de plus de trois fleurs.
A. *Panicule digitée ou ramifiée.*
a. Panicule rameuse et penchée.
8. Gen. **Leersia**, L.

††1. Esp. L. ORYZOIDES, L., Dc. 122.
Vivace, Juin, Août.
Prairies marécageuses et fossés aquatiques du Jura et du Sundgau : Soleure, Bienne, Landeron, Nyon (*Josel*). 1827 ; Bonfol, Illzach, Montbéliard, Vendelincourt, Delle, Courtavon, Michelfelden, Mulhouse, Belfort, Allanjoie, (*Montandon*), 1843, 1854.

b. Panicule formée de digitations.
9. Gen. **Cynodon**, Rich.

1. Esp. C. DACTYLON, Pers.; *Paspal. id.*, Dc. 125.

Vivace, Juin, Juillet.

Lieux arides et incultes du Jura et du Sundgau : Nyon, Neuchâtel, Genève (*Josel*), 1827 : Michelfelden, Huningue, (*Mont.*), 1854.

    B. Panicule simulant un épi cylindrique.

      a. Panicule compacte cylindroïde.

    aa. *Glumelle supérieure à deux carènes.*

      10. Gen. **Phleum**, L. *Phléole.*

1. Un rudiment de fleurs stériles supérieurement.

   a. Fascicules de feuilles stériles réunies en gazon.

† 1. Esp. P. MICHELII, ALL., KOCH 560.
Vivace, Juillet, Août.

Sur les crêtes rocailleuses du Jura : Chasseral, la Dôle, Creux-du-Van (*Josel*), 1827.

b, Fascicules de feuilles stériles ne formant pas gazon.

   * Valves des glumes glabres légèrement acuminées.

† 2. Esp. P. ASPERUM, VILL., Dc. 121.
Annuelle, Juin, Août.

Dans les endroits arides et les vignes du Jura et du Sundgau : Nyon (*Josel*), 1827 ; St.-Louis, Montbéliard, Didenheim, Huningue (*Montandon*), 1850, 1854.

**Valves des glumes hispides sur le dos, obliquement tronquées.

† 3. Esp. P. BOHEMERI, VIB.; *Phal. phleoïdes*, Dc. 121.
Vivace, Mai, Juin.

Se rencontre sur les collines stériles du Jura et du Sundgau : Bienne, Neuchâtel, Genève, Besançon (*Josel*), 1827 ; Didenheim, Ferrette, Porrentruy (*Montandon*), 1850.

    II. Rudiment de fleurs stériles tout-à-fait nul.

   * Racines fibreuses, épi linéaire, blanchâtre.

4. Esp. P. PRATENSE, L., Dc. 121.
Vivace, Juin, Juillet.

Partout dans les prés du Jura et du Sundgau (*Josel, Montandon*).

** Racines fibreuses, épi ovoïde de couleur violacée.

† 5. Esp. P. ALPINUM, L., Dc. 121.
Vivace, Juin, Juillet.
Pâturages élevés, secs et arides du Jura : Chasseral, la Dôle, le Colombier, le Reculet (*Joset*), 1827.

*** Racines bulbeuses, tige ascendante, panicule petite.

6. Esp. P NODOSUM, L., Dc. 121.
Vivace, Juin, Juillet.
Sur le bord des chemins et des fossés humides du Jura et du Sundgau (*Joset, Montandon*).

bb. *Glumelle supérieure manquant tout-à-fait.*

11. Gen. **Alopecurus**, L. *Vulpin.*

1. Feuilles à gaines nullement renflées ou ventrues.

a. Tige droite, valves de la glume soudées à moitié.

1. Esp. A. AGRESTIS, L., Dc. 120.
Vivace, Juin, Octobre.
Fréquente dans les cultures et les vignes du Jura et du Sundgau (*Joset, Montandon*).

b. Tige droite, glume à valve un peu soudée à la base.

2. Esp. A. PRATENSIS, L., Dc. 120.
Vivace, Juin, Juillet.
Fréquente dans tous les prés humides du Jura et du Sundgau (*Joset, Montandon*).

c. Tige à base coudée, arêtes insérées au milieu du dos des valves.

† 3. Esp. A. FULVUS. SM., KOCH 560.
Vivace, Juin. Août.
Marais, fossés et bords des étangs du Jura et du Sundgau : Genève, la Thiele (*Joset*, 1827; Bonfol, Mulhouse, Delle (*Montandon*), 1850.

d. Tige à base coudée, arêtes insérées vers la base des valves.

4. Esp. A. GENICULATUS, L., Dc. 120.

Vivace, Juillet, Août.

Fossés marécageux du Jura et du Sundgau : Soleure, Bienne, Porrentruy, Besançon (*Josel*), 1827 ; Bonfol, St.-Louis, Riespach, Delle, Michelfelden, Mulhouse (*Montandon*), 1840, 1854.

II. Feuilles à gaines supérieures très ventrues.

† 5. Esp. **a**. UTRICULATUS, PERS., KOCH, 560.
Vivace, Juin, Août.
Marais spongieux du Sundgau : Ruderbach, Mulhouse, Ferrette, Delle, Montbéliard (*Montandon*), 1852.

b. Panicule simulant une espèce d'épi plus ou moins lâche.

aa. *Panicule ovoïde, oblongue, plus ou moins serrée.*

12. Gen. **Anthoxanthum**, L. *Floure.*

1. Esp. **a**. ODORATUM, L., Dc. 120.
Vivace, Juin, Août.
Partout dans les prés et les forêts du Jura et du Sundgau (*Josel, Montandon*).

bb. *Panicule plus ou moins lâche ou étalée.*

13. Gen. **Phalaris**, L. *Phalaride.*

1. Esp. **p**. ARUNDINACEA. L. : *Calamagrostis colorata.* Dc. 124.
Vivace, Juin, Juillet.
Fréquente sur le bord des eaux du Jura et du Sundgau (*Josel, Montandon*).

B. *Stigmates sortant en-dessous du sommet des glumelles.*

a. Épillets disposés en forme de digitations.

aa. Glume inférieure plus grande que la supérieure.

14. Gen. **Ischæmum**, NOB.

† 1. Esp. **i**. DACTYLOIDEUM, NOB.; *A. ischæmum*, Dc. 157.
Vivace, Juin, Juillet.
Sur les terrains secs et arides du Jura et du Sundgau : Bienne, Neuchâtel, Salins, Bélieu, Porrentruy, St.-Ursanne

(*Joset*), 1827 ; Mulhouse, Ferrette, Delle, St.-Louis (*Montandon*), 1852.

bb. Glume inférieure plus petite que la supérieure.

15. Gen. **Digitaria**, Pal.

a. Valve de la fleur stérile non ciliée sur les nervures les plus latérales.

1. Esp. **D. SANGUINALIS**, Scop. : *Paspal. id.*, Dc. 123. *Annuelle, Juin, Juillet.*
Lieux cultivés et arides du Jura et du Sundgau : Soleure, Bienne, Genève (*Joset*), 1827 ; Porrentruy, Delle, St.-Louis (*Montandon*), 1850.

b. Valve de la fleur stérile ciliée sur les nervures les plus extérieures.

† 2. Esp. **D. CILIARIS**, Retz., Koch 556. *Annuelle, Juin. Juillet.*
Lieux vagues du Jura et du Sundgau : Porrentruy, Boncourt, Delle, Hirsingen, Ferrette, Mulhouse (*Joset, Montandon*), 1850, 1854.

c. Valve inférieure de la glumelle pubescente. glabre sur les nervures.

†3. Esp. **D. FILIFORMIS**, Koch : *Pasp. ambiguum*, Dc. 125. *Annuelle, Juin, Juillet.*
Champs incultes et lieux vagues du Jura et du Sundgau : Augst, Mœnchenstein, Nyon (*Joset*), 1827 ; Porrentruy, Charmoille, Delle, Oberdorf, St.-Louis (*Montandon*), 1852.

b. Épillets disposés en épis linéaires, verticillés ou en panicule sans bractées.

A. Épillets simulant un épi composé, alternes, paniculés, valves de la glume luisantes.

16. Gen. **Panicum**, L. *Millet.*

1. Esp. **P. CRUSGALLI**, L., Dc. 122. *Annuelle, Juin, Juillet.*
Lieux incultes du Jura et du Sundgau (*Joset, Mont.*).

B. Épillets en épi terminal, à soies simulant un involucre.

17. Gen. **Setaria**, Pal.

a. Fleurs à soies dentées en arrière, accrochantes.

† 1. Esp. s. VERTICILLATA, Pal. ; *Pan. id.*, Dc. 122.
Annuelle, Juin, Juillet.
Lieux vagues et incultes du Jura et du Sundgau : Genève, Besançon, St.-Jacques *(Josel)*, 1827 ; Porrentruy, Mulhouse, St.-Louis, Bâle *(Montandon)*, 1852.

b. Fleurs à soies dont les dents sont verticales non accrochantes.

* Feuilles glauques à gaîne soyeuse, épi jaunâtre.
2. Esp. s. GLAUCA. Pal. : *Pan. id.*, Dc. 122.
Annuelle, Juin, Juillet.
Fréquente dans les cultures du Jura et du Sundgau *(Josel, Montandon)*.

** Feuilles vertes, à gaîne non soyeuse, épi verdâtre.
3. Esp. s. VIRIDIS. Pal. : *Pan, id.*, Dc. 122.
Annuelle, Juin, Juillet.
Dans les mêmes localités, mais moins fréquente *(Josel. Montandon)*.

B. *Panicule plus ou moins ramifiée.*

aa. *Stigmates émanant de la partie moyenne des glumelles.*
I. *Cariopse renfermé entre les glumelles.*

A. Arète nulle, glumelle convexe mutique.

18. Gen. **Milium**, L. *Millet.*

1. Esp. M. EFFUSUM, L. ; *Agrostis id.*, Dc. 124.
Vivace. Juin, Juillet.
Fréquente dans les forêts du Jura et du Sundgau *(Josel, Montandon)*.

B. Arète allongée parfois articulée.
* *Arète articulée, longue, tordue et plumeuse.*

19. Gen. **Stipa**, L.

† 1. Esp. s. PENNATA. L., Dc. 124.

Vivace, Mai, Juin.

Lieux arides et rocailleux du Jura et du Sundgau : Istein, Westhalten (*Montandon*), 1845, 1854.

** *Arête moyenne, nullement articulée.*

20. Gen. **Lasiagrostis**, LINK.

† 1. Esp. **L. CALAMAGROSTIS**, LINK ; *C. argentea*, Dc. 124.
Vivace, Juin, Juillet.

Se rencontre sur les rochers exposés au soleil du Jura et du Sundgau : Wasserfall, Moutiers, Court, Beaume, Besançon, au Vogelberg, Weissenstein (*Josel*), 1827 ; Lucelle (*Montandon*), 1854.

II. *Cariopses libres entre les glumelles.*

A. Panicule en grappe ou simulant une grappe.

21. Gen. **Melica**, L. *Mélique.*

A. Valves de la glumelle ciliées surtout l'inférieure.

† 1. Esp. **M. CILIATA**, L., Dc. 126.
Vivace, Juin, Juillet.

Se rencontre parmi les rochers arides du Jura et du Sundgau : Delémont (*Josel*), 1827 ; St.-Ursanne, Ferrette, Bâle, Lucelle, Landskron, Delle, Montbéliard (*Montandon*), 1845, 1854.

B. Valves de la glumelle tout-à-fait glabres.

a. Une fleur fertile et deux stériles dans chaque épillet.

† 2. Esp. **M. UNIFLORA**, RETZ., Dc. 125.
Vivace, Juin, Juillet.

Assez disséminée dans les forêts du Jura et du Sundgau : Porrentruy, Ferrette, Delle (*Montandon*), 1854.

b. Deux à trois fleurs fertiles dans chaque épillet.

† 3. Esp. **M. NUTANS**, L.; *M. montana*, Dc. 125.
Vivace, Mai, Juin.

Bois montueux du Jura et du Sundgau (*Josel, Montandon.*)

B. Panicule plus ou moins ramifiée.

aa *Glume convexe ou presque globuleuse.*

a. Glume renflée, presque globuleuse.

22. Gen. **Gastridium**, Poll.

††1. Esp. G. LENTIGERUM, Poll.; *Ag. id.*, Dc. 123.

Annuelle, Août, Octobre.

Champs après la moisson dans les environs de Genève, bois de la Batie *(Josel)*, 1827.

b. Glume convexe sans arête ou mutique.

23. Gen. **Arrhenatherum**, Pall.

1. Esp. **A.** ELATIUS, Pall.: *Av. id.*, Dc. 127.

Vivace, Juin, Juillet.

Partout dans les prés du Jura et du Sundgau *(Josel, Montandon)*.

Var. forme *præcatoria*, Thuil. Céréales du Sundgau *(Montandon)*, 1853.

bb. *Glume carénée ou canaliculée.*

A. Glumelle à base couronnée de poils ou villosités.

24. Gen. **Calamagrostis**, Dc.

I. Arête naissant à la partie supérieure des valves.

A. Valves de la glume égales, arête très courte.

1. Esp. **C.** LANCEOLATA, Roth., Dc. 124.

Vivace, Juin, Juillet.

Lieux humides au milieu des saules du Jura et du Sundgau : Soleure *(Josel)*, 1827 : Vendelincourt, Delle, Ferrette, Mulhouse *(Montandon)*, 1854.

B. Valves de la glume inégales, arête très courte.

† 2. Esp. **C** LITTOREA, Dc., Koch, 564.

Vivace, Juin, Juillet.

Bords du Rhin, près de St.-Louis, Huningue, Rheinfelden, Neudorf *(Montandon)*, 1841, 1854.

25

II. Arête naissant à la face dorsale des valves.

a. Arête droite et très courte, fleurs également réparties.

aa. Arête insérée au-dessous du milieu des valves.

† 3. Esp. **C. HALLERIANA**, Koch 564.
Vivace, Juin, Juillet.
Forêts du Sundgau : Wasserfall, Sondersdorf (*Montandon*), 1851.

bb. Arête insérée au milieu des valves, fleurs agglomérées.

† 4. Esp. **C. EPIGEIOS**, Roth., Koch 564.
Vivace, Juin, Août.
Mêmes localités, Raimeux (*Joset, Montandon*), 1827.

b. Arête plus ou moins allongée et genouillée.

* Arête à peine plus longue que la glume.

† 5. Esp. **C. MONTANA**, Host., Koch 565.
Vivace, Juin, Juillet.
Sur les pâturages ombragés du Jura et du Sundgau : Porrentruy, Didenheim (*Montandon*), 1850, 1854.

** Arête dépassant de beaucoup la glume.

6. Esp. **C. SYLVATICA**, Schrd.
Vivace, Juin, Juillet.
Dans les forêts montueuses du Jura et du Sundgau : Boudry, Hauterive (*Joset*), 1827; Blochmond, St.-Pierre, aux Rangiers (*Montandon*), 1854.

B. Glumelles à base nullement couronnée de poils.

a. Fleurs inférieures hermaphrodites, la supérieure mâle.

25. Gen. **Holcus**, L.

* Arête plus courte que la valve supérieure de la glume, racine fibreuse.

1. Esp. **H. LANATUS**, L.; *Avena id.*, Dc. 127.
Vivace, Juin, Juillet.
Fréquente dans les prés du Jura et du Sundgau (*Joset, Montandon*).

** Arête dépassant la valve supérieure de la glume, racine rampante.

† 2. Esp. **H. MOLLIS**, L. ; *Avena id.*, Dc. 127.
Vivace, Juin, Juillet.
Bois et haies du Jura et du Sundgau : moins fréquente que la précédente (*Montandon*), 1850.

b. Fleurs toutes monoclines ou hermaphrodites.

* *Valves inférieures très courtes.*

26. Gen. **Apera**, PAL.

a. Panicule interrompue, balle à une seule valve.

† 1. Esp. **A. INTERRUPTA**, PAL.; *Agrostis id.*, L., Dc. 125.
Annuelle, Juin, Juillet.
Parmi les céréales du Jura et du Sundgau : Genève, Nyon, Besançon (*Joset*), 1827 ; Mulhouse (*Mont.*), 1855.

b. Panicule non interrompue, balle bivalve.

2. Esp. **A. SPICAVENTI**, PAL.; *Agrostis id.*, L., Dc. 125.
Annuelle, Juin Juillet.
Fréquente dans les céréales du Jura et du Sundgau (*Joset, Montandon*).

** *Valves inférieures allongées.*

27. Gen. **Agrostis**, L.

I. Fleurs nues sans arêtes, tige rampante à la base.

1. Esp. **A. DECUMBENS**, GAUD.; *A. stolonifera*, Dc. 124.
Vivace, Juin, Juillet.
Prés, pâturages, bois humides et fossés du Jura et du Sundgau (*Joset, Montandon*).
VAR. *gigantea*, ROTH. Plus rare, Mulhouse (*M.*), 1854.

II. Fleurs nues sans arêtes, tige droite ou coudée non rampante.

A. Glume dépassant peu la balle, tige comprimée.

† 2. Esp. **A. DUBIA**, GAUD., Dc. 123.
Vivace, Juin, Juillet.

Pâturages élevés du Jura : le Reculet, Orbes, Chasseral (*Joset*), 1827.

B. Glume dépassant peu la balle, tige cylindrique.

a. Valves de la glume n'ayant de poils que sur le dos.

3. Esp. A. ALBA, Dc. 124.
Vivace, Juin, Juillet.
Prés humides du Jura et du Sundgau : Grosne, Boncourt, Mulhouse (*Montandon*), 1852.

b. L'une des valves au moins pubescente sur toute sa surface.

4. Esp. A. VULGARIS, Dc. 124.
Vivace, Juin, Juillet.
Commune partout, plante très polymorphe (*Joset, Montandon*).

VAR. forme *sylvatica*, POLLICH. Moins fréquente, Ferrette (*Montandon*), 1852.

C. Glume dépassant la glumelle qui est ciliée à ses bords.

†† 5. Esp. A. MINIMA, L.; *Chamagrostis id.*, POLL., Dc. 125.
Annuelle, Mars, Avril.
Champs sablonneux du Jura et du Sundgau : Montbéliard (*Joset, Montandon*), 1855, 1851.

III. Fleurs munies d'une arête dorsale.

a. Arête recourbée et tordue, émanant du sommet de la valve.

6. Esp. A. RUBRA, Dc. 125.
Vivace, Juin, Juillet.
Pâturages sablonneux et bords des chemins du Jura et du Sundgau : Delle, Porrentruy (*Joset, Mont.*), 1827, 1854.

b. Arête recourbée dépassant l'épillet, tige couchée.

7. Esp. A. CANINA, L., Dc. 125.
Vivace, Juin, Juillet.
Mêmes localités, mais plus rare.

c. Arête dépassant l'épillet, tige droite.

8. Esp. **A. ALPINA**, L., Dc. 123.
Vivace, Juin, Juillet.
Sommités du Jura : Hasenmatt. le Colombier, le Reculet (*Josel*), 1827.

VAR. forme *purestris*. Dc. Delémont (*Josel*), 1837.

bb. *Stigmates sortant vers la base des glumelles.*

I. *Glume de grandeur moyenne ou très-courte.*

A. *Panicule simulant un épi ou interrompue.*

a. Panicule très étroite et interrompue.

28. Gen. **Molinia**, GAUD.

† 1. Esp. **M COERULEA**, SAND: *Festu id.*, Dc. 128.
Vivace, Juillet. Octobre.
Prés et bois humides du Jura et du Sundgau (*Josel, Montandon*).

VAR. forme *arundinacea*. SCHRCK. Riespach, Bretagne (*Montandon*), 1832.

b. Panicule simulant une espèce d'épi.

aa. Panicule à épillets distiques ou sur deux séries.

29. Gen. **Brachypodium**, POLL.

* Arête des fleurs supérieures plus longue que la glumelle, racine fibreuse.

1. Esp. **B. SYLVATICUM**. R. BROW.; *Festu id.*, Dc. 136
Vivace, Juin. Juillet.
Partout dans les bois du Jura et du Sundgau (*Josel, Montandon*).

** Arête des fleurs supérieures plus courte que la glumelle, racine rampante.

2. Esp. **B PINNATUM**, PALL.; *Festu id.*, Dc. 156.
Vivace, Juillet, Août.
Lieux secs et arides du Jura et du Sundgau, cependant moins commune que la précédente espèce (*Josel, Montand.*).

bb. Panicule formée d'épillets serrés disposés sur le côté ou unilatéraux.

30. Gen. **Cynosurus**, L.

1. Esp. C. CRISTATUS, L., Dc. 134.
Vivace, Juin, Juillet.
Prés secs et humides du Jura et du Sundgau (*Joset, Montandon*).

cc. Panicule assez lâche, à épillets agglomérés et uni-latéraux.

31. Gen. **Dactylis**, L.

1. Esp. D. GLOMERATA, L., Dc. 154.
Vivace, Juin, Octobre
Partout dans les prés du Jura et du Sundgau (*Joset, Montandon*).

B. *Panicule très ramifiée, comme décomposée.*
A. Glumelle tronquée, bifide ou divisée au sommet.
a. Epillet à deux fleurs, glumelle entière.

32. Gen. **Catabrosa**, PALL.

† 1. Esp. C. AQUATICA, RB BR.; *P. airoides*, Dc. 132.
Vivace, Juin, Juillet.
Eaux stagnantes et fossés du Jura et du Sundgau : la Brevine, Genève (*Joset*), 1827; Mœrnach, Dirlinsdorf, Lucelle, St.-Pierre, Michelfelden, Delle (*Montandon*), 1852.

b. Epillet de quatre à dix fleurs ou plus, glumelle mutique.

33. Gen. **Glyceria**, RB. BR.

a. Tige flottante sur l'eau, feuillée jusqu'à la panicule.

1. Esp. G FLUITANS, RB. BR.; *P. fluitans*, Dc. 150.
Vivace, Juin, Juillet.
Partout dans les marais et les fossés du Jura et du Sundgau (*Joset, Montandon*).
VAR. forme *plicata*, KOCH. Mulhouse (*Montand.*), 1854.

b. Tige dressée nue vers le haut, épillets étalés.

2. Esp. **G. SPECTABILIS**, R. Br.; *P. aquatica*, Dc. 130. *Vivace, Juin, Juillet.*
Fossés aquatiques et bords des lacs du Jura et du Sundgau : Bienne, Epagnier, Orbes *(Joset)*, 1827 ; Mœrnach, Dirlinsdorf, Michelfelden, Bonfol, Grosne à Bourogne *(Montandon)*, 1850, 1854.

c. Epillet de cinq à dix fleurs ou plus, glumelle bifide.

34. Gen. **Festuca**, L. *Fétuque.*

I. Epillets simulant par leur disposition une grappe simple.

†† 1. Esp. **F. LACHENALII**, Spen.; *Tritic. poa*, Dc. 137. *Annuelle, Juin, Juillet.*
Lieux arides du Jura : Bâle près de Wyl *(Joset)*, 1827 ; Mulhouse *(Jules Montandon)*, 1856.

II. Panicule raide, racine fibreuse.

†† 2. Esp. **F. RIGIDA**, Kunth.; *Poa id.*, Dc. 132. *Annuelle, Juin, Juillet.*
Lieux arides près de Nyon *(Joset)*, 1827.

III. Ramifications de la panicule un peu épaisses.

a. Epi dressé, chaume nu vers sa partie supérieure.

† 3. Esp. **F. SCIUROIDES**, Roth.; *F. myurus*, Dc. 130. *Annuelle, Juin, Juillet.*
Lieux incultes et arides du Jura et du Sundgau : Rheinfelden *(Joset)*, 1827 ; de Danjoutin à Belfort, St.-Louis, Huningue, Delle, Grosne, Hirsingen, Mulhouse *(Montand.)*, 1852, 1854.

b. Epi penché, recouvert par les gaines, de même que le chaume.

† 4. Esp. **F. PSEUDOMYURUS**, Will.; *F. bromoïdes*, Dc. 130.
Annuelle, Juin, Juillet.
Lieux incultes du Jura et du Sundgau : Genève *(Joset)*, 1827 ; St.-Louis, Danjoutin, Delle, Mulhouse *(Mont.)*, 1852.

IV. Ramifications de la panicule filiformes.

a. Feuilles inférieures roulées ou pliées, les supérieures planes.

5. Esp. F. RUBRA, L., Dc. 429.
Vivace, Juin, Juillet.
Prés, pâturages, partout dans le Jura et le Sundgau (*Josel, Montandon*).

b. Feuilles toutes filiformes et roulées sur elles-mêmes.

6. Esp. F. OVINA, L., Dc. 429.
Vivace, Juin, Juillet.
Fréquente partout dans les lieux secs et arides du Jura et du Sundgau (*Josel, Montandon*).

VAR. forme *glauca*, SCHRD. Bienne, Delle (*Mont.*) 4851.
VAR. forme *duriuscula*, L. Ferrette, Porrentruy (*M.*), 4855.
VAR. forme *heterophylla*, LAMK. Forêts du Jura et du Sundgau : Ferrette, Lucelle, Delle (*Mont.*), 4855.
VAR. forme *nigrecens*, LAMK. Chasseral (*Josel, Montandon*), 4827, 4854.

c. Feuilles toutes planes, ligules tronquées.

a. Epillet renfermant moins de cinq fleurs, panicule droite.

† 7. Esp. F. PUMILA, Dc. 429.
Vivace, Juin, Juillet.
Crétes rocailleuses du Jura : le Reculet (*Josel*), 4827.

b. Epillet à moins de cinq fleurs, panicule penchée.

† 8. Esp. F. SCHEUCHZERI, GAUD.
Vivace, Juillet.
Sommités du Jura : Creux-du-Van (*Josel*), 4827.

c. Epillet contenant plus de cinq fleurs.

aa. Panicule simple composée d'épillets sessiles.

† 9. Esp. F. PHOENIX. THUIL.; *F. loliacea*, DC. 428.
Vivace, Juin, Juillet.
Prés fertiles du Jura et du Sundgau: Muttenz, Olsberg, Orbes, Porrentruy (*Josel*), 4827; St.-Louis, Galfingen, Ferrette (*Montandon*), 4852, 4856.

bb. Panicule rameuse, épillets pédonculés ou pédicellés.

* Epillet renfermant six à neuf fleurs.

10. Esp. F. ELATIOR, L., Dc. 129.
Vivace, Juin, Juillet.
Partout dans le Jura et le Sundgau (*Joset, Montandon*).

** Epillet renfermant dix à quinze fleurs fertiles.

† 11. Esp. F. INERMIS, L.; *Brom. id.*, Dc. 129.
Vivace, Juin, Juillet.
Collines arides du Jura et du Sundgau: Rheinfelden, Orbes, la Maison-rouge (*Joset*), 1827; Delle, Belfort, Grosne, entre Bretagne et Vellescot (*Montandon*), 1852.

cc. Panicule rameuse, glumelle à arête distincte.

* Panicule diffuse, arête plus courte que la valve.

† 12. Esp. F. ARUNDINACEA, SCREB., Dc. 129.
Vivace, Juin, Juillet.
Bords des ruisseaux et des forêts humides du Jura et du Sundgau: Nyon, Prangins, (*Joset*), 1827; Bretagne, Ruderbach (*Montandon*), 1852.

** Panicule lâche, arête une fois plus longue que la valve.

13. Esp. F. GIGANTEA, VILL.; *Brom. id.*, Dc. 133.
Vivace, Juin, Juillet
Répandue le long des forêts et des prairies ombragées du Jura et du Sundgau (*Joset, Montandon*).

B. Glumelles tout-à-fait entières non divisées.

A. *Glume carénée ou pliée, ovaire glabre.*

35. Gen. **Phragmites**, TRIN.

1. Esp. P. COMMUNIS, TRIN.; *Arundo id.*, Dc. 128.
Vivace, Juin, Juillet.
Fréquente sur le bord des eaux et des rivières du Jura et du Sundgau (*Joset, Montandon*).

B. *Glume carénée, ovaire à sommet velu.*

36. Gen. **Bromus**, L. *Brome.*

I. Valve inférieure de trois à cinq nervures.

A. Epillet glabre, gaines des feuilles toutes glabres.

1. Esp. B. SECALINUS, L., Dc. 132.
Annuelle, Juin, Juillet.
Parmi les céréales du Jura et du Sundgau (*Joset, Mont.*)
VAR. forme *grossus*, GAUD. Ferrette (*Mont.*), 1854.
VAR. forme *velutinus*, GAUD. Mulhouse, Dornach, Alt-
kirch (*Montandon*), 1852.

B. Epillet glabre, gaines des feuilles, au moins les inférieures, velues.

a. Arête recourbée dépassant la valve, épillets amincis
au sommet.

* Fleurs toutes écartées après la floraison.

2. Esp. B. PATULUS, KOCH ; *B. multiflorus*, Dc. 155.
Annuelle, Mai, Juin.
Se rencontre parmi les céréales du Jura et du Sundgau :
Porrentruy (*Joset*), 1827 ; Huningue à Altkirch (*Mont.*), 1854.

** Fleurs imbriquées même après la floraison.

† 5. Esp. B. SQUAROSUS, L., Dc. 155.
Annuelle, Juin, Juillet.
Sur le bord des champs du Jura et du Sundgau :
Genève, Genthod (*Joset*), 1827 ; de St.-Louis à Neudorf
(*Montandon*), 1854.

b. Arête droite de la longueur ou plus courte que la valve.

a. Gaines supérieures, la plupart tout-à-fait glabres.

† 4. Esp. B. RACEMOSUS, L., Dc. 155.
Annuelle, Juillet, Août.
Parmi les champs cultivés et les prés du Jura et du
Sundgau : Augst, Rheinfelden (*Joset*), 1827 ; Delle, Bou-
rogne, Rechésy (*Montandon*), 1852.

b. Gaines toutes velues, chaume glabre et tout-à-fait lisse.

5. Esp. B. ARVENSIS, L., Dc. 155.

Annuelle, Juin, Juillet.
Parmi les céréales du Jura et du Sundgau (*Joset, Mont.*).

c. Gaines, chaumes et feuilles mollement velues.

6. Esp. B. **MOLLIS**, L., Dc. 155.
Annuelle, Juin, Juillet.
Fréquente partout sur le bord des chemins et parmi les céréales du Jura et du Sundgau (*Joset, Montandon*).

II. Valve supérieure à trois nervures, l'inférieure à une seule nervure.

A. Epillet élargi au sommet glabre, panicule lâche.

7. Esp. B. **STERILIS**, L., Dc. 155.
Annuelle, Juin, Juillet.
Dans les champs et les cultures, partout dans le Jura et le Sundgau (*Joset, Montandon*).

B. Epillet à sommet élargi pubescent, panicule unilatérale.

8. Esp. B **TECTORUM**, L., Dc. 155.
Annuelle, Juin, Juillet.
Champs et vignes du Jura et du Sundgau : Genève, Creux-du-Van (*Joset*), 1827; Mulhouse, Delle, Illfurth (*Montandon*), 1855.

C. Epillet linéaire oblong presque d'égale largeur.

* Feuilles supérieures plus larges que les inférieures, panicule
·dressée.

9. Esp. B. **ERECTUS**, L., Dc. 155.
Vivace, Juin, Juillet.
Commune dans les pâturages secs du Jura et du Sund-
gau (*Joset, Montandon*).

** Feuilles supérieures, jamais plus larges que les inférieures,
panicule penchée.

10. Esp. B. **ASPER**, L., Dc. 155.
Vivace, Juin, Août.
Fréquente dans les forêts montueuses du Jura et du Sundgau (*Joset, Montandon*).

C. *Glume mutique ou gonflée, ventrue.*

I. Glume convexe et très-ventrue.

37. Gen. **Briza**, L. *Amourette.*

1. Esp. B. **MEDIA**, L., Dc. 152.
Annuelle, Juin, Août.
Partout dans les prés du Jura et du Sundgau (*Joset*, *Montandon*).

II. Glume mutique ou tronquée, coriace.

38. Gen. **Eragrostis**, POLL. *Poa.*

a. 7 à 8 fleurs dans chaque épillet, gaîne à orifice poilu.

† 1. Esp. E. **PILOSA**, POLL.; *Poa id.*, Dc. 150.
Annuelle, Juin, Juillet.
Collines arides du Jura et du Sundgau : Genève, Bois-rond (*Joset*), 1827 ; Mulhouse, Huningue (*Montandon*), 1853, 1854.

b. 10 à 11 fleurs par épillet. gaine irrégulièrement velue.

†† 2. Esp. E. **POEFORMIS**, POLL.; *Poa eragrostis*, Dc. 150.
Annuelle, Juin, Juillet.
Lieux stériles du Jura et du Sundgau : Besançon, Lu-celle (*Joset*), 1827 ; Kembs à Huningue (*Montandon*), 1852.

c. Vingt fleurs environ dans chaque épillet de forme lancéolée.

†† 5. Esp. E **MEGASTACHYA**, LINK; *Poa id.*, Dc. 150.
Annuelle, Juin, Juillet.
Lieux sablonneux du Jura et du Sundgau : Genève, Pont de fil de fer, Delémont (*Joset*), 1827 ; Huningue, St.-Louis (*Montandon*), 1852.

III. Glume mutique ou tronquée très membraneuse.

39. Gen. **Poa**, L. *Paturin.*

I. Epillet à pédicelle court renflé, rarement allongé, à racine fibreuse dépourvue de stolons rampans.

a. Panicule à ramifications solitaires ou géminées, fleurs glabres.

1. Esp. P. **ANNUA**, L., Dc. 150.

Annuelle, Juin, Octobre.
Prés du Jura et du Sundgau (*Joset, Montandon*).

b. Panicule à ramifications solitaires ou géminées, fleurs velues.

* Épillet ovale à quatre fleurs, panicule sur le côté et un peu fléchie.

2. Esp. P. BULBOSA, L., Dc. 131.
Vivace, Juin, Juillet.
Fréquente dans les endroits arides du Jura et du Sundgau (*Joset, Montandon*).

VAR. forme *vivipara*, KOCH. Mêmes localités, plus rare, Mulhouse (*Montandon*). 1852.

** Épillet de 4 à 6 fleurs, ovale en cœur, panicule diffuse.

3. Esp. P. ALPINA, L., Dc. 131.
Vivace, Juin, Juillet.
Pâturages élevés du Jura : au Chasseral, au Hasenmatt, au Reculet (*Joset*), 1827.

VAR. forme *vivipara*, KOCH, plus rare, Creux-du-Van (*Joset*).

c. Panicule à rameaux inférieurs au nombre de cinq, fleurs presque à 5 nervures.

* Axe de l'épi tout-à-fait glabre, racine fibreuse.

4. Esp. P. FERTILIS, HOST.; *P. palustris*, Dc. 131.
Vivace, Juin, Juillet.
Se rencontre dans les prés humides du Jura et du Sundgau : Chaux d'Abel (*Joset*), 1827; Huningue à Neudorf (*Montandon*), 1852.

** Axe de l'épi pubescent, gaîne supérieure plus courte que la feuille.

5. Esp. P. NEMORALIS, L., Dc. 131.
Vivace, Juin, Juillet.
Rochers boisés des collines du Jura et du Sundgau (*Joset, Montandon*).

VAR. forme *firmula*, GAUD. Ferrette (*Mont.*), 1851.
VAR. forme *montana*, GAUD. Delle, Courtavon (*M.*), 1854.

Vᴀʀ. forme *rigidula*, Gᴀᴜᴅ. Illfurth (*Mont.*), 1848.

Vᴀʀ. forme *coareta*, Gᴀᴜᴅ. Mulhouse (*Montandon*), 1855, parmi le type.

d. Panicule à rameaux inférieurs au nombre de cinq, en demi-verticilles.

A. Glumelle à valves égales, entièrement glabres.

6. Esp. ᴘ. **SUDETICA**, Wɪʟᴅ; *P. trinervata*, Dᴄ. 150. *Vivace, Juin, Juillet.*

Lieux ombragés des forêts du Jura et du Sundgau : Pontarlier, Chasseral, Creux-du-Van (*Joset*), 1827; Lutterbach, Ferrette, Lucelle (*Montandon*), 1852.

B. Glumelle entière, velue ou pubescente.

a. Axe de l'épi glabre, gaîne supérieure plus longue que la feuille.

††7. Esp. ᴘ. **THURMANNIANA**, Nᴏʙ. litt. 1853. *Vivace, Juin, Juillet.*

Lieux couverts du Sundgau : Florimont, St.-Louis, Istein, Landskron (*Montandon*), 1852, 1854.

Cette espèce se rapproche du *compressa* L., par la tige qui est cependant moins comprimée; du *trivialis* L. par le port de la panicule qui est moins fournie et plus étalée; du *fertilis*, Hᴏsᴛ. par ses épillets qui sont d'un vert gai mais moins nombreux, et il s'écarte du *langiana*, Rᴇɪᴄʜʙ. par les ligules des feuilles inférieures et supérieures d'égale longueur et surtout par sa floraison plus tardive (Août, Septembre)   *Montandon.*

b. Axe de l'épi glabre, gaînes des feuilles rudes, de même que le sommet de la tige.

8. Esp. ᴘ. **SCABRA**, Hᴏsᴛ.; Dᴄ. 150. *Vivace, Juin, Juillet.*

Fréquente dans les prés et les champs humides du Jura et du Sundgau (*Joset, Montandon*).

Vᴀʀ. *hybrida*, Gᴀᴜᴅ., la Dôle, Chasseral (*Joset*), 1827.

II. Epillet longuement pédicellé, racine à stolons allongés rampans.

a. Fleurs à base entourées de longs poils soyeux, tige cylindrique.

9. Esp. ᴘ. **PRATENSIS**, L., Dᴄ. 151.

Vivace, Juin, Juillet.

Partout dans les prés du Jura et du Sundgau (*Joset*, *Montandon*).

VAR. forme *angustifolia*, L. Parmi le type, assez disséminée (*Montandon*), 1852.

b. Fleurs à base non poilue, tige ou chaume comprimé.

10. Esp. P. COMPRESSA, L., Dc. 151.
Vivace, Juin, Août.
Disséminée sur les vieux murs dans les endroits arides du Jura et du Sundgau (*Joset, Montandon*).

VAR. forme *concinna*, GAUD. *Poa Kirschlegeriana*, NOB. litt. 1852. Mulhouse à Illfurth, Ferrette à Oltingen (*Montandon*), 1846, 1852, rare.

II. *Glume de dimension forte ou très grande.*

A. Stigmates simulant un fil.

40. Gen. **Sesleria**, L.

1. Esp. S. COERULEA, ARD., Dc. 154.
Vivace, Mars, Avril.
Se rencontre sur les collines calcaires du Jura et du Sundgau : Porrentruy, Ferrette, Buix (*Montandon*), 1852.

B. Stigmates disposés comme les barbes d'une plume.

a. Panicule simulant un épi ou une grappe.

* *Panicule simulant une grappe.*

41. Gen. **Danthonia**, Dc.

† 1. Esp. D. DECUMBENS, Dc. 126.
Vivace, Mai, Juillet.
Pâturages parmi les bruyères du Jura et du Sundgau : Delémont (*Joset*), 1827; Ochsenfeld (*Montandon*), 1853.

** *Panicule simulant un épi.*

42. Gen. **Kœleria**, PERS.

1. Esp. K. CRISTATA, PERS.; *Poa id.*, Dc. 132.
Annuelle, Juin, Août.
Prés secs et arides du Jura et du Sundgau (*Joset, Mont*).

VAR. forme *valesiaca*, GAUD. Neuchâtel (*Joset*), 1829.

b. Panicule rameuse au sommet et pendante.

a. Panicule souvent ramifiée.

aa. Glumelle inférieure très-entière.

43. Gen. **Corynephorus**, POLL.

† 1. Esp. **C. CANESCENS**, POLL.; *Aira id.*, Dc. 128.
Vivace, Juin, Juillet.
Lieux sablonneux de Michelfelden (*Mont.*), 1852.

bb. Glumelle inférieure très-tronquée.

44. Gen. **Aira**, L.

* Feuilles planes striées.

1. Esp. **A. CÆSPITOSA**, L., Dc. 127.
Vivace, Juin, Juillet.
Fréquente dans les forêts du Jura et du Sundgau (*Joset, Montandon*).

** Feuilles toutes capillaires.

† 2. Esp. **A. FLEXUOSA**, L., Dc. 128.
Vivace, Juin, Juillet.
Dans les forêts du Jura et du Sundgau : Boujaille, Chasseron (*Joset*), 1827 ; Michelfelden (*Montandon*), 1852.

b. Panicule simple et souvent pendante.

45. Gen. **Avena**, L. *Avoine.*

A. Ovaire à sommet velu, épillets non pendants.

a. Feuilles toutes planes sur les deux faces qui sont poilues.

1. Esp. **A. PUBESCENS**, L., Dc. 126.
Vivace, Juin, Juillet.
Dans les pâturages arides du Jura et du Sundgau (*Joset, Montandon*).

b. Feuilles radicales pliées et glabres, gaînes lisses.

† 2. Esp. **A. PRATENSIS**, L., Dc. 127.
Vivace, Juin, Juillet.
Collines arides et chaudes du Jura et du Sundgau : Bienne,

Genève (*Joset*), 1827; collines de Didenheim (*Mont.*),1854.

B. Ovaires velus, épillets le plus souvent pendants.

3. Esp. A. **FATUA**, L., Dc. 126
Annuelle, Juin, Août.
Parmi les céréales du Jura et du Sundgau : Delémont
(*Joset*), 1829 ; Bonfol, Ferrette (*Montandon*), 1852.

C. Ovaires tout-à-fait glabres.

a. Panicule presque contractée jaunâtre.

4. Esp. A **FLAVESCENS**, L., Dc. 127.
Vivace, Juin, Juillet.
Fréquente dans les prés du Jura et du Sundgau (*Joset,
Montandon*).

b. Panicule comme divariquée trichotome.

5. Esp. A. **CARIOPHYLLÆA**, PALL.; *Aira id.*, Dc. 128.
Vivace, Mai, Juin.
Lieux secs et arides du Jura et du Sundgau : Birsfeld,
Muttenz (*Joset*), 1827 ; Hirsingen en allant à Altkirch,
Bourogne, Lutterbach (*Montandon*). 1852, 1854.

II. Organes reproducteurs simulant des étamines
et des pistils peu distincts ou d'une existence plus
ou moins problématique.

2e CLASSE, **Monocotylédones cryptogames.**

ANALYSE PRATIQUE DES FAMILLES.

Tige ou rhizome feuillé 1
Tige ou rhizome sans feuilles 2
Tige feuillée, fructification axillaire ou presque
   radicale. LYCOPODIACÉES, p. 574.
Rhizome feuillée 2

1. *Fructification* dorsale, marginale, latérale ou
   terminale. FOUGÈRES, p. 574.
Fructification radicale. MARSILÉACÉES, p. 574

2. {
Tige articulée, fructification terminale, articulations pourvues de gaînes. Équisétacées, p. 380
Tige articulée, fragile, fructification axillaire, articulations dépourvues de gaînes. Characées, p. 581.
}

---

1. Fam. LYCOPODIACÉES, Dc.

1. Gen. Lycopodium, L.

A. Feuilles éparses terminées par un poil.

† 1. Esp. L. CLAVATUM, L., Dc. 416.
Vivace, Août, Septembre.
Calcaire du Jura et du Sundgau: Blochmont près de Lucelle, Pierre-Fontaine *(Josel)*, 1827; Dampierre, Allanjoie *(Montandon)*, 1853.

B. Feuilles imbriquées sans poils au sommet.

† 2. Esp. L INUNDATUM, L., Dc. 416.
Vivace, Août, Septembre.
Dans les bruyères inondées du Jura et du Sundgau: Delémont *(Josel)*, 1829; Boron, étang Fourché *(Montandon)*, 1850.

---

2. Fam. MARSILÉACÉES, Dc.

* *Feuilles filiformes, graminoides.*

1. Gen. Pilularia, L. *Pilulaire.*

††1. Esp. P. GLOBULIFERA, L., Dc. 417.
Vivace, Juin, Juillet.
Se trouve sur le bord des mares du Jura et du Sundgau: val de Lauffon *(Josel)*, 1827; Grosne, Bonfol *(Mont.)*, 1852.

** *Feuilles composées de quatre folioles.*

2. Gen. Marsilea, L.

† 1. Esp. M. QUADRIFOLIA, L., Dc. 417.
Vivace, Juin, Octobre.
Mares profondes du Jura: Bonfol *(Mont.)*, 1852.

5. Fam. **FOUGÈRES**, Dc.

A. *Capsules dépourvues d'anneau élastique.*

a. Tige à une seule feuille amplexicaule.

1. Gen. **Ophyoglossum**, L.

† 1. Esp. **o. vulgatum**, L., Dc. 117. *Langue de serpent.*
Vivace, Juin, Juillet.
Marécages et prés humides du Jura et du Sundgau :
Bonfol, la Perche, le Fahy, Vaberbin (*Joset*), 1829 ; au
Nonnenbruch près Lutterbach (*Montandon*), 1845.

b. Tige à une seule feuille ailée.

2. Gen. **Botrychium**, Sw. *Lunaire.*

† 1. Esp. **b. lunaria**, Sw.; *Osmunda id.*, Dc. 175.
Vivace, Juin, Juillet.
Prés secs et montueux du Jura et du Sundgau : la Vauche
près de Porrentruy, Lacroix (*Joset*), 1827 ; forêts du Nonnenbruch près de Cernay, St.-Dizier (*Montandon*), 1845.

c. Tige à plusieurs feuilles deux fois ailées.

3. Gen. **Osmunda**, L. *Osmonde.*

†† 1. Esp. **o. regalis**, L., Dc. 115.
Vivace, Juin, Août.
Endroits marécageux du Sundgau : Boron, le Puix,
(*Montandon*), 1852.

B. *Capsules pourvues d'anneau élastique.*

a. Feuilles ou frondes pinnatifides, capsules groupées,
couvertes de paillettes scarieuses.

4. Gen. **Ceterach**, Wild.

†† 1. Esp. **c. officinarum**, Wild., Dc. 115.
Vivace, Juillet, Octobre.
Sur les vieux murs exposés au nord dans le Jura et
le Sundgau: Vaufrey, Milandre (*Montandon*), 1852.

aa. Capsules arrondies nullement recouvertes par un tégument.

5. Gen. **Polypodium**, L. *Polypode*.

* Frondes ou feuilles toutes pinnatifides.

1. Esp. p. VULGARE, L., Dc. 115.
Vivace, Août, Septembre.
Sur les vieux murs, les toits et les rochers du Jura et du Sundgau (*Joset, Montandon*).

** Frondes ou feuilles deux fois ailées, côtes nues et blanchâtres.

† 2. Esp. p. RHOETICUM, Dc. 114.
Vivace, Juillet, Octobre.
Forêts ombragées du Sundgau : Lucelle, St.-Pierre (*Montandon*), 1852.

*** Frondes ou feuilles paraissant ternées, dépourvues d'écailles.

† 3. Esp. p. DRYOPTERIS, Dc. 115.
Vivace, Août, Septembre.
Bois ombragés des montagnes du Jura et du Sundgau : Delémont, le Fahy, Charquemont, Damprichard (*Joset*), 1827; Ferrette, Blochmont (*Montandon*), 1855.

VAR. *calcareum*, DOELL. Mandeure (*Montandon*), 1855.

bb. Capsules arrondies recouvertes d'un tégument.

6. Gen. **Polystichum**, Dc.

A. Frondes ailées à pinnules dentées.

† 1. Esp. p. LONCHITIS, L., Dc. 114.
Vivace, Juillet, Octobre.
Bois montueux du Jura et du Sundgau : Moutiers, Undervillier, Delémont (*Joset*), 1829; Lucelle (*Mont.*), 1852.

B. Frondes ailées à pinnules pinnatifides, pétiole nu.
Pinnules à lobes triangulaires aigus, couverts de capsules.

2. Esp. p. THELYPTERIS, Dc. 115.
Vivace, Juillet, Octobre.
Bois un peu humides du Jura et du Sundgau : val de Lauffon, forêts des Rangiers (*Joset*), 1827; Ferrette, Sondersdorf (*Montandon*), 1851.

** Pinnules à lobes oblongs obtus, capsules à groupes
distincts.

† 5. Esp. **P. OREOPTERIS**, Dc. 415.
Vivace, Août, Octobre.
Les bruyères du Jura et du Sundgau : Bellelay (*Josel*),
1829; Lucelle (*Montandon*), 1852.

C. Frondes ailées à pinnules pinnatifides, pétiole garni
d'écailles rousses.

* Écailles éparses le long du pétiole de la fronde.

4. Esp. **P. FILIX-MAS**, Dc. 414.
Vivace, Août, Octobre.
Forêts et lieux stériles du Jura et du Sundgau (*Jos., M.*).

** Écailles placées seulement vers la base du pétiole de la
fronde.

† 5. Esp. **P. CALLIPTERIS**, Dc. 415.
Vivace, Août, Septembre.
Bois marécageux du Sundgau : Sondersdorf, Grosne
(*Montandon*). 1852.

D. Frondes deux à trois fois ailées, pinnules à lobes
raides, épineux.

6. Esp. **P. ACULEATUM**, Dc. 414.
Vivace, Août, Octobre.
Forêts, haies et buissons du Jura et du Sundgau (*Joset,
Montandon*).

E. Frondes 2 à 5 fois ailées, pinnules à lobes à pointe molle.

† 7. Esp. **P. SPINULOSUM**, Dc. 414.
Vivace, Juillet, Octobre.
Bois humides du Jura et du Sundgau (*Joset, Mont.*).

cc. Capsules arrondies à tégument s'ouvrant longitudinalement.

7. Gen. **Aspidium**, Dc.
* Frondes trois fois ailées.

† 4 Esp. **A. MONTANUM**, Dc. 414.
Vivace, Juin, Octobre.

Bois des montagnes du Jura et du Sundgau (*Joset*, *Montandon*).

** Frondes deux fois ailées, folioles dentées, terminées en pointe.

2. Esp. **a. FRAGILE**, Dc. 114.
Vivace, Juillet, Octobre.
Bois et rochers du Jura et du Sundgau (*Joset*, *Mont.*).

dd. Capsules ovales allongées, tégument simulant un croissant.

8. Gen. **Athyrium**, Dc.

1. Esp. **a. FILIX FOEMINA**, Dc. 114.
Vivace, Juillet, Octobre.
Bois montueux du Jura et du Sundgau (*Joset*, *Mont.*).

ee. Capsules en lignes droites éparses sur les frondes.

* *Frondes à base échancrée en cœur comme semi-lunaire.*

9. Gen. **Scolopendrium**, Dc.

1. Esp. **s. OFFICINALE**, Dc. 113. *Langue de cerf.*
Vivace, Août, Octobre.
Sur les rochers ombragés et humides du Jura et du Sundgau (*Joset*, *Mont*).

** *Frondes nullement en cœur, à divisions linéaires ou à lobes plus ou moins distincts.*

10. Gen. **Alplenium**, Dc. *Doradille.*

A. Frondes comme digitées à lobes linéaires plus ou moins allongés.

† 1. Esp. **a. SEPTENTRIONALE**, Dc. 115.
Vivace, Juillet, Octobre.
Rochers du Jura et du Sundgau : cirque de la Caque-relle, Ferrette (*Montandon*), 1852.

B. Frondes découpées jusqu'à la nervure médiane en lobes distincts.

a. Frondes 1 seule fois ailées, pétiole brunâtre ou noirâtre.

2. Esp. **a. TRICHOMANES**, L., Dc. 115.
Vivace, Juillet, Octobre.

Rochers humides, fossés couverts des forêts du Jura et du Sundgau (*Joset, Montandon*).

b. Frondes une seule fois ailées, pétiole vert ou verdâtre.

† 3. Esp. **A. VIRIDE**, Dc. 113.
Vivace, Juillet, Octobre.
Forêts et rochers couverts du Jura et du Sundgau : Blamont, Sous-les-roches, Ruz-des-Seigne, le Blochmont (*Montandon*), 1852.

c. Frondes plusieurs fois ailées ou diversement découpées.

* Lobes des frondes obtus, ovales arrondis et tronqués.

4. Esp. **A. RUTA MURARIA**, L., Dc. 113.
Vivace, Juillet, Octobre.
Vieux murs ombragés et humides du Jura et du Sundgau (*Joset, Montandon*).

** Lobes des frondes en forme de coin allongé comme en massue.

† 5. Esp. **A. GERMANICUM**, L., Dc. 113.
Vivace, Juillet, Octobre.
Forêts et rochers couverts du Jura : cirque de la Caquerelle (*Montandon*), 1852. ●

*** Lobes des frondes pointus, pétiole formant les deux tiers inférieurs de la fronde.

† 6. Esp. **A. ADIANTHUM NIGRUM**, L., Dc. 114.
Vivace, Juillet, Octobre.
Forêts ombragées du Sundgau : Lucelle, St.-Pierre (*Montandon*), 1852.

**** Lobes des frondes pointus, pétiole presque nul.

† 7. Esp. **A. LANCEOLATUM**, Sw., Dc. 114.
Vivace, Juillet, Octobre.
Rochers humides du Sundgau : Ferrette (*Montandon*), 1855.

ff. Capsules en deux lignes longitudinales et parallèles.

11. Gen. **Blechnum**, Sw.

† 1. Esp. B. SPICANT, Dc. 113.
Vivace, Juillet, Octobre.
Bois montueux et humides du Sundgau : Blochmont (*Montandon*). 1852.

gg. Capsules réunies en ligne le long du bord de la fronde.

12. Gen. **Pteris**, L.

1. Esp. P. AQUILINA, L., Dc. 113.
Vivace, Juillet, Octobre.
Forêts stériles du Jura et du Sundgau (*Joset. Mont.*).

4. Fam. ÉQUISÉTACÉES, Dc.

1. Gen. **Equisetum**, L. *Prêle.*

I. *Tiges fertiles sans rameaux, gaines entières ou crénelées.*

1. Esp. E. HYEMALE, L., Dc. 118.
Vivace, Février, Mars.
Dans les endroits humides et les forêts du Jura et du Sundgau (*Josel, Montandon*).
VAR. *variegatum*, DOELL. Mandeure. St.-Louis (M.), 1855.

II. *Tiges fertiles sans rameaux, gaines à sommet divisé en dents profondes.*

A. Épis ovoïdes contigus à la dernière gaine à 14 dents.

2. Esp. E. LIMOSUM, L., Dc. 118.
Vivace, Juin, Juillet.
Marais bourbeux du Jura et du Sundgau (*Josel. Mont.*).

B. Épis cylindriques, assez écartés de la dernière gaine.

a. Gaines fort larges, présentant de 20 à 25 dents.

† 5. Esp. E. TELMATEYA, L., Dc. 118.
Vivace, Mai, Juillet.
Marais spongieux du Jura et du Sundgau : Delémont (*Josel*), 1827 ; Oberdorf, Roppentzwiller, Hirsingue, Altkirch, Mandeure (*Montandon*), 1852.

b. Gaînes peu larges de 10 à 12 dents, tiges stériles de 8 à 15 rameaux par verticille.

4. Esp. **E. ARVENSE**, L., Dc. 118.
Vivace, Avril, Mai.
Champs humides et argileux du Jura et du Sundgau (*Josel, Montandon*).

c. Gaînes peu larges, 10 à 12 dents, tiges stériles à plus de 15 rameaux par verticille.

† 5. Esp. **E. FLUVIATILE**, Dc. 118.
Vivace, Juin, Août.
Bords du Rhin : Huningue (*Montandon*), 1852.

III. *Tiges fertiles garnies de rameaux plus ou moins apparents.*

a. Rameaux subdivisés en ramifications secondaires.

† 6. Esp. **E. SYLVATICUM**, L., Dc. 118.
Vivace. Mai, Juin.
Marais des montagnes à sol argileux et humide du Jura et du Sundgau: Delémont (*Josel*), 1827; Suarce, Ferrette, Sondersdorf (*Montandon*), 1852.

VAR. forme *polystachium*, NOB. Grosne, Grandvillars (*Montandon*), 1850.

b. Rameaux simples, gaînes de huit, même dix dents.

† 7. Esp. **E. PALUSTRE**, L., Dc. 118.
Vivace, Juin, Juillet.
Le long des eaux et des fossés aquatiques du Jura et du Sundgau (*Josel, Montandon*).

c. Rameaux simples, gaînes de 14 à 20 dents.

Voy. p. 380, 2e esp.

5. Fam. **CHARACÉES.**

1. Gen. **Chara**, Dc.

1. *Tige très-visiblement striée, capsule solitaire.*

A. Tiges sans aiguillons, le plus souvent peu allongées.

1. Esp. **C. VULGARIS**, L., Dc. 118.

Vivace, Juin.
Dans les eaux tranquilles du Jura et du Sundgau (*Joset, Montandon*).

B. Tiges hérissées de petits aiguillons , sortant vers le haut.

a. Aiguillons épars sur toute la surface de la tige.

† 2. Esp. **c. hispida** , Dc. 119.
Vivace, Juillet.
Les mares et les pièces d'eau du Jura et du Sundgau : Porrentruy , Delle (*Montandon*) , 1827 , 1852.

b. Aiguillons placés seulement vers le haut de la tige.

5. Esp. **c. tomentosa** , Dc. 119.
Vivace, Juillet.
Dans les eaux noirâtres du Jura et du Sundgau : Hagenthal, Grosne, Bourogne , Mulhouse (*Mont.*) , 1852, 1854.

C. Tiges lisses ou à peine marquées de stries.

a. Capsules situées vers le tiers inférieur des ramifications.

† 4. Esp. **c. capillacea** , Dc. 119.
Annuelle, Juillet.
Dans les eaux courantes du Sundgau : Seppois, Largitzen (*Montandon*) , 1853.

b. Capsules disposées le long des ramifications de la tige.

* Plantes très-allongées, plus ou moins délicates.

† 5. Esp. **c. funicularis** , Thuil. , Mérat. 478.
Vivace, Août, Septembre.
Mares de Bourogne (*Montandon*) , 1852.

** Plantes peu allongées lisses.

6. Esp. **c. batrachosperma** , Thuil., Dc. 119.
Vivace, Juillet.
Dans les ruisseaux du Jura et du Sundgau (*Joset, Montandon*).

II. *Tiges plus ou moins lisses ou transparentes, capsules aggréyées.*

* Ramifications formant des verticilles complets.

† 7. Esp. **C. SYNCARPA**, THUIL., Dc. 119.
Vivace, Juillet, Août.
Dans les eaux claires du Sundgau : Bourogne, Mulhouse (*Montandon*), 1853.

** Ramifications disposées en demi-verticilles.

† 8. Esp. **C. FLEXILIS**, Dc 119.
Vivace, Juin, Août.
Les eaux claires du Jura et du Sundgau : Delle, Boncourt (*Montandon*), 1851.

IIᵉ EMBRANCHEMENT.

Végétaux cryptogames ou acotylédones.

NB. Devant faire partie d'un travail spécial, ils ne peuvent trouver place ici.

Les espèces et variétés renfermées dans cet ouvrage se montent au nombre de 1650.

Additions, localités nouvelles et rectifications diverses.

Page
5, *Adonis œstivalis*, L., forme *citrina*, HOFF. St.-Louis, (*M.*), 1852.
5, *id. flammea*, JACQ. Rouffach, Courtelevent (*M.*), 1854.
6, *Ranunculus lingua*, L. Sochaux (*M.*), 1855.
8, *id. philonotis*, EHRH. Au Trage, Bourogne (*M.*), 1855.
9, *id hederaceus*, L. Wittelsheim (*M.*), 1854.
10, *Myosurus minimus*, L. Fèche-les-prés (*M.*), 1855.
11, *Anemone pulsatilla*. L. Zillisheim (*M.*), 1856.
12, *id. sylvestris*, L. Rixheim (*M.*), 1856.
12, *id. ranunculoides*, L. Kembs (*M.*), 1856.

Page

Page

188, *Podospermum laciniatum*, Dc.

Cette espèce rare se distingue de la forme *Jacquinianum*, Koch, plus rare encore, d'abord par sa racine bisannuelle, simple, ne donnant naissance à aucune rosace de feuilles ou tiges stériles à sa base, tandis que dans la forme *jacquinianum*, Koch, la racine est vivace, donne issue à des tiges fertiles et à d'autres tiges tout-à-fait stériles ; ensuite le *laciniatum*, Dc. se distingue encore par sa tige droite plus ou moins ramifiée, mais à rameaux cylindriques dans la plante fraîchement récoltée (*caractéristique*) ; la forme *jacquinianum*, Koch, au contraire, a bien sa tige droite, mais seulement ramifiée et comme dichotome vers sa partie supérieure ; les ramifications sont déprimées à l'état vert (*caractéristique*). Rien de très-remarquable sous le rapport des feuilles, mais ce qui est le plus caractéristique dans la forme *jacquinianum*, Koch, c'est la longueur extraordinaire des ligules extérieures de chaque calathide, qui dans ce cas sont au moins une fois aussi longues que l'involucre, tandis que dans le *laciniatum*, Dc., les ligules extérieures de chaque calathide égalent en longueur ou dépassent à peine la longueur de l'involucre (*caractéristique*).

NB. Avancer qu'un *Podospermum*, Dc. ne peut être autre chose qu'un *Leontodon*, L., comme MM. Parisot et Contejean, ouvrage cité p. 163, c'est *prouver* jusqu'à l'évidence qu'il faut être très peu versé dans la détermination des *genres*, Dieu sait des *espèces*, pour oser hasarder une pareille *balourdise*. Montandon.

192, *Prœnanthes purpurea*, L. forme *tenuifolia*, Nob Lucelle (*M.*), 1855.

255, *Lindernia pixidaria*, L. Bourogne. Allanjoie (*M.*), 1855, 1856.

245, *Salvia sclarea*, Altkirch (*M.*), 1854.

246, *id. verticillata*, L. Prés d'Huningue (*M.*), 1856.

246, *Leonurus cardiaca*, L. Pfastatt (*M.*), 1856.

271, *Daphne alpina*. L. Crêtes des roches (*M.*), 1855.

275, *Euphorbia palustris*, L. Kembs (*M.*), 1855.

282, *Alnus incana*, L. Val Delémont (*Josel*), 1827 ; Huningue (*M.*), 1854.

291, *Goodyera repens*, Rich. Ensisheim (*M.*), 1855.

292, *Epipactis palustris*, Lk. Tannenwald (*M.*), 1856.

510, *Maianthemum smilacinum*. N. Tannenw. (*M.*), 1856.

516, *Scilla autumnalis*, L. La Harth (*M.*), 1856.

574, *Lycopodium juniperinum*, Dc. Charquemont (*Josel*), 1827.

576, *Polypodiumphegopteris*, L. Charquemont (*Jos.*),1827.

578, *Aspidium Halleri*, Sw. Meltingen (*Josel*), 1829 ; Belfort, 1855.

VOCABULAIRE.

Acotylédone. Sous cette dénomination on comprend les végétaux, sans *cotyledons*, ou ne donnant naissance, par la germination, à aucune feuille séminale apparente, soit à l'œil nu ou à la loupe, soit au microscope (les *champignons*, etc.).

Acuminé se dit de tout objet terminé par une pointe aigue, spécialement les *feuilles*, les *folioles* etc.

Adné ou **Adnées** se dit d'objets se rapprochant, et comme collés latéralement, spécialement des *feuilles*, *folioles*, *stipules* etc.

Agregé, **Agregées** se dit d'un amas de fleurs réunies sur une surface commune (*réceptacle*) et pourvues chacune d'une enveloppe florale externe particulière (la *scabieuse* etc.).

Aigrette, Aigrettées se dit d'un amas de poils simples dentés, rameux ou plumeux, couronnant le sommet de la graine des *composées* (le *Pissenlit* etc.).

Aiguillon, par ce mot on entend une excroissance plus ou moins dure et piquante qui nait de l'écorce et non du bois comme l'*épine* (le *rosier*).

Aile, ailé, ailée. L'aile est une membrane mince, bordant une tige, une graine, un fruit etc. (*scrophularinées*, *ombellifères* ailées. Feuilles voyez *pinnée*).

Ailes comprend les deux pièces latérales de l'enveloppe florale interne des *papilionacées*, (le *pois*).

Aisselle s'entend de l'angle formé par une feuille ou une ramification sur la tige ou sur la branche.

Akène, fruit sec, à une seule graine ne s'ouvrant pas de soi-même et dont l'enveloppe générale (*péricarpe*) adhère plus ou moins intimement à l'enveloppe propre de la graine, tube de l'enveloppe florale externe (calice), (le *cerfeuil*, l'*angelique* etc.).

Alterne, Alternes se dit de la disposition des feuilles placées à une hauteur différente les unes des autres, de chaque côté de la tige (*Campanule*).

Se dit aussi des parties de la fleur qui se trouvent placées en alternance avec d'autres parties, par ex. les organes mâles (*étamines*) alternent avec les pièces isolées (*pétales*) ou avec les lobes ou divisions de l'enveloppe florale interne (*corolle*), c.-à.-d. que ces organes mâles regardent l'intervalle des pétales, lobes ou divisions de l'enveloppe florale interne, selon qu'elle est d'une ou de plusieurs pièces, (la *primévère*, les *ombellifères*).

Amande, signifie l'ensemble des organes renfermés dans le tégument de la graine (*spermoderme*).

Amplexicaule, tout objet embrassant la tige, comme les *stipules* etc.

Anastomose, **anastomosé**, tout objet formant des entrelacements, comme les nervures des feuilles entre elles.

Androgyne, qui contient des fleurs mâles et des fleurs femelles.

Androphore, cette définition s'emploie toutes les fois que les filamens staminaux sont soudés ou plus ou moins réunis entre eux (la *mauve* etc.).

Anthère, par cette dénomination on entend cette partie essentielle de l'étamine, placée dans l'ordinaire des cas au sommet du filet, et renfermant, dans ses loges, la poussière fécondante ou le *pollen*.

Apétale, apétalées, plantes à fleurs nues ou tout-à-fait dépourvues d'enveloppe florale interne [corolle] (*lortier*).

Appendice, s'entend d'un organe insolite envisagé comme partie accessoire de la plante elle-même.

Appendiculé, muni d'un appendice.

Arbre, végétal à tige de consistance ligneuse (*tronc*) se divisant vers le sommet en branches, rameaux etc. (le *chéne* etc.)

Arbrisseau, cette dénomination s'applique plus spécialement au végétal de consistance ligneuse, à tige peu élevée et se ramifiant près de sa base (la *viorne*).

Arille, dénomination désignant l'enveloppe externe de certaines graines, dont la formation est due à l'expansion du cordon ombilical (*fusain*).

Arête, **aristée** pointe filiforme allongée — se terminant par une arête (l'*orobe*).

Article, **articulé**, **articulation**, le premier se dit de l'espace renfermée entre deux articulations ; le second signifie muni d'articulations ; le troisième enfin s'applique au point de réunion de deux parties placées bout à bout, tendant à se séparer spontanément par la suite.

Ascendante, se dit de la tige lorsqu'elle est courbée vers sa base pour reprendre insensiblement la direction verticale.

Atténué, signifie rétréci, aminci etc.

Aubier, se dit du bois imparfait situé entre la substance corticale (l'*écorce*) et la substance ligneuse (le *bois*), en d'autres termes, l'écorce à l'extérieur et le bois proprement dit à l'intérieur, caractère propre à toutes les dicotylédones à substance ligneuse (le *sureau* etc.).

Auriculé, pourvu d'oreillettes (les *feuilles* etc.)

Axe, **axillaire**, le premier comprend le support (*pédoncule central*) d'une grappe d'un chaton ou d'un épi (*vigne*, *saule*, *froment*) ; le second s'entend d'un corps placé dans l'aisselle.

Baie, fruit mou, charnu, sans noyau, ne s'ouvrant jamais spontanément (*raisin*).

Balle, dénomination qui désigne l'enveloppe propre à chaque fleur des *graminées*. La balle se compose d'une ou de plusieurs écailles, auxquelles on a donné le nom de valves (l'*avoine*).

Barbe, poil raide et plus ou moins allongé (l'*orge*).

Base, on entend par ce mot cette partie de la feuille ou du fruit etc. par laquelle ils tiennent à la plante, tandis que ce que l'on appelle vulgairement la base d'une poire est le sommet du fruit, vu que la *queue* ou pédoncule) étant le point d'attache, l'œillet formé par les divisions du calice qui sont persistantes avec ce dernier, se trouvent occuper le sommet de la *poire*.

Bi, est ajouté aux mots, pour désigner que l'objet est double : *bicornue*, à deux cornes ; *bifide*, à deux divisions ; *biflores*, à deux fleurs ; *bijuguée*, feuille à deux paires de folioles ; *bifurqué*, divisé en deux branches ; *bilabié*, à deux lèvres (calice et corolle de la sauge) ; *bilobé*, à deux lobes ; *biloculaires*, à deux loges ; *biparti*, divisé en deux ; *bipinnées* feuilles dont les folioles sont *pinnées* ; *bivalves*, à deux valves etc.

Bois, partie dure et compacte de la plante, située au centre dans les *dicotylédones*, et à la circonférence dans les *monocotylédones*.

Boîte à savonette, s'applique à un fruit globuleux, s'ouvrant en deux pièces hémisphériques par une scissure horizontale (le *mouron*).

Bourgeon, signifie cette partie de la plante renfermant les rudimens des fleurs, des feuilles et des rameaux etc.

Bractée, cette dénomination s'emploie pour désigner les petites feuilles se trouvant dans le voisinage des *fleurs*, lesquelles ne diffèrent des autres feuilles que par la forme et la *couleur*.

Bulbe, bulbeux, la première dénomination s'emploie pour qualifier une espèce de bourgeon souterrain, et formé de tuniques concentriques (*l'oignon*) ou d'écailles se recouvrant les *unes*

les *autres* (le lys); la seconde se dit des tiges ou racines accompagnées de bulbes.

Caduc. caduque, se dit de l'enveloppe florale externe (calice) qui tombe avant l'épanouissement de l'enveloppe florale interne (corolle), (le *pavot*, le *fumeterre*).

Le second terme s'applique aux feuilles qui tombent avant la fin de l'année.

Calicanthées, corolle monopétale et étamine reposant sur l'ovaire ou le calice.

Calice, Calicinal, Caliculé, la première dénomination s'applique à l'enveloppe florale externe, ordinairement de couleur verte ; la seconde, à tout ce qui tient au calice lui-même, comme le tube etc. ; la troisième désigne les folioles avortées qui entourent là base du calice ou de l'involucre (*l'œillet*, la *chicorée*, etc.).

Calicipétalées, pétales et *étamines* insérées sur le calice ou le tube calicinal.

Campanulé, en forme de cloche (la *campanule*).

Campylosperme, se dit des akènes ou carpelles des ombellifères, lorsque leur face commissurale est plus ou moins concave (la *ciguë* etc.).

Canaliculé. cannelé, cannelure, le premier se dit d'un objet creusé d'un sillon profond; le second, de tout objet marqué de cannelures ; le troisième, d'un enfoncement s'allongeant en forme de gouttière. Tous trois s'appliquent à la *tige*, aux *rameaux*, au *pédoncule* etc.

Capillaire, mince comme un cheveu.

Capsule, capsulaire, le premier se dit d'un fruit sec

s'ouvrant de lui-même (l'œillet) ; le second se dit de tout objet ayant la nature de la capsule ; se dit *du fruit particulièrement*.

Carène, **caréné**, tout ce qui pour la forme a une certaine ressemblance avec la carène d'un vaisseau, tel que la partie inférieure de l'enveloppe florale interne des légumineuses, formée le plus souvent par la réunion des deux pétales inférieures de la corolle *pois*.

Carinale, (côte). Se dit de celle qui se trouve placée sur le milieu de la surface dorsale du fruit (*ombellifères*).

Carpelle, fruit indéhiscent des *ombellifères*, des *renonculacées*.

Carpophore, axe filiforme auquel se trouvent suspendues les carpelles ou fruits des *ombellifères*.

Caryopse, se dit d'un fruit sec à une seule semence, ne s'ouvrant pas de lui-même et dont l'enveloppe générale (*péricarpe*) est confondue avec l'enveloppe propre de la graine (le *seigle*).

Caulinaire, qui appartient à la tige.

Cellulaire, (tissu). Se dit d'un tissu organique se composant de cellules microscopiques, dont la coupe affecte souvent la forme hexagonale.

Chagriné, ayant l'aspect de la peau dite *chagrin*.

Charnu, composé d'une pulpe succulente.

Chaton, par ce mot on entend l'assemblage de fleurs unisexuelles, sessiles ou presque sessiles, sur un axe commun, tombant sans se désunir après la floraison (le *saule*).

Chaume, tige propre aux graminées ; elle est formée d'une tige noueuse donnant naissance aux feuilles et se séparant, à chaque corps d'articulation, en plusieurs cylindres creux (*froment*).

Cilié, **cils**, on entend par le premier mot tout objet pourvu de poils saillants sur les bords ; par le second, les poils mêmes.

Collerette, s'entend d'un assemblage de folioles ou bractées placées à la base des ombelles, parfois aussi de quelques fleurs qui ne sont pas en ombelles. On donne aussi le même nom aux appendices garnissant la gorge d'une corolle (la *narcisse*).

Coloré, la teinte commune des végétaux étant la couleur verte, on est convenu d'appeler *coloré*, tout ce qui n'est pas vert.

Commissural, la face commissurale se forme par l'application l'une contre l'autre des deux carpelles des ombellifères. Elle peut être *plane* ou *concave*.

Commun, qui appartient à plusieurs objets à la fois ; ainsi on dit involucre commun, réceptacle commun, pédoncule commun à tout ce qui renferme ou soutient plusieurs fleurs.

Composé, **composée**, (feuille, fleur). Plusieurs acceptions ; on comprend sous cette dénomination : 1° ce qui est formé de parties distinctes ; 2° les feuilles dont le pétiole porte plusieurs *feuilles partielles* nommées folioles (*acacia*) ; 3° les fleurs réunies sur un réceptacle commun, et entourées d'un involucre de plusieurs folioles (*tournesol*).

Côte, fruit se composant d'un nombre considérable de fruits partiels à une seule semence, ne s'ouvrant pas spontanément, cachés à l'aisselle d'écailles serrées endurcies , et se recouvrant les unes les autres (la *pomme de pin*).

Conjuguée. (feuille) , se dit d'une feuille ailée ou pinnée dont les folioles sont opposées, et se rattachent par paires le long du pétiole commun

Conniventes. parties rapprochées par le sommet.

Coque, se dit d'un fruit dont l'enveloppe générale (*péricarpe*) est formée de lobes élastiques, s'ouvrant spontanément (l'*euphorbe*).

Cordiforme, simulant la forme d'un cœur.

Corolle, c'est cette partie de la fleur placée immédiatement en dehors des organes sexuels, ordinairement *colorée* et leur servant d'enveloppe, connue sous la dénomination d'enveloppe florale interne (*pavot*).

Cortical. faisant partie de l'écorce.

Corymbe. se dit de la disposition des fleurs portées sur des pédoncules atteignant le même niveau, mais ne partant pas du même point (la *tanaisie*).

Cotylédons , cotylédonées. Sous la première expression on entend les parties de l'embryon servant à lui fournir la première nourriture , et qui, lors de la germination , se développent souvent sous la forme foliacée (*feuilles séminales de l'haricot*); la seconde dénomination comprend toutes les plantes à organes sexuels ou fructificateurs sensibles à l'œil nu, la loupe ou le microscope

Couchée. (tige), celle qui s'étale sur le sol *sans y jeter de racines*.

Couronnée. (graine) se dit du sommet de la fleur terminé par une rangée de poils ou d'appendices quelconques.

Crénelée, marqué aux bords de dents obtuses, ce qui aussi caractérise les *crénelures*.

Crépu, Crépue, poils dirigés en sens divers comme frisés , soit à la surface soit sur les corps d'une *feuille, tige*, etc.

Crustacé , dure , coriace.

Cryptogames , Cryptogamie, on sous-entend par la première dénomination les plantes dont les organes sexuels sont imperceptibles, soit à l'œil nu soit à la loupe ; par la seconde on désigne l'ensemble des plantes cryptogames.

Cunéiforme, ayant la forme d'un coin, c'est-à-dire, large à une de ses extrémités et se terminant en pointe vers l'autre.

Cyme , (inflorescence en). C'est un assemblage de plusieurs pédoncules partant d'un même point, pour se diviser irrégulièrement en pédoncules partiels, s'étalant horizontalement et portant à leur face supérieure une ou plusieurs séries de fleurs (le *sureau*).

Décomposée, (feuille) se dit de la feuille composée et dont le pétiole se subdivise en pétioles secondaires portant chacun plusieurs folioles.

Décurrente. (feuille) dont la base se prolonge sur la tige ou sur les ramifications (*consoude*.)

Déhiscent. (fruit) s'ouvrant spontanément à la maturité (le *mouron*).

Deltoïde, formé d'un delta , lettre grecque Δ , (l'*épinard*) en ce qui concerne la forme des feuilles.

Demi-fleuron. (*fleurettes*)

corolle des composées, ayant un tube très-court, se prolongeant en languette unilatérale (*chicorée*).

Denté . dentelé . le premier se dit de feuilles à dents très-saillantes en son bord, le second de feuilles à petites dents.

Déprimé . aplati de haut en bas.

Diadelphes . étamines) réunies en deux faisceaux par leurs filets (*pois*).

Dichotome , (tige) divisé plusieurs fois successivement en deux branches (la *mâche*).

Dicotylédones . plantes donnant naissance, par la germination, à deux ou plusieurs feuilles séminales ou cotylédons, opposés ou disposés en verticilles ; le caractère essentiel auquel on les reconnaît, consiste dans l'existence du canal central médullaire, et dans la ramification des nervures des feuilles.

Didyme, se dit de tout objet composé de deux pièces ovoides ou sphéroidales, unies entre elles par une petite partie de sa surface.

Didynames, étamines dont deux sont plus courtes que les deux autres (le *lierre terrestre*).

Digité. tout objet divisé en lobes imitant la disposition des doigts de la main (*potentille rampante*).

Dioiques, organes mâles (étamines) et organes femelles (pistils), entourés d'enveloppes florales ou parfois sans enveloppes ; mais chaque fleur placée, quant au sexe, sur des individus différents (*saule*).

Disque, prise d'une manière générale , cette dénomination s'applique à la partie centrale des surfaces. On désigne en-core sous ce nom une protubérance plus ou moins charnue, sur laquelle les étamines et les pièces de l'enveloppe florale interne (pétales) prennent leur insertion.

Disperme. fruit renfermant deux semences.

Distiqué. on emploie ce terme pour désigner les parties disposées d'une manière régulière sur deux rangs opposés (lif).

Distinct. s'emploie par opposition aux termes *adné* , *adhérent*, *soudé*, parfois aussi comme synonyme de *visible à l'œil nu* ex. *fleurs distinctes*.

Divariqué, s'entend de tout objet formant un angle plus ou moins ouvert avec la partie qui lui donne naissance.

Division. portion d'un organe quelconque, se séparant des autres parties du même organe, par des échancrures qui en atteignent presque la base.

Dorsale . tout objet prenant naissance sur la face dorsale d'un autre organe ; se dit aussi de la surface convexe du fruit des *ombellifères*, en opposition à la surface commissurale qui est plane *ou concave*.

Drapé . imitant le drap (molène).

Drupe. fruit de consistance charnue, renfermant un noyau à l'intérieur (*la prune*, *l'amende*), etc.

Écailles, écailleux, le premier se dit d'appendices secs, membraneux et coriaces, rarement colorés ; le second mot s'applique à tout objet muni d'écailles ou ressemblant à des écailles.

Écorce, par ce mot on entend cette partie de la tige et de la racine des plantes *dico-*

tylédonées qui entoure la substance ligneuse, et peut en être facilement séparée.

Éleuthérogynes, plantes à fruit ou à ovaire supère ou libre, c'est-à-dire sans adhérence au calice ou à la corolle.

Embrassantes, (feuilles) se dit lorsqu'elles embrassent la tige ou les rameaux.

Embryon, se dit d'une partie de l'amande destinée à reproduire la nouvelle plante.

Engainante, (feuille) se dit lorsque la feuille enveloppe la tige dans une espèce de gaîne (les *graminées*).

Ensiforme, en forme de glaive.

Entier, ni denté, ni divisé, ni découpé.

Enveloppe cellulaire. Cette dénomination s'applique à une couche de tissu cellulaire, se rencontrant dans les végétaux exogènes ou dicotylédones, en dehors des couches corticales, immédiatement sous l'épiderme.

Éparses, (feuilles) qui n'affectent aucune disposition régulière.

Éperon, **éperonné**, se dit d'une espèce de cornet ou de prolongement tubuleux, situé à la base d'une fleur et renfermant le plus souvent une glande nectarifère (la *linaire*); le second terme s'applique à tout objet muni d'un éperon.

Épi, se dit d'une disposition de fleurs sessiles ou presque sessiles, le long d'un axe persistant (le *froment*).

Épiderme, se dit d'une membrane mince formée d'un tissu cellulaire endurci et desséché, recouvrant toute la superficie des plantes.

Épigyne, attaché au pistil (*étamines*) etc.

Épillet, ce nom se donne à l'ensemble des fleurs réunies dans une *glume*, et qui constituent ainsi un petit épi partiel.

Épine, excroissance dure et piquante naissant du corps ligneux, et ayant l'apparence d'un organe avorté et endurci (l'*aubépine*)

Étalé, ouvert, épanoui.

Étamines, organes mâles des plantes se composant de l'*anthère* (partie essentielle) et du *filet* (partie accessoire) qui parfois fait défaut (*pavot*).

Étendard, pétale supérieur de l'enveloppe interne (corolle) des *papilionacées* (pois).

Étranglée, (corolle) resserrée au-dessous de ses divisions.

Exotiques, plantes originaires d'un autre pays.

Expansion, prolongement d'une partie qui se dilate.

Falciforme, ayant la forme d'une faucille.

Fasciculé, rapproché en faisceau.

Femelle, (fleur) individu n'ayant que des pistils.

Feuille, **feuillé**, sous le premier mot on comprend toute expansion membraneuse, le plus souvent plane, verte, horizontale, se trouvant formée par l'épanouissement d'une ou de plusieurs fibres, et soutenue ordinairement par un prolongement des fibres non épanouies, auquel on a donné le nom de *pétiole* (vulgairement queue de la feuille); le second terme s'applique à tout objet pourvu de feuilles.

Fibreuse, (racine) composée de filamens tenus.

Fide, (*bi. tri. quatri. quin-*

que.), se dit d'un objet découpé de manière que les lobes, au nombre de 2, 3, 4, 5, atteignent la moitié de la longueur de l'organe, soit que leur direction soit en longueur, soit en largeur.

Filet, filament, (étamines) se dit d'un appendice grêle comme un fil, mais le plus communément de cette partie de l'étamine qui sert de support à l'anthère, ordinairement de couleur blanche et de même nature que la corolle.

Filiforme, allongé, grêle et cylindrique.

Fistuleux, creux et cylindrique.

Fleur, fleuron, le premier se dit de l'ensemble des organes concourant à la reproduction des végétaux et des parties qui leur servent d'enveloppe; le second de la corolle des fleurs composées de nature tubuleuse, dans toute sa longueur et le plus souvent à cinq *lobes.*

Florale, florifère. le premier se dit des bractées (voyez le mot); le second, de tout objet portant des fleurs.

Flosculeuses. fleurs composées, formées uniquement de fleurons.

Foliacé, de la nature des feuilles.

Foliole, folioles. le premier se dit de feuilles partielles de la feuille composée; le second, des pièces distinctes du calice et des feuilles florales (de l'*involucre*, espèce de bractées.

Folicule. se dit d'un fruit sec membraneux, à une seule valve allongée s'ouvrant dans le sens longitudinal, ayant les graines attachées sur les bords de la suture (*pervenche*).

Fructification, Fruit. Le premier se dit de l'acte de reproduction de la plante; ce mot exprime aussi l'ensemble des organes reproducteurs.

Quant au second, on donne en botanique ce nom aux ovaires fécondés, et non pas comme dans l'acception vulgaire aux productions alimentaires des végétaux, par ex. la *graine* de la rave est le fruit, et non la rave elle-même quoique alimentaire.

Fugace. (Corolle) qui tombe ou s'effeuille à peine épanouie (*ciste*).

Gaine. se dit d'une portion de certaines feuilles qui enveloppe la tige dans une partie de sa longueur (*cypéracées*).

Géminé. parties rapprochées deux à deux

Germination, acte par lequel une semence mûrie reprend son mouvement de vitalité, et donne naissance à une nouvelle plante

Gibbosité. Gibbeux, bosse, bossu.

Glabre. surface toute dépourvue de poils.

Glande. Glanduleux, le premier se dit d'un organe particulier sécrétant une liqueur qui lui est propre; parfois on appelle improprement ainsi des tubercules ayant plus ou moins d'analogie avec cet organe sécréteur.

Le second se dit de tout ce qui est pourvu de glandes.

Glauque. d'un vert mat et grisâtre, vert de mer.

Glume. Glumacées. Glumiforme. le premier indique une espèce d'involucre placé à la base des épillets, se composant le plus souvent de deux pièces (*valves*) contenant une ou plusieurs fleurs (*graminées*); le

second mot se dit des fleurs entourées de glumes ; le troisième de ce
qui a l'apparence d'une glume.

Gorge. entrée du tube du
calice, de la corolle ou du
périgone.

Gousse. se caractérise par
deux valves, dont les graines
sont attachées à la suture supérieure et alternativement sur l'une
et l'autre valve (le *pois*, la *fève*).

Graine, partie du fruit renfermée dans le tégument général (péricarpe) et contenant après
la fécondation le rudiment d'une
nouvelle plante.

Grappe, se dit de l'assemblage de fleurs portées sur des pe-
dicelles partant d'un axe central
ou pédoncule commun (la *vigne*).

Grimpante, se dit de la
plante qui s'élève en s'appuyant,
ou se roulant sur les corps voisins (le *lierre*).

Hampe. se dit d'un pédoncule radical qui ressemble à une
tige, mais qui est dépourvu de
feuilles (la *primevère*).

Hasté, ressemblant à un fer
de lance.

Herbe, végétal dont la tige
molle et verdâtre périt chaque
année.

Hermaphrodites, plantes
réunissant les organes mâles et
femelles (étamines), pistils ou
stigmates dans la même enveloppe florale.

Hispide. garni de poils raides,
durs au toucher.

Hybride, se dit des plantes résultant d'une fécondation
anormale, opérée par la poussière fécondante (*pollen*) d'une
autre espèce.

Hypocratéiforme. (co-
rolle) a limbe plan et à tube cylindrique de la forme d'une soucoupe (le *myosotis*).

Hypogyne, qui est attaché
sous l'ovaire.

Imbriqué. dont les parties
se recouvrent les unes les autres
comme les tuiles d'un toit.

Imparipinnées. (feuilles)
dont les folioles sont en nombre
impair.

Incisé, divisé comme avec un
instrument tranchant.

Inclus, renfermé, c'est-à-
dire ne dépassant par les bords
du calice, de la corolle ou du
périgone.

Incomplète. (fleur), toute
fleur qui n'est point munie de
deux enveloppes florales (calice
et corolle).

Indéfini, (étamines en nombre), tout nombre au-dessus de
dix et sans être fixe.

Indéhiscent, (fruit), qui ne
s'ouvre pas spontanément à la
maturité.

Indigènes. plantes naissant
spontanément dans le pays.

Individu, végétal pris isolé-
ment.

Indusium, membranes, qui
dans les fougères recouvrent les
groupes des capsules.

Infère, (symphysogines) se
dit de l'ovaire quand il adhère
au calice ou au périgone.

Infléchi, courbé en dedans.

Infundibuliforme, ressemblant à un entonnoir.

Inséré, Insertion. le premier signifie attaché, prenant
naissance ; le second désigne le
point d'attache.

Involucre, se dit d'un assemblage de bractées ou feuilles
florales, souvent plus ou moins
soudées entre elles, entourant
les fleurs ou leurs pédoncules
(*composées.*)

Irrégulière, se dit de la fleur dont les divisions ne sont point semblables entre elles quant à leur forme.

Juga, côtes du fruit des ombellifères.

Juguées, (feuilles), celles dont les folioles sont opposées sur le pétiole.

Labié, fleur dont le limbe se divise en deux lobes principaux, l'un supérieur l'autre inférieur, auxquels on a donné la dénomination de lèvres (le *calice* et la *corolle* de la *sauge*).

Lacinié, dont les découpures sont fines et irrégulières.

Lactescent, contenant un suc d'un blanc de lait.

Lamellé, composé de lames minces.

Lancéolées, se dit des parties planes, oblongues, retrécies aux deux extrémités.

Languettes (corolles en), ce sont les corolles composant les fleurs de la chicorée.

Latérale, (côte) qui occupe le bord de l'akène; fruit des *ombellifères*.

Lèvres, lobes principaux d'une corolle labiée ou d'un calice labié.

Libre, se dit de l'objet qui n'adhère pas aux parties environnantes, et s'applique à l'ovaire qui n'est point adhérent au calice ou au périgone.

Ligneux, qui est de la nature du bois.

Limbe, partie libre de la corolle, du calice ou du périgone, qui est ordinairement étalée et située au sommet du tube. Cette dénomination s'applique aussi à la partie membraneuse de la feuille.

Linéaire, se dit d'une surface étroite, allongée et dont les bords sont parallèles.

Lobes, parties circonscrites par des incisions profondes.

Lobé, divisé en plusieurs lobes.

Lyrée, se dit de la feuille divisée en plusieurs lobes, dont les supérieurs, grands et réunis, et les inférieurs petits et profondément divisés (le *laitron*).

Maculé, taché.

Mâle, qui n'a que des étamines.

Marcescent, qui se dessèche sans tomber après la floraison, (*les campanules*).

Maturation, intervalle depuis la fécondation jusqu'à la maturité.

Maturité, époque à laquelle un fruit ou une graine a atteint tout le développement dont elle est susceptible.

Médullaire, qui appartient à la moëlle.

Moëlle, se reconnait à un tissu cellulaire lâche, renfermé dans un canal central de la tige des végétaux dicotylédonés.

Monadelphes, se dit des étamines réunies par leurs filets en un seul faisceau (la *mauve*).

Monochlamydées, à une seule enveloppe florale.

Monocotylédoné, plantes ne donnant naissance qu'à une seule feuille séminale (cotylédon), parfois à plusieurs cotylédons, mais situés en alternance.

Monoïques, fleurs mâles et fleurs femelles dans des enveloppes séparées, mais placées sur le même individu (la *bryone*).

Monopétales, corolle d'une seule pièce (la *campanule*).

Monophylle, calice d'une seule pièce.

Monosperme. qui ne renferme qu'une seule graine.

Multi, ajouté à un autre mot signifie plusieurs, un nombre indéterminé : *Multifides*, à plusieurs divisions ; *multiflore*, renfermant ou portant plusieurs fleurs. *Multijuguées*, feuilles à plusieurs paires de folioles ; se dit aussi du fruit des ombellifères, lorsqu'ils présentent plus de cinq côtes, *multiloculaire* à plusieurs loges, *multivitté*, à plusieurs bandelettes.

Mutique, qui ne se termine ni en pointe, ni en arête.

Nectaire, nectarifère. dénomination donnée à diverses glandes de formes très-variables, situées dans le voisinage des organes de la reproduction et aux appendices qui les contiennent, le pied d'*alouette*, l'*aconit* ; le second terme s'applique à la glande secrétant un liquide particulier (*nectar*).

Nervures, faisceau de fibres proéminentes se rencontrant à la surface des feuilles ou des enveloppes florales foliacées.

Nœuds, partie du végétal où les fibres s'entrecroisent, et où le tissu cellulaire se tuméfie de manière à former une protubérance annulaire (*seigle*).

Noix, fruit ou drupe, dont le *sarcocarpe* est peu épais et coriace.

Nu, nue, dépourvu d'enveloppe ou d'appendices quelconques. On emploie ce mot sous diverses acceptions ; ainsi on appelle réceptacle *nu*, celui qui n'est point chargé de poils ou de paillettes etc., graine *nue*, celle qui n'a pas d'aigrettes etc., fleur *nue*, celle qui n'a pas d'enveloppe florale (le *frêne*) ; tige *nue*, celle qui manque de feuilles ; corolle *nue*, celle qui n'a ni appendices, ni poils etc.

Obcordé. ressemblant à un cœur renversé.

Oblong. ellipse allongée.

Obtus. arrondi à l'extrémité.

Octo. se dit de pièces au nombre de huit : *octofide* (8 fides), découpé en huit parties ; *octoloculaire* (8 loculaires), à huit loges ; *octosperme* (8 spermes) qui contient huit graines *octogone* (8 gones), qui a huit angles.

Ocillet, extrémité du fruit opposée à la queue (pédoncule).

Oligophylle, composé d'un petit nombre de folioles.

Ombelle, fleur portée sur des pédicelles (*rayons*), partant d'un centre commun et s'élevant à la même hauteur. Lorsque les rayons se subdivisent eux-mêmes en pédicelles secondaires, affectant la même disposition, l'*ombelle* est dite composée ; dans le cas contraire, elle est dite simple (la *ciguë*, la *carotte*, le *sanicle*)

Ombilic, ombiliqué, le premier se dit d'une dépression brusque, située au centre d'une surface arrondie ; le second s'applique au point par lequel le cordon ombilical était attaché à la graine ; il se dit de tout objet marqué d'un *ombilic*.

Ondulé, qui forme des courbures arrondies.

Onglet, onguiculé, le premier se dit de la partie inférieure et rétrécie d'un pétale ; il est très-long dans l'œillet, très-court dans la rose ; le second indique qu'un objet est pourvu d'un onglet.

Opposée, se dit des parties qui naissent vis-à-vis l'une de l'autre et au même niveau, *feuilles opposées*, comme celles de *l'œillet*; on dit aussi qu'une partie est opposée à une autre, quand elles sont placées l'une en face de l'autre. Ainsi on dit que les étamines sont opposées aux pétales, quand chacune d'elle est placée devant chaque pétale.

Oreillettes, appendice foliacé, court, latéral, plan et arrondi.

Organe, partie chargée d'une fonction spéciale.

Orthosperme, akènes, carpelles ou fruit des ombellifères à face commissurale plane.

Ovaire, partie du pistil, situé le plus souvent a sa base et renfermant les rudiments des graines ; après la fécondation il prend le nom de *fruit*.

Ovoïde, ayant la forme d'un œuf.

Paillettes, se dit de petites écailles ou bractées placées entre les fleurs partielles des *composées*, des *dipsacées*.

Paléacé, (réceptacle) garni de paillettes.

Palais, renflement de la lèvre inférieure d'une corolle (ex. le *muflier*).

Paléiforme, qui ressemble à une paillette.

Palmées, se dit des feuilles dont les folioles partent d'un point commun, et affectent à peu près la disposition des doigts de la main (*le marronnier*).

Panicule, fleurs éparses disposées sur des pédoncules plus ou moins divises (*l'oseille*).

Papilionacée, (corolle) composée de cinq pièces (pétales) irrégulières, dont les deux inférieures plus ou moins réunies forment la *carène*, les deux latérales, les *ailes*; la supérieure plus grande et enveloppant toutes les autres avant la floraison se nomme l'*étendard* (le *pois*).

Parasite, végétal croissant sur d'autres plantes et y puisant sa nourriture (la *cuscute*).

Pariétal, situé sur la paroi intérieure du fruit.

Paucijuguées, fruit des *ombellifères* présentant un petit nombre de côtes (cinq).

Paucivitté, qui a peu de bandelettes.

Pédicelle, **Pédicellé**, le premier se dit d'un support mince et allongé ou d'une des divisions du pédoncule supportant la fleur ; le second terme s'applique à ce qui est porté sur un *pédicelle*.

Pédicule, **Pédiculé**, porte sur un pédicule

Pédoncule, **Pédonculé**, le premier se dit d'un petit rameau supportant la fleur et conséquemment le fruit (vulgairement la *queue* de la fleur ou du fruit) ; le second terme désigne tout ce qui est porté sur un pédoncule.

Pelté, ayant forme de *bouclier*.

Pentagone, à cinq angles.

Péponide, fruit charnu, a une ou plusieurs loges, a plusieurs semences (*courge*).

Perfoliées, feuilles soudées par leur base, de manière a ne former qu'une pièce, qui est traversée par la tige, (le *chèvrefeuille*.)

Péricarpe, se dit de l'enveloppe générale des graines dans laquelle on distingue trois parties : l'*épicarpe* ou peau externe du fruit, l'*endocarpe* partie interne, et le *sarcocarpe*, partie intermédiaire plus ou moins charnue.

Périgone. enveloppe florale unique, formée par la soudure du calice et de la corolle (la *tulipe*).

Périgyne, (étamine), attachée sur le calice.

Périsperme. partie de l'amande qui est distincte de l'embryon et manque dans plusieurs graines,

Persistant. se dit du calice qui survit à la fleur, et s'applique aussi aux feuilles qui durent plus d'une année.

Pétale. pièce distincte de la corolle (*feuille de rose*).

Pétaloïdes. ressemblant à une corolle ou un pétale.

Pétiole, pétiolée. le premier s'emploie pour indiquer le support ou la queue de la feuille; le second, ce qui est porté sur un pétiole par opposition à feuille sessile.

Phanérogames. plantes dans lesquelles on distingue à l'œil nu des *étamines* et des *pistils*.

Phanérogamie. classe des plantes phanérogames.

Pinnatifide. pinnatifide, divisé en découpures latérales profondes; le nombre des découpures ou divisions s'indiquent par l'addition de BI, TRI, etc.

Pinnée. (BI, TRI.) feuilles dont les folioles sont disposées régulièrement et horizontalement sur le pétiole, comme les barbes d'une plume sur leur tige commune, BI, ajouté au mot signifie *deux fois pinnées*, dont les folioles sont elles-mêmes pinnées; TRI ou *trois fois pinnées*, dont les folioles secondaires sont encore pinnées.

Pistil, organe femelle situé au centre de la fleur et formé de deux parties essentielles, l'*ovaire* et le *stigmate*, et d'une partie accessoire, le *style*.

Placenta. partie du *péricarpe* où sont attachées les graines.

Plumeux. composé de poils ramifiés dans toute leur longueur et dont les divisions ténues, ressemblent au duvet des oiseaux.

Podosperme. filet partant du placenta, et soutenant la graine.

Pollen. poussière renfermée dans les anthères, et composée de globules renfermant le liquide fécondant.

Polygames, qui réunit des fleurs unisexuelles et des fleurs hermaphrodites.

Polypétales, corolle se composant de plusieurs pièces distinctes les unes des autres (la *rose*.

Polyphylle. calice ou périgone formé de plusieurs pièces distinctes

Polysperme. fruit renfermant plusieurs graines.

Pomme. fruit formé par la réunion de plusieurs ovaires soudés avec le calice, devenant le plus souvent charnu.

Ponctué, marqué de points creux.

Prismatique. qui a la forme d'un prisme.

Productions médullaires. ce sont des lames verticales, de nature analogue à la moëlle, qui partent en tous sens de cet organe, ou de l'une des couches ligneuses, se prolongeant vers la circonférence, et sont visibles sur la coupe transversale du tronc, sous forme de rayons.

Propre. qui appartient exclusivement à l'espèce.

Pubescent. chargé de poils courts et légers.

Pulpe, pulpeux. le premier se dit d'une substance charnue, molle, succulente, la chair de la *prune* ; le second signifie rempli de pulpe.

Pulvérulent. qui est couvert de poussière, ou qui en a la consistance.

Pyxide. boîte à savonnette (*mouron*)

Quadrangulaire, qui a quatre angles.

Quadri, s'ajoute aux mots pour exprimer que l'objet est au nombre de quatre : *quadrifide* (4 fides), à quatre divisions ; *quadrilobe* (4 lobes), à quatre lobes ; *quadriloculaire* (4 loculaires), à quatre lobes ; *quadrivalve* (4 valves), à quatre valves.

Queue, voyez pétiole, pédoncule.

Quinque. ajouté aux mots pour signifier que l'objet est au nombre de cinq ; *quinquefide* (5 fides), à cinq divisions ; *quinqueloculaire* (5 loculaires), à cinq loges ; *quinquevalve* (5 valves) à cinq valves.

Racine, partie inférieure du végétal, ordinairement située dans le sol, tendant toujours vers le centre du globe, et servant à fixer la plante et à puiser sa nourriture dans la terre.

Radical. qui naît près de la racine ou qui lui appartient, ex. pédoncule radical (*primevère* feuilles *radicales* (*paquerette*).

Radicule, radicules. le premier se dit de cette partie de l'embryon destinée à produire la racine ; le second désigne les divisions très-tenues des racines.

Radiées, fleur se composant de fleurons au centre, et de demi-fleurons à la circonférence (le *tournesol*).

Rampante, se dit de la *racine,* lorsqu'elle s'étend horizontalement en jetant çà et là des radicules (le *rosier des champs*) ; de la *tige,* lorsqu'elle est couchée sur le sol et s'y fixe à l'aide de racines, qu'elle pousse de divers points de sa longueur (le *chiendent*).

Réceptacle, se dit de l'évasement du pédoncule, d'où naissent toutes les parties qui forment la fleur.

Réfléchi, courbé en dehors.

Régulière. corolle dont les parties sont égales entre elles, semblables ou symétriques

Rejet, rameau ou tige secondaire, naissant du collet de la racine, et poussant çà et là des radicules ou des feuilles (le *fraisier*).

Réniforme, présentant la forme d'un rein ou d'un haricot.

Réticulé, dont la surface est couverte de ramifications entrelacées sous forme de réseau.

Rhomboïdal, ayant la forme d'un rhombe, c'est-à-dire ayant quatre angles, dont les deux latéraux obtus, et les deux terminaux aigus (l'*aroche*)

Roncinée. feuille divisée en lobes profonds, dont les deux latéraux sont aigus et recourbés en bas (le *pissenlit*).

Rotacée, corolle ayant la forme d'une roue, c'est-à-dire à limbe plan, et à tube presque nul (la *véronique*).

Rugueux. rude, marqué de rides nombreuses et profondes.

Sagittée. feuilles ressemblant à un fer de flèche, c'est-à-dire qui est triangulaire, à base échancrée et prolongée en deux angles aigus, parallèles aux pétioles (*le gouet*).

Saillant, tout objet dépassant les parties environnantes ; ainsi on entend par étamines saillantes, celles qui dépassent la corolle ou le périgone.

Samare, fruit membraneux coriace, très-comprimé à une ou deux loges, souvent muni d'ailes membraneuses (*l'érable*).

Sarmenteux, ligneux, grèle et grimpant.

Scabre, pourvu de petites aspérités sensibles au toucher.

Scarieux, sec, raide, jamais vert, assez analogue aux écailles.

Segments, lobes profonds.

Semi-flosculeuses, fleurs composées, formées uniquement de demi-fleurons (la *chicorée*).

Seminifère, qui porte les graines.

Sessile, objet privé de support ; ainsi une feuille est dite *sessile*, quand elle n'a pas de pétiole ; il en est de même de la fleur quand le pédoncule manque ; de l'anthère, quand le filet n'existe pas ; du stigmate, quand on n'aperçoit pas de style, etc.

Sétacé, qui est raide, filiforme, ressemblant à des soies de porc.

Sex, s'ajoute aux mots pour exprimer que l'objet est au nombre de six ; *sexifide* (6 fides), à six divisions ; *sexloculaire* (6 loculaires), à six loges ; *sexvalve* (6 valves), à six valves.

Silicule, fruit court presque aussi large que long (*tabouret*).

Siliques, **siliquiforme**, le premier mot est la désignation d'un fruit sec, déhiscent, à deux valves, séparées ordinairement par une cloison longitudinale, et dont les graines sont attachées aux deux sutures (la *giroflée*) ;

la seconde expression s'applique à ce qui se rapproche de la forme d'une silique.

Simple, diverses acceptions : *aigrette simple*, dont les poils ne sont pas ramifiés ; *feuilles simples*, dont le limbe est continu dans toutes ses parties, (la violette) ; *fleur simple* qui n'a que le nombre de pétales qu'elle doit avoir dans l'état naturel ; *fruit* ou *ovaire simple*, à une loge ou dont les loges sont soudées ; *périgone simple*, enveloppe florale unique ; *poils simples* sans division.

Sinuée, feuille dont le bord est muni d'échancrures peu profondes et de saillies arrondies.

Soies, poils raides comme les soies du porc.

Solitaire, qui est seul.

Sommet, extrémité d'une feuille, d'un pétale, d'un fruit etc. opposé à son point d'attache.

Soudé, adhérent.

Sous - arbrisseau, plante ligneuse peu élevée, dépourvue de bourgeons écailleux (la *bruyère*).

Spadix, assemblage de fleurs entourées d'une spathe et sessiles sur un pédoncule commun (le *gouet*).

Spathe, sorte d'involucre formé d'une ou d'un petit nombre de bractées larges, situées à la base de certaines fleurs des monocotylédonées (*l'ail* etc.).

Spatulée, feuille ayant la forme d'une spatule, c'est-à-dire allongée, élargie au sommet et brusquement rétrécie vers sa base (la *paquerette*).

Spermoderme, tégument propre de la graine ou vulgairement peau de la graine.

Spiciforme, ayant la forme d'un épi.

Staminifère, portant les étamines.

Stigmate. partie spongieuse du pistil, située ordinairement au sommet du style, et destinée à recevoir la poussière fécondante des étamines.

Stipules. stipulée. le premier se dit de l'expansion foliacée, située à la base de certaines feuilles (le *pois*) ; le second indique que l'objet est muni de stipules.

Stries, strié. petits sillons parallèles et longitudinaux ; le second terme signifie marqué de *stries*

Style, prolongement de l'ovaire supportant le stigmate.

Subpinnatifides. presque pinnatifides.

Subulé. en forme d'alène.

Suc, partie liquide renfermée dans les végétaux.

Supère, placé au-dessus de : on dit que l'ovaire est *supère*, pour indiquer sa non-adhérence avec le calice, sa position tout-à-fait libre ; par calice *supère*, on entend celui qui est soudé avec l'ovaire.

Suture, ligne formée par la réunion ou la juxtaposition de deux valves.

Symphysogines, ovaire adhérent ou infère.

Syngénèses, on désigne par ce mot les fleurs dont les étamines sont soudées par leurs anthères (*tournesol*.

Tablier, division inférieure du périgone des *orchidées*.

Tégument, enveloppe immédiate.

Terminal, situé au sommet.

Ternée. à trois folioles (le *trèfle*).

Tête. assemblage de fleurs nombreuses et sessiles au sommet des rameaux.

Tétra. diverses applications : (tetradynames), étamines dont quatre sont plus longues que les deux autres le *choux*); *tetragone*, à quatre angles : *tétraphylle*, calice ou périgone. formé de quatre pièces distinctes les unes des autres : *tétrasperme* (4 spermes) qui contient quatre graines.

Thalamanthées. corolle monopétale, prenant son insertion sur le *thalamus*, ou le *réceptacle*.

Thalamopétalées. corolle polypétales et étamines s'insérant sur le *thalamus* ou le *réceptacle*.

Tige. partie de la plante s'élevant du collet de la racine et portant les feuilles et les fleurs, ou en d'autres termes croissant dans le sens inverse de la racine.

Tomenteux. couvert d'un duvet cotonneux.

Traçante. s'étendant horizontalement en jetant çà et là quelques radicules.

Tri, ajouté aux mots pour désigner que l'objet est au nombre de trois ; *triangulaire*, à trois angles, *trifide*, (3 fides), à trois divisions; *trigone*, à trois côtes obtus; *trilobé*, (3 lobes), à trois lobes; *triloculaire*, (3 loculaires) a trois loges, *tripinnée*, (3 fois ailées) ; *trisperme* (3 spermes,; (trivalve), (3 valves) à trois valves.

Tube, partie inférieure et cylindrique d'une corolle, d'un calice ou d'un périgone.

Tubercule, tuberculeux, le premier désigne la partie solide et irrégulièrement saillante, ou production charnue, située aux pieds de certains végétaux, (les *orchis*); le second terme signifie ce qui est garni de tubercules.

Tubéreuse. racine se composant de corps charnus de forme variable, unis entre eux par les ramifications des racines, (topinambour).

Tubuleux. ayant la forme d'un tube.

Uni. s'ajoute aux mots pour indiquer que l'objet se réduit à une pièce, *uniflore* (1 fleur), à une seule fleur; *unilatéral* (1 latéral), d'un seul côté; *uniloculaire* (1 loculaire), à une seule loge; *univalve* (1 valve), à une valve.

Unisexuelles, fleurs renfermant exclusivement des étamines et des pistils.

Utricule. fruit à une seule semence indéhiscente, non adhérente au calice et dont le péricarpe est peu apparent, (l'*amaranthe*).

Vaisseaux. tubes microscopiques, qui se trouvent mêlés au tissu cellulaire dans les végétaux, appelés pour cette raison *vasculaires*.

Vallécules. intervalles qui séparent les côtes saillantes à la surface du fruit des *ombellifères*.

Valves. pièces distinctes du péricarpe ; on a étendu ce mot aux parties d'une spathe et à de certaines enveloppes florales comme dans les *graminées*.

Velu, couvert de poils.

Ventru. comme renflé.

Verticille. disposition de parties formant un anneau autour de la tige ou d'un axe commun, (*labiées*).

Verticillé. disposé en anneau

Vessiculeux, ressemblant à une vessie gonflée d'air.

Visqueux, gluant, collant.

Vitta, Vittæ, lignes formées par les canaux des sucs propres, et que l'on remarque dans l'intervalle des *vallécules* sur le fruit des *ombellifères*.

Vrilles, appendice filiforme, ordinairement roulé en spirale et s'entortillant autour des corps voisins (la *vigne*).

Table alphabétique des Familles.

Table alphabétique des Genres.

Triglochin	. . 304	Urtica . . .	. 276	Viburnum	. . 146
Triticum .	. . 349	Utricularia	. . 241	Vicia . . .	. . 90
Trollius .	. . 14	Uvularia . .	. 311	Vignea .	. . 336
Tulipa .	. . 313	Vaccinium	. 148	Villarsia .	. . 204
Tunica .	. . 58	Valeriana	. 153	Vinca . .	. . 207
Turritis .	. . 22	Valerianella .	. 154	Viola . . .	. . 42
Tussilago	. 182	Veratrum	. 312	Viscum .	. . 144
Typha .	. . 325	Verbascum .	. 211	Xanthium	. . 161
Ulex . . .	. . 77	Verbena	. 244	Xeranthemum	. 168
Ulmus .	. . 275	Veronica	. 224	Zanichellia .	. 304

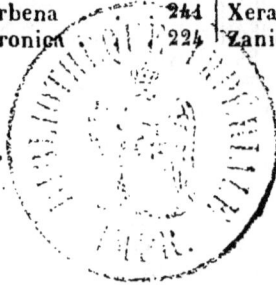

Erreurs typographiques importantes à corriger.

Page 11, ligne 10, anemone, effacez Dc.
»   14, lig. 14, augustif., l. angustifol.
»   16, lig. 17, Bresson, l. Bressaucourt.
»   18, lig. 27, Cresper, l. Cressier.
»   20, lig. 16, bulba, l. bulbosa.
»   21, lig. 17, Narturtium, l. Nasturtium.
»   22, lig. 35, aux, l. les.
»   26, lig. 26, pia, l pinnata.
»   27, lig. 54, lieux et, l. Lieux vagues et couverts.
»   35, lig. 12, commissaria, l commissurale.
»   35, lig. 13, augusti, l. angusti.
»   37, lig. 1, L., l. LORREZ.
»   54, lig. 21, "august., l. angusti.
»   40, lig. 5, turf., l. Tournf.
»   56, lig. 17, après Sundgau, surtout ceux exposés...
»   76, lig. 2, Bresson, l. Bressaucourt.
»   84, lig. 5, Rache, l. Roches.
»   84, lig. 5, Bomont, l. Bémont.
»   92, lig. 21, august., l. angustif.
»   94, lig. 15, Epaquier, l. Epagnier.
»   97, lig. 11, Jura et Sundgau, effacez Sundgau.
» 109, lig. 30, 1851, l. 1831.
» 105, lig. 28, rocailleux, l. rochers élevés.
» 121, lig. 25, Valanvran, l. Valanvron.
» 125, lig. 10, Valanvran, l. Valanvron.
» 128, lig. 27, Cic. major, l. cicutaria aquatica, Dc.
» 130, lig. 12, august., l. angustif.
» 146, lig. 11, racemosus, l. racemosa.
» 147, lig. 20, Corula, l Corulea.
» 180, lig. 10, Corymbonum, l. Corymbosum.
» 191, lig. 10, Brechaumont, l. Bressaucourt.
» 193, lig. 17, Allonjoie. l. Allanjoie.
» 215, lig. 30, infond.. l. infundi.
» 255, lig. 25, thymus id., l. thymus calamintha, Dc.
» 267, lig. 9, R. acutus, Dc., l. Rumex aquaticus, L.
» 270, lig. 6, Mirecourt, l. Miecourt.
» 275, lig. 18, Gerardia, l. Gerardiana.
» 282, lig. 17, for. spongieux, l. à sbll spongieux.
» 284, lig. 5, Excelia, l. Excelsa.
» 361, lig. 6, purestris, l. rupestris.
» 578, lig. 23, Alplenium, l. Asplenium.
» 386, lig. 41, Belfort 1855, l. Belfort (M.), 1855.